牵引供电系统概论

主 编 尚俊霞 高 娜

北京理工大学出版社
BEIJING INSTITUTE OF TECHNOLOGY PRESS

前　言

　　本书为城市轨道交通供电专业教育规划教材，是根据高等教育城市轨道供电专业教学计划《牵引供电系统概论》课程教学大纲的要求编写的。本书可作为城轨供配电技术专业、城轨供用电技术专业教材，也可作为电气化铁道供电专业的参考教材。

　　本书系统地介绍了电气化轨道供电系统，以交流电气化轨道交通为重点，同时对迅速发展的直流牵引供电系统作了介绍，以增加读者对供电系统的认识。牵引供电系统中又以牵引变电站（所）为重点，介绍了供电系统的电气设备，对接触网的要求、组成及供电方式作了较详细的介绍，对牵引供电系统的保护和远动系统的介绍结合了实际情况，同时对综合自动化方面作了简单的介绍。内容的编写以牵引供电基础理论为出发点，紧扣专业标准，理论与实践相结合，力求使读者掌握必备的专业基本知识和熟练的专业技能。

　　为加强读者对现场的认识，本书通过文字、图片和实践实训相结合的方式，使读者对牵引供电系统有更深层次的认识。

　　本教材立足于培养应用型技能型技术人才，图文并茂，力求通俗易懂。考虑到高等教育的特点，以突出应用和技能为重点，对以往较为烦琐复杂的计算进行了舍弃，如有必要，可参考其他手册。

　　本书由尚俊霞、高娜任主编。其中，项目1、项目2、项目9中任务9.1~9.9由高娜主编，项目3~项目8、项目9中任务9.10~9.14由尚俊霞主编。

　　由于编者水平有限，书中难免存在疏漏和错误，诚恳欢迎读者提出宝贵意见。

编　者

目　录

目 录 *Contents*

Contents   目　录

目 录

Contents

项目 1　电气化轨道交通

【项目描述】

在铁路运输中，主要有三种牵引形式，蒸汽牵引、内燃牵引和电力牵引。蒸汽牵引是铁路上最早采用的一种牵引形式，至今已有 200 多年的历史。由于它热效率低、燃料消耗大、环境污染重，严重影响了铁路技术经济能力和铁路运输能力的提高，从 20 世纪 60 年代初开始，已逐渐被淘汰。而内燃牵引和电力牵引，在技术上比较先进，是从 20 世纪 40 年代以后才发展起来的，由于它们功率大，热效率高，过载能力强，能更好地实现多拉快跑，提高铁路的运输能力，所以发展很快。特别是电力牵引，它除了具有以上优点外，还能综合利用资源和不污染环境，是今后主要发展的一种牵引形式。

【学习目标】

（1）了解电气化轨道交通的发展历史及世界电气化轨道的发展现状与前景。

（2）掌握地铁供电系统的组成。

【技能目标】

能够掌握电气化轨道交通的各种基本常识。

任务 1.1　电气化轨道交通概论

1.1.1　电气化轨道交通的发展历史

世界上第一条真正意义的电气化轨道（见图 1.1）交通诞生于 1879 年。当年 5 月 31 日、西门子公司和哈尔斯克公司在德国柏林举办的世界博览会上联合推出了一条电气化铁路和一台电力机车。这条电气化铁路长 300 m，线路呈椭圆形，轨距为 1 m，在上面运行的电力机车只有 954 kg，车上装有 2.2 kW 的串励式二极直流电动机，由 150 V 的外部直流电源经铺设在轨道中间的第三轨供电，以两条走形轨作为回路。它牵引三节敞开式"客车"，每节车上可乘坐 6 名乘客。最高运行时速达 13 km，在 4 个月的展览期间共运送了 8 万多乘客。这条电气化铁路看起来比今天的儿童铁路还要小，但它却是现代电气化轨道交通的先驱。1881 年，西门子和哈尔斯克公司又在柏林近郊的利希菲尔车站至军事学院之间修建了一条 2.45 km 长的电车线路。同年，在法国巴黎国际电工展会上展出了第一条 500 m 长的由两条架空导线供电的电车线路，并于 1885 年正式投入商业运行中。这就为提高电压，采用大功率牵引电动机创造了条件。这种电车形式的电气化铁路的出现，很大地刺激了当时的日本、西欧和美国，于是很多国家纷纷开始兴建电气化铁路。

图 1.1　世界上第一条电气化轨道交通系统

1893 年，瑞典在斯德哥尔摩以北 11 km 长的区段内修建了一条 550 V 的直流电气化铁路。1895 年，美国在巴尔的摩至俄亥俄间 5.6 km 长的隧道区间段内修建了一条 675 V 的直流电气化铁路。同年，日本在京都的下京区修建了一条 6.7 km 长的 550 V 的直流电气化铁路。1898 年德国在什塔特至埃格里堡区段内以及 1902 年意大利在瓦尔切里纳线上分别修建了一条三相交流电气化铁路。最初的电气化铁路都是采用低压直流或者三相交流供电，并且大部分在工矿线路和城市的近郊线路上，后来随着工业的发展，逐渐发展到城市之间和一些繁忙的铁路运输干线上来。

1.1.2　世界电气化轨道的发展现状与前景

20 世纪 50 年代，工业发达的一些国家为了提高铁路的运输量，来和其他的运输业进行竞争，开始大规模地进行铁路的现代化建设，主要是牵引动力的现代化建设。因此，电气化铁路建设速度不断地加快，修建的国家也逐渐增多。20 世纪 60 年代，平均每年修建 5 000 km 以上的电气化铁路，其中日本 332 km、波兰 335 km、意大利 341 km、法国 368 km、德国 486 km，而苏联高达 2 003 km。20 世纪 70 年代末工业发达的一些国家，如日本、苏联以及东、西欧，运输量大线路繁忙的干线都已经实现电气化，并且已经基本成网。20 世纪 80 年代以后，一些发展中国家，比如印度、朝鲜、土耳其、巴西等也快速地发展了电气化铁路，特别是我们国家的电气化铁路更是飞速地发展。现在我国电气化铁路建设，已经跃居世界前列。

现在世界各国已进入建设高速电气化铁路的新时期。修建高速电气化铁路的国家越来越多，列车的运行速度也越来越快，修建的里程也越来越长。特别是欧洲，已经突破了国界，向网络化和国家化发展。高速电气化铁路已经成为国家社会经济发展水平和铁路现代化的主要标志之一。

1. 日本新干线

"新干线"这个从 20 世纪 60 年代就作为一个国家通用专有名词为世人所知，指的是日本"在线路的主要区间列车以 200 km/h 以上速度运行的干线铁路"，也称高速铁路。从 1964 年 10 月 1 日，日本 0 系高速列车投入世界上第一条时速为 210 km 的东海道新干线高速铁路营运以来，到 1997 年 10 月日本已建成了东海道、山阳、东北、上越、长野 5 条新干线，共计 1 952.5 km。日本新干线高速列车已发展 50 多年，相继研制开发了 0 系、100N

系、200 系、EI 系、400 系、300 系、500 系、700 系和 E 系列等高速列车，并为 21 世纪最高运营速度 300~350 km/h 而开发了 WIN350、300X、STAR21 等 3 种高速试验列车。日本高速列车是在既有线旅客列车的技术基础上逐步发展起来的。

1872 年，日本修建了第一条 1 067 mm 轨距的铁路，采用动力集中的蒸汽机车牵引，后来在京都地区出现了城市地面有轨电车，1910 年出现了电动车组，主要在高速铁路线上运行；在 1930—1940 年，电动车组也仅仅在有限的铁路线上运行。这种电动车组主要在 40~50 km 范围的短途运输中采用，而长途的铁路运输主要还是采用蒸汽机车牵引。

第二次世界大战之后，日本东海道铁路运输量急剧增长，旅客列车严重超员，运输压力增大，到 1951 年，东京—滨松间已开通电动车组运行，但东京—大阪间，仍采用机车牵引。车辆的轻量化、电机技术的发展和转向架悬挂等技术的发展，均促使电动车组的发展。

到 1958 年，东京—大阪已是日本的经济发展中心。东京—大阪间要求当天能往返，并要求时间在 6.5 h 之内。但是，当时东京—大阪间有 4 对旅客列车，其中 2 对为特快，另 2 对为普通直达快车，特快运行时间需 7.5 h。当时日本国铁提出，不管采用机车牵引还是采用电动车组，东京—大阪间必须达到 6.5 h 之内旅行时间的要求。若采用机车牵引，受轨道结构的影响，填方路基质量不高，机车改造费用高；若采用电动车组，技术上也需要改造，但改造费用较低。争论的结果是在 1 067 mm 轨距的既有线上，决定开行 4 对特快旅客列车，其中 2 对采用机车牵引，另 2 对采用电动车组运行，开始了动力集中与动力分散的竞争。经过剧烈的竞争和旅客的评价，东京—大阪间 4 对特快旅客列车全部采用了电动车组，为日本动力分散电动车组高速列车的发展奠定了基础。到 1964 年，日本东海道新干线高速铁路（标准轨距）的建成，比较顺利地采用动力分散的动车组高速列车。

通常所提到的新干线指的是日本的标准轨距新干线，是高速铁路，但现今广义的新干线网络已不仅仅局限于这个概念了，它还包括两条"小型"新干线（Mini-Shinkansen）和两条新干线规格的既有线。1964 年开通的东海道新干线以及随后的一系列标准轨新干线最重要的目的是满足快速增加的客流量，以适应快速发展的日本经济。山形和秋田新干线这两条"小型"新干线是综合考虑了成本，民众心理而将原有的福岛至山形和盛冈至秋田的 1 067 mm 的窄轨扩建成 1 435 mm 的标准轨，以方便民众出行，原有的车站等配套设施不改变，所以运行在"小型"新干线上的列车为适应原有的车站、隧道等需将列车车辆"小型化"，这就是"小型"新干线的来历。另两条新干线规格既有线指的是博多南线和嘎拉汤泽线，这两条线均是法定既有线，属于旧线，但其线路和车辆完全采用标准规格新干线技术。前者连接山阳新干线终点站博多至博多综合车辆部，起初并不承担旅客运输，后经当地居民强烈要求，于 1990 年 4 月 1 日开始旅客运输服务。后者为上越新干线越后汤泽车站与车辆维修基地之间的连接线，1990 年 12 月开始作为嘎啦滑雪场滑雪者专用线正式营运。因此，新干线可分为三种：标准规格新干线、"小型"新干线和新干线规格的既有线。第一种总共有 2 177 km，第二种只有 275.6 km，第三种只有 10.1 km，后两者所占比例非常小，通常说的新干线指的是第一种标准规格新干线。

日本新干线网络详情如表 1.1 和图 1.2 所示。

表 1.1　日本新干线网络

类型	线路	区间	长度/km	运营商	开通年份/年
标准规格新干线 （2 177 km）	东海道新干线	东京—新大阪	515.4	JR Central	1964
	山阳新干线	新大阪—博多	553.7	JR West	1972
	东北新干线	东京—八户	593.1	JR East	1982
	上越新干线	大宫—新潟	269.5		1982
	北陆新干线 （长野）	高崎—长野	117.4		1997
	九州新干线	新八代— 鹿儿岛中央	126.8	JR Kyūshū	2004
"小型"新干线 （275.6 km）	山形新干线	福岛—新庄	148.6	JR East	1992
	秋田新干线	盛冈—秋田	127.3		1997
新干线规格的 区间铁路 （10.1 km）	博多南线	博多—博多南	8.5	JR West	1990
	上越支线	越后汤泽— 嘎拉汤泽	1.6	JR East	1990

图 1.2　日本新干线网络

今后的新干线网络将覆盖整个日本所有大中城市，人们乘坐新干线就如乘坐公交车那样方便和容易。作为日本交通大动脉，新干线承担的旅客运输量是惊人的。以东海道新干线为例，每天开行287列定员1300人左右的高速列车，高峰时段从东京到大阪每小时开行12列，平均发车间隔只有5 min，每天大约载客37万人。6条标准规格新干线每天乘客量近80万人次，每年乘客约13亿。

2. 法国LGV网络

20世纪60年代，连接巴黎—第戎—里昂的铁路运输量就已达到饱和状态，当时曾考虑过修复线等多种方案，经详细的技术经济分析后，最终选择了新建一条高速客运专线的方案。该线包括联络线在内全长417 km，南段275 km于1981年9月投入运营，北段115 km于1983年9月投入运营并全线开通。东南线TGV高速铁路系统自投入运营之日起，就以其安全、快速、便捷、舒适的特性吸引了广大旅客，成为一种极具竞争力的公共交通工具。高速列车的开行使巴黎至里昂间的旅行时间只需2 h，比过去缩短了一半。

法国经运营的是法国第二条高速铁路线——286 km长的LGV大西洋线，它将巴黎与西部城市勒芒、图尔连接起来，两条线在Courtalain分支。1984年大西洋线被宣布为公用事业。1989年9月，大西洋线的西部支线巴黎至勒芒开通。1990年10月开往图尔的西南部支线也投入运营。巴黎经里尔至加莱340 km的北方高速线也于1993年9月建成通车。为了满足海底隧道的要求并与英国铁路接轨，连接英吉利海峡的拉芒什隧道于1994年打通。环巴黎地区的128 km联络线也于1994年和1996年分两期建成交付运营，它从东部环绕巴黎，将东南和大西洋线两条高速线与北方高速线连成一体，途径法国最大的戴高乐国际机场高速车站和欧洲迪士尼乐园高速车站，使空运、地铁和著名景点与高速线连接起来。这样从巴黎不用换车就能直接到达北欧。到21世纪初，法国高速电气化铁路总长度达到2 500 km。

3. 德国ICE网络

ICE是DB Fernverkehr（德国国家铁路公司旗下经营所有的ICE和IC的分公司）提供的最高运营速度规格列车的简称，全称为Inter City Express，即城际快车。ICE网络系统是一个多中心的网络，运行间隔通常保持在30 min、1 h或2 h。高峰时间还可以另外加开列车。法国TGV和日本新干线的系统、车辆、轨道运行不是作为集成来进行设计的，而ICE将德国以前存在的铁路系统也考虑进来了。ICE列车运营最繁忙的线路是法兰克福与曼海姆之间的Riedbahn线，因其间集中了大量ICE线路。如果将货运、管内以及长途客运考虑进来的话，最繁忙的ICE交通线路应属于慕尼黑与奥格斯堡之间，每天通行约300列车。

ICE网络遍布德国，根据各线路的方位，可将德国ICE干线网络分为两大类：南北干线6条和东西干线3条。各具体干线网络情况如表1.2所示。

ICE列车延伸至周边国家，进行跨国运输。西边与法国、荷兰、比利时相连，西南方向与瑞士相连，东南方向与奥地利相连，北面与丹麦相连，目前总共有10条跨国运输线，详情如表1.3所示。

表 1.2 德国 ICE 干线网络

方位	线路	区间			备注
南北	1	汉堡—	汉诺威—卡塞尔—富尔达—法兰克福—曼海姆—	卡尔斯鲁厄—弗莱堡—	巴塞尔	ICE line 20
					斯图加特	ICE line 22
	2	汉堡—	不来梅—汉诺威—卡塞尔—维尔茨堡—	纽伦堡—因戈尔斯塔特—	慕尼黑	ICE line 25
				多瑙沃尔特—奥格斯堡—		
	3	汉堡—	柏林—莱比锡—纽伦堡—	奥格斯堡—	慕尼黑	ICE line 28
				因戈尔斯塔特—		
	4	柏林东—	不伦瑞克—卡塞尔—富尔达—法兰克福—曼海姆—	卡尔斯鲁厄—弗莱堡—	巴塞尔	ICE line 12
				斯图加特—乌尔姆—奥格斯堡—	慕尼黑	ICE line 11
	5	阿姆斯特丹—	杜伊斯堡—杜塞尔多夫—科隆—法兰克福—曼海姆—	卡尔斯鲁厄—弗莱堡—	巴塞尔	ICE line 43
		多特蒙德—		斯图加特—乌尔姆—奥格斯堡—	慕尼黑	ICE line 42
	6	阿姆斯特丹—	杜伊斯堡—杜塞尔多夫—科隆—		法兰克福	ICE line 78
		布鲁塞尔—	亚琛—科隆—		法兰克福	ICE line 79
		多特蒙德—	杜伊斯堡—杜塞尔多夫—科隆—法兰克福—维尔茨堡—纽伦堡		慕尼黑	ICE line 41
东西	1	柏林东—	汉诺威—比勒费尔德—哈姆—	多特蒙德—埃森—杜伊斯堡—杜塞尔多夫—	科隆/波恩	ICE line 10
				哈根—武珀塔尔—		
	2	德累斯顿—	莱比锡—埃尔福特—富尔达—法兰克福	美因茨—	威斯巴登	ICE line 50
				达姆斯塔特—曼海姆—凯泽斯劳滕—	萨尔布吕肯	
	3	德累斯顿—	莱比锡—埃尔福特—卡塞尔—柏德博恩—多特蒙德—埃森—杜伊斯堡—杜塞尔多夫—		科隆	IC/ICE line 51

表 1.3　ICE 列车跨国运行情况

编号	区间		到达国家
1	杜伊斯堡总站	阿姆斯特丹	荷兰
2	科隆总站—亚琛总站—里日	布鲁塞尔	比利时
3	萨尔布吕肯总站	巴黎东	法国
4	巴塞尔	因特拉肯	瑞士
5	巴塞尔	苏黎世	瑞士
6	斯图加特总站	苏黎世	瑞士
7	慕尼黑总站—萨尔茨堡—林茨	维也纳西	奥地利
8	帕绍—林茨	维也纳西	奥地利
9	慕尼黑总站	茵斯布鲁克	奥地利
10	柏林	哥本哈根	丹麦

4. 意大利高速铁路

早在第二次世界大战前，意大利就建立了两条"高速"铁路：一条是博洛尼亚—佛罗伦萨。另一条是佛罗伦萨—罗马，当时的最高运营速度达到 180 km/h。不过按照现在的意义来说，这不能算是高速铁路线。

罗马—佛罗伦萨 262.4 km 的高速线是第一条 TAV 线，始建于 1970 年，已于 1991 年开通，采用 3 kV 供电。米兰—博洛尼亚 199 km 和罗马—那不勒斯 211 km 的两条高速线也于 2005 年 12 月开通。都灵—米兰在 2006 年和 2009 年分段开通，采用 25 kV/50 Hz 供电。帕多瓦—威尼斯长 23 km，2007 年开通，采用 3 kV 供电。米兰—特雷维廖长 23 km，2007 年开通，采用 3 kV 供电。米兰—博洛尼亚，建于 2000 年，2008 年 12 月 31 日投入运营。米兰至热那亚和博洛尼亚至佛罗伦萨这几条横向高速线。高速电气化铁路总长度达到了 1 000 km 以上。

此外，里昂—都灵，将法国里昂与意大利都灵连接起来，形成法国 TGV 与意大利 TAV 互通。米兰—基亚索（瑞士边境城市），连接意大利 TAV 和瑞士铁路网。勃伦纳山隧道，是一条连接维罗纳—因斯布鲁克（奥地利西部城市）—慕尼黑的高速线，此线将奥地利、德国和意大利三国铁路网连接起来，形成泛欧交通网中重要的一环。蒂利亚斯特—斯洛文尼亚—卢布尔雅那，是连接斯洛文尼亚和意大利 TAV 网络的铁路线。

5. 西班牙高速铁路

与其他采用宽轨铁路系统不同，西班牙高速铁路使用标准轨，因此方便未来可以与其他地区的铁路相连接。1986 年 10 月，西班牙政府构思新建一条铁路线，将西班牙中部（卡斯蒂亚）与南部（安大路西亚）连接，同时绕过 Despenaperros 国家公园。考虑多个方案后，西班牙政府认为应建造一条标准轨铁路，成为首条高速铁路，这样以便将来延伸后能连接到巴塞罗那和瓦伦西瓦这些大城市，以促进它们的发展。应塞维利亚世博会的召开，马德里至塞维利亚 471 km 的南北高速线于 1992 年 4 月建成通车。

目前在建的 AVE 高速路网主要是四大走廊，它们是东北走廊——法国边境、北方—西北走廊将西北部及北方诸大城市连接起来、西南葡萄牙走廊连接西班牙西南与葡萄牙、以及东方走廊——马德里至地中海沿岸。

西班牙政府在 2010 年开通了 7 000 km 的高速铁路网，使得所有省会城市至马德里的旅行时间控制在 4 h 内，至巴塞罗那的旅行时间控制在 6.5 h。在 2011～2020 年期间，将 300 km/h 的高速线路扩展至 10 000 km，成为欧洲最长的高速铁路网。

6. 韩国高速铁路

韩国首尔至釜山的 432 km 高速线已于 1993 年 8 月开始动工修建，设计时速为 300 km，采用法国 TGV 技术。首尔至大田段已于 1999 年年底建成通车，大田至釜山段受亚洲金融危机影响，2002 年才建成通车。

1.1.3 电气化轨道交通的优缺点

与传统的轨道交通比较，电气化轨道交通的优越性主要表现在以下几个方面：

（1）能多拉快跑，提高运输能力。由于电力机车以外部电能作动力，它不需要自带动力装置，可降低机车自身质量，这样，在每根轴的荷重相同的条件下，其轴功率较大，目前国内的电力机车最大为 900 kW，内燃机车为 500 kW，在相同的牵引质量时，其速度较高。而在相同速度下，其牵引力也较大。客运用的 SS_8 型电力机车持续速度为 100 km/h，而 DF_{11} 型内燃机车只有 65.5 km/h。从货运机车的功率来比较，SS_4 型电力机车为 6 400 kW，DF_{10} 型内燃机车为 3 245 kW，而前进型蒸汽机车仅为 2 200 kW。由上述数字可以看出，因为电力机车的功率大，所以它的牵引力大和持续速度较高，从而大大提高了运输能力。在坡道大、隧道长的山区区段和运输量大、运输繁忙的平直干线上，电力机车牵引的能力就更显著。例如，宝成线电气化后，广元以北的输送能力由原来的每年 250 t 提高到 1 350 t，提高了 4.4 倍；广元以南的输送能力由原来的每年 750 t 提高到 1 750 t，提高了 1.3 倍。石太线电气化前（1978 年）的输送能力为 2 660 万吨，电气化后（1985 年）的输送能力达到 5 600 万吨，比电气化前翻了一番还多。

（2）能综合利用资源，降低燃料消耗。电力机车的能源可以来自多方面，因此可以综合利用资源，特别是可以利用丰富而廉价的水力资源和天然气资源，即使是火力发电厂供电，也可以使用劣质煤或者重油。而蒸汽机车要用优质煤，内燃机车要用高价的柴油，燃料消耗量比电力机车要高得多。日本在 1960—1975 年的 15 年中，列车数量增加了 50%，而燃料消耗量却降低了 50%，苏联在 1960—1980 年的 20 年中铁路劳动生产率提高了两倍，而煤炭却节约了 20 多亿吨。轨道交通是国家能源消耗的一个大户。因此，牵引动力类型的选择对于合理使用能源具有重要意义。电力牵引的动力是电能，从我国能源生产的发展来看，"八五"期间发电量增长 32%，原煤增长 13%，原油增长 5.1%；1995 年电力牵引用电量仅占全国发电量的 0.64%；再以宏观的能源结构看，原油储量远少于煤炭、水力，而一些无法直接使用电能的水上、陆地和空中运输工具及移动机械却需要大量的液体燃料，因此，电力牵引是最合理的牵引动力。电力牵引每万吨公里的能耗比其他牵引约低 1/3。

（3）能降低运输成本，提高劳动生产率。由于电力机车构造简单，牵引电动机和电气设备工作稳定可靠，因而机车检修周期长，维修量少，可以减少维修费用和维修人员。电力机车不需要添煤、加水和加油，整备作业少，宜长交路行驶，因而可以少设机务段，乘务人员和运用机车台数也相应减少。同时还能增加机车的运行时间，提高了劳动生产率。根据1990年全路运输业务决算报告，分别对蒸汽机车、内燃机车、电力机车三种牵引的每万吨公里机务成本进行了计算：电力机车为100%，内燃机车为136.9%，蒸汽机车为135.1%；其中大修费电力机车为100%，内燃机车为297.3%，蒸汽机车为160.3%；由于电力机车牵引能大幅度地增大运输能力，提高和统一机车牵引定数，减免编组站列车换重作业，以及加速车辆周转，所以使运输成本大大降低。

（4）能改善劳动条件，不污染环境。由于电力机车不带原动机，不烧煤、不燃油，不但使机车乘务员不受有害气体侵害，同时也对沿线的环境不产生污染。例如：宝成线在电气化前采用蒸汽机车牵引，当列车通过长大隧道时，隧道内有害气体高达0.25 mg/L，超过国家标准12.5倍，并有大量煤炭排入道床，给工务养路造成很大困难。更为严重的是，由于烟熏火烤，使得补给司机室内的温度高达53 ℃，劳动条件很差，常常引起机车乘务员晕倒，严重影响人身健康和行车安全。由于列车车床关闭，车内闷热，空气污浊，旅行环境十分恶劣。

（5）能促进铁路沿线实现电气化，有利于工农业的发展。电气化铁路的牵引供电装置，除了主要向电力机车供电外，还可以解决铁路的其他用电，有利于实现养路机械化。特别是在我国电力网络稀少的边远地区，工农业用电比较困难，当铁路电气化后，为沿线城镇乡村用电创造了条件。有利于当地工农业的发展和人民生活水平的提高。

电气化铁路虽有诸多优点，但也存在一些不足之处。比如修建电气化铁路的一次投资非常大，采用交流供电制对铁路沿线的一些弱点设备又有干扰，在运营中需要开维修"天窗"等等。初期的电气化轨道交通系统由于受电力系统的限制均采用低压直流供电，随着电力技术、电子技术的发展，电气化轨道交通系统逐步向高压、交流和大功率牵引发展，并从运输形式上逐步演化为城市地铁、城市轻轨和干线电气化铁路以及磁浮交通等形式。今后随着科学技术的不断进步和电气化铁路运营管理经验的积累，这些问题一定会逐步地得到解决。

1.1.4　磁悬浮技术

进入20世纪40年代后，随着交通运输进入现代化和多样化的阶段，铁路在长途运输中受到航空运输的排挤，短途又被汽车运输几乎取代，所以一些西方发达国家认为铁路成为"夕阳产业"。尽管有了一系列技术上的重大进步，自一战之后，铁路运输还是无法避免来自小汽车与货车的公路运输以及航空的激烈竞争。半个多世纪以来，各国的运营实践证明，铁路电气化，已是当今铁路现代化的主要方向。它不仅是提高铁路运输能力，改进铁路运营工作的最有效途径，同时也是合理利用资源、保护生态环境的最佳办法。因此各国都在积极发展电气化铁路。为提高铁路与汽车及航空的竞争优势，在长途城际铁路旅客运输方面，1964年日本首先推出了运行速度最高达200 km/h以上的电气化高速铁路系统新干线高速铁路，当时的东海道新干线最高速度为210 km/h。随着1983年9月，法国东南高速线（巴黎—里昂）建成通车，掀起了世界高速铁路建设的高潮。随后德国、西班牙等国家也开始大力发展高速铁路，到目前为止全世界已建成高速铁路约6 050 km。2008年8月1日京津高速电气化铁路开通运营。2009年4月1日合武高速电气化铁路开通运营。2009年12月26日武广高速电气化铁路开通运营。2010年2月6日郑西高速电气化铁路开通运营。我国电气化铁路也进入了高速电气化时代。

　　磁浮交通是一种目前地面速度最快的新型交通运输方式。实际上也是以电能作为牵引动力的高速电气化铁路。和现在的铁路不同之处在于，铁路上列车是靠车轮在钢轨上滚动运行的，而磁浮铁路则是利用电磁原理，使列车悬浮在钢轨之上，由列车上超导磁体与钢轨上的线圈相互作用运行的，列车运行速度可达到 500 km/h 以上，所以也称为"超高速无轮列车"。磁浮车辆不依靠车轮与轨道之间的机械接触，而是采用电力驱动，由磁力实现其支承、导向和牵引的非接触式交通工具。它的特点是运行速度高、无噪声和振动，不受气候影响，不污染环境，是解决大城市及其周边城市之间旅客运输拥挤的最好交通方式。

　　早在 1922 年德国人海曼·波肯（见图 1.3）于 1934 年提出了电磁悬浮的原理，并在 1934 年申请了磁悬浮列车的专利。但直到 20 世纪 60 年代后才得到真正发展。这主要得益于电力电子技术、计算机与信息技术、超导技术等现代技术的迅速发展。目前，世界上很多国家都在积极进行研究和试验。德国和日本的磁浮交通技术处于领先水平，也已进入实用阶段。1971 年 2 月德国第一辆磁浮原理车 MBB 在 660 m 线上投入试验运行，如图 1.4 所示。磁浮列车分为常导型和超导型两大类，如图 1.5 所示。常导型也称为常导磁吸型，以德国高速常导磁悬浮列车为代表。它是利用普通直流电磁铁电磁吸力的原理将列车悬起，悬浮的气隙较小，一般为 10 mm 左右，常导型高速磁悬浮列车的运行速度可达到 400～500 km/h。

图 1.3　海曼·波肯

图 1.4　德国第一辆磁悬浮原理车 MBB

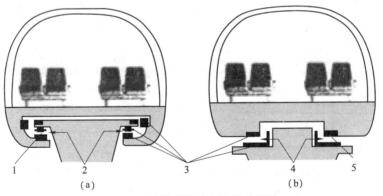

图 1.5　常导磁吸型和超导磁斥型

1，5—气隙；2—吸引力；3—磁铁；4—斥力

（a）常导磁吸型；（b）超导磁斥型

　　而超导型磁悬浮列车也称为超导磁斥型，以日本超导磁悬浮列车为代表，它是利用超导磁体产生的强磁场，列车运行时与地面上的线圈相互作用，产生电磁斥力将列车悬起，悬浮的气隙较大，一般为 100 mm 左右，超导磁悬浮列车的运行速度可达 500 km/h 以上。

　　这两种类型的磁悬浮列车各有优缺点。图 1.6 所示为德国 TR08 高速磁浮车与铁路试验线。

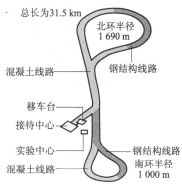

图 1.6　德国 TR08 高速磁浮车与铁路试验线

　　1994 年 9 月开始在汉堡至柏林间修建世界上第一条长距离的磁浮铁路，全长 285 km，运行速度为450 km/h，2003 年建成并投入运营。日本在 1962 年在宫崎建立了一条长 7 km 的磁浮铁路试验线，于 1987 年成功地进行了两辆磁浮列车试运行，时速达 400 km，并于 1990 年正式在东京至山梨县的中央线上修建了一条磁浮铁路，全长 42.8 km，于 1998 年建成并投入运营。现正准备修建东京品川至名古屋区间的高速磁浮线，计划于 2027 年开通，如图 1.7 所示。

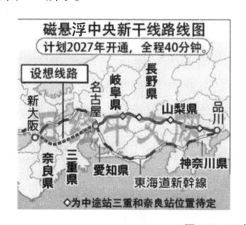

图 1.7　日本磁悬浮中央新干线

　　我们国家也进行研究和试验，并已取得丰硕的成果。2001 年 1 月 3 日，世界上第一辆载人高温超导磁悬浮实验车在西南交通大学研制成功。2002 年 12 月 31 日世界上第一条采用 EMS 技术正式运营的高速磁浮示范运营线——上海龙阳路至浦东机场线建成通车（见图 1.8），正线全长约 30 km，设计最高速度 505 km/h，最高运营速度 430 km/h，单相行驶时间 8 min；2014 年 6 月，西南交通大学调试成功真空管道高温超导磁悬浮车环形试验平台，真空管道交通系统将高温超导悬浮技术和真空技术相结合，进一步提高了列车的运行速度，降低了系统的运行能耗，是一种有望实现超高速低能耗的地面轨道交通系统。长沙火车南站至黄花国际机场中低速磁浮轨道交通项目也在 2014 年 5 月开工建设，计划于 2015 年 12 月底建成，建成后将成为世界上最长的中低速磁浮交通商业运营示范线。该项目正线全长约18.7 km，均为高架线，全线设车站 3 座，分别为长沙火车南站、榔梨站和黄花机场站，设计最高速度为 120 km/h。项目完工后，高铁站到机场仅需 10 多分钟，高铁和航空的乘客可无缝对接，进一步方便市民的出行。如果采用磁浮列车从北京到上海，不超过 4 个小时，从杭州至上海只需 23 min。在时速达 200 km 时，乘客几乎听不到声响。磁浮列车采用电力驱动，其发展不受能源结构，特别是燃油供应的限制，不排放有害气体。据专家介绍，磁浮线路的造价只是普通路轨的 85%，而且运行时间越长，效益会更明显。但是，它的缺点也是十分明显的：由于磁浮系统是凭借电磁力来进行悬浮、导向和驱动功能的，一旦断电，磁浮列车将发生严重的安全事故。2006 年，德国磁浮控制列车在试运行途中与一辆维修车相撞，报道称车上共 29 人，当场死亡 23 人，实际死亡 25 人，4 人重伤。这说明磁浮列车在突然情况下的制动能力不可靠，不如轮轨列车。

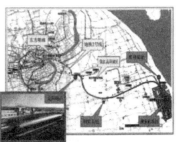

图 1.8　上海磁悬浮列车

任务 1.2　地铁与轻轨

轨道交通是地铁、轻轨、有轨电车等交通方式的统称。地铁建设正在掀起高潮。2014年 3 月 28 日，兰州地铁 1 号线一期工程全线开工建设；乌鲁木齐地铁 1 号线计划于 4 月底全面开工建设；长春地铁 2 号线 5 月全面开工；重庆 2014 年新开工轨道交通大学城——璧山段；太原市轨道交通 2 号线一期工程初步设计方案已通过专家评审，将于年底全线开工；宁波轨道交通 2 号线二期开工在即；郑州市 2014 年开工的地铁项目最多，分别是郑州地铁 1号线二期工程、郑州地铁 2、3 号线一期工程和郑州地铁 5 号线工程。

1.2.1　地铁

地铁是地下铁道的简称，它是指单向输送能力在 3 万人次/小时以上，轴重相对较重的城市轨道交通系统。它是电气化轨道交通的最先应用形式。1843 年，英国律师查尔斯·皮尔逊针对当时伦敦人口日益膨胀给交通造成的压力，向国会提交了修建地下铁道的建议。经过 20 年的酝酿，1860 年英国开始修建地下铁道。它采用明挖法施工，为单拱砖砌结构。

1863 年 1 月 10 日世界上第一条长 6.5 km、采用蒸汽机车牵引的地铁线路在伦敦建成通车。它是世界上首条地下铁路，1893 年实现电气化牵引。

此后，地铁作为新型城市公共交通方式而不断发展。1874 年，英国在伦敦首次采用盾构法施工，于 1890 年 12 月 18 日修建成一条 5.2 km 的地铁线路，并首次采用电力机车牵引。在 19 世纪后 10 年，世界上又有芝加哥（1892）、布达佩斯（1896）、格拉斯哥（1896）、维也纳（1898）、巴黎（1900）等 5 座城市修建了地铁。20 世纪上半叶，柏林、纽约、东京、莫斯科等 12 座城市也修建了地铁。第二次世界大战以后，从 1950 年到 1974 年，欧洲，特别是亚洲、美洲，有 30 余座城市修建了地铁。从 1975 年到 2000 年，又有 30 余座城市相继建了地铁，其中亚洲最多，从而，构成了世界轨道交通的基本发展历史。

自从 1863 年 1 月 10 日世界上第一条城市地铁开通以来，至今已有 153 年的历史，目前，全世界已有 40 多个国家和地区的 320 多座城市修建了轨道交通，其中有 127 座城市修建了地铁；地铁线路总长度为 5 200 km，有 10 多座城市的地铁运营线长度超过 100 km，其中，纽约 443 km，伦敦 408 km，巴黎 326 km，莫斯科 280 km，东京 286 km，汉城[①] 287 km。

2014 年年末，全国 22 个城市共开通城市轨道交通运营线路长度 3 173 km。其中，地铁 2 361 km，占 74.4%；轻轨 239 km，占 7.5%；单轨 89 km，占 2.8%；现代有轨电车 141 km，占 4.4%；磁浮交通 30 km，占 0.9%；市域快轨 308 km，占 9.7%；APM 4 km，占 0.1%。

1.2.2　轻轨

轻轨是指轴重和运输量比地铁小的城市轨道交通系统，作为城市轨道交通的另一种形式——现代轻轨交通，它是在有轨电车的基础上发展起来的。1879 年柏林工业展览会上展出了第一辆以输电线供电的电动车。1886 年美国阿尔拉巴州的蒙哥马利市开始出现有轨电车系统，而世界上第一个真正投入运行的有轨电车系统是弗克尼的里兹门德有轨电车系统。此后有轨电车系统发展很快，20 世纪 20 年代，美国的有轨电车系统总长达到 25 000 km，20 世纪 30 年代，欧洲、日本、印度和我国的有轨电车有了很大的发展，但旧式有轨电车一般都在城市道路中间行驶，行车速度慢、噪声大、舒适度差。

随着汽车的迅速发展，尤其是私家小汽车的大量涌现，大大加重了城市道路交通的堵塞，于是，各国城市纷纷拆除有轨电车为日益增加的汽车让道。到 1970 年，世界上仅有 8 个城市还保留着有轨电车。而时间到了 20 世纪后半叶，伴随着世界各国的城市区域不断扩大，城市经济的发展，人口逐渐增长。随着流动人口及汽车的猛增，城市道路的相对有限性与汽车发展的相对无限性之间产生了尖锐的矛盾。在城市，汽车的大量上路带给人们的是交通堵塞、事故频繁、能源过度消耗、尾气与噪声污染等一系列经济、社会、环境的问题。行车难、乘车难，不仅成为市民工作和生活的一个突出问题，而且制约着城市经济的发展。世界各国纷纷探索和思考如何走出这一困境。

20 世纪 60 年代初，西方一些人口密集的大城市，在考虑修建地下铁道的同时，又重新把注意力转移到有轨交通上。欧洲一些发达国家，为满足城市公共交通客运量日益增长的需

---

① 汉城：今为首尔。

求，着手在旧式有轨电车的基础上，利用现代化技术，改造和发展有轨电车系统，开发出新一代噪声低、速度高、走行部件转弯灵活、乘客上下方便，甚至可以照顾到老人和残疾人的低地板新型有轨电车。新型有轨电车在线路结构上采用了降噪减震技术等措施；采用专用车道，在与繁忙道路交叉处进入半地下或高架交叉，互不影响，使其在运行速度、技术水平和服务质量上都有很大提高。在1978年3月国际公共交通联合会（UITP）在比利时首都布鲁塞尔会议上，确定了新型有轨电车交通的统一名称，即轻型轨道交通（Light Rail Transit，LRT），简称轻轨交通。

我国的第一条地铁是北京地铁，它于1965年开始修建，1969年9月通车，西起苹果园、东至北京站，线路全长24 km，设车站17座；1984年北京地铁开始第二、三期工程建设，拥有地铁总长52.8 km，车站40座。2000年5月，北京又开始了轻轨交通（从西直门至回龙观）的建设，于2001年建成通车，全长40.8 km，车站17座。地铁6号线二期（通州段）已于2014年年底开通并试运营。全线设站由7站增至8站，均为地下站，其走向与地铁1号线平行，将缓解北京市中心城区东西向的交通压力。预计2016年年底，北京地铁运营总里程将达到660 km以上。在远景规划中，到2020年时，运营总里程将超过1 000 km。

随着我国城市化进程的推进，城市经济迅速增长、城市人口大幅度增加、私人小汽车数量在逐年猛增，使得城市路面交通日益拥挤。面对城市转型化和交通拥堵的问题，在探寻城市发展和与之相适应的交通体系中，实行以公共运输网络为主体，大力发展城市轨道交通为主干，最终解决了城市交通出行难的问题。城市轨道交通具有快速、准时、安全、舒适、污染少，运量大，运输效率高等特点，是大容量运输的交通方式，能够解决高密度客流出行问题。

目前我国城市轨道交通开展运营服务的城市有：

中国大陆（26个）：北京、上海、天津、重庆、广州、深圳、南京、成都、沈阳、武汉、大连、杭州、西安、苏州、长沙、郑州、哈尔滨、长春、昆明、宁波、无锡、佛山（广佛覆盖）、青岛、兰州、南昌、淮安，其中青岛、兰州、南昌、淮安等四城市为首次开通城市轨道线路城市。

港澳台（3个）：香港、台北、高雄。

本统计覆盖地铁、轻轨、市域快轨、单轨、有轨电车和其他制式中等运量轨道系统（磁浮、APM），服务于城市区域人群交通出行的轨道线路。

我国轨道交通运营里程排名如表1.4所示。

表1.4　我国轨道交通运营里程排名

序号	城市	总里程/km	开通年份
1	北京	677	1969
2	上海	633	1995
3	香港	272	1979
4	广州	259	1997
5	南京	232	2005
6	重庆	202	2004
7	成都	182	2010
8	深圳	179	2004

续表

序号	城市	总里程/km	开通年份
9	大连	165	2002
10	天津	147	1976
11	台北	137	1996
12	武汉	126	2004
13	沈阳	114	2010
14	杭州	82	2012
15	苏州	76	2012
16	郑州	69	2013
17	兰州	61	2015
18	昆明	60	2012
19	长春	56	2002
20	无锡	56	2014
21	西安	52	2011
22	宁波	49	2014
23	长沙	45	2014
24	高雄	45	2008
25	南昌	29	2015
26	淮安	20	2015
27	哈尔滨	17	2013
28	佛山	15	2010
29	青岛	12	2015
	总计	4 069	

1.2.3　全球城市轨道交通发展概况

1. 纽约地铁

纽约地铁诞生于 1904 年，是美国纽约市的快速大众交通系统，也是全球最错综复杂且历史悠久的公共地下铁路系统之一。纽约地铁 24 小时都在运行，整个地铁系统中有很多独特的艺术作品。1904 年 10 月 27 日，纽约市的第一趟地铁列车缓缓驶出市政厅车站。当时参加纽约地铁建设的工人有 3 万多人，他们中的大多数是爱尔兰人或意大利移民。它成为成千上万人的工作场所，是他们"日出而作，日落而息"的地方，是城市四通八达、奔流不息的大动脉，也是纽约市的一条地下艺术。

美国国会地铁（Congressional Subway）是美国首都华盛顿哥伦比亚特区，连接美国国会大厦和美国众议院、美国参议院的地铁。仅限议员、议会相关人员与职员使用，是一个免费的电气化轻轨系统。整个系统有三条线路，分别是国会大厦和参议院之间的两条线路（国会大厦—罗素参议院办公大楼，国会大厦—狄克参议院办公大楼—哈特参议院办公大楼），国会大厦和众议院之间的一条线路（国会大厦—瑞本众议院办公大楼）。

2. 巴黎地铁

巴黎地铁是法国巴黎的地下轨道交通系统，于 1900 年起开始运行。巴黎地铁总长度 220 km，居世界第十二位，年客流量达 15.06 亿（2010 年），居世界第九位。有 14 条主线和 2 条支线。巴黎地铁被称为全世界最密集、最方便的城市轨道交通系统之一。每个地铁站设计独特，内部装饰各异，成为展示该国文化艺术的窗口。

巴黎人对他们的地铁系统是十分自豪的。经过一个世纪的发展，目前巴黎地铁无论从其覆盖的范围，管理的完善还是运行的效率来看都可以说是世界上一流的水平。

3. 莫斯科地铁

莫斯科地铁，全称为"列宁莫斯科市地铁系统"，被公认为世界上最漂亮的地铁，也是世界上规模最大的地铁之一，还是世界上使用效率第二高的地下轨道系统（第一是纽约）。

地下铁道考虑了战时的防护要求，可供 400 余万居民掩蔽之用。莫斯科地铁各个地铁站以民族特色、名人、历史事迹、政治事件为主题而建造，其中最突出的就是以爱国主义为主题的地铁站。

莫斯科地铁的建筑造型各异、华丽典雅。每个车站都由国内著名建筑师设计，各有其独特风格，建筑格局也各不相同，多用五颜六色的大理石、花岗岩、陶瓷和五彩玻璃镶嵌成各种浮雕，雕刻和壁画装饰、照明灯具十分别致，好像富丽堂皇的宫殿，享有"地下的艺术殿堂"之美称。

2014 年 11 月 5 日，莫斯科地铁开放俄罗斯经典文学虚拟图书馆。莫斯科地铁站免费向乘客提供 100 多部经典文学作品，乘客只需用智能手机或平板扫描编码，就可以浏览图书馆的虚拟书架。

4. 东京地铁

东京地铁总里程达到世界第四位。作为拥有如此之多人口的城市，东京地铁从根本上舒缓了城市的交通压力，此外快捷的地铁也有效地控制了汽车的数量，使得东京也避免了在城市高速发展中遭受了像墨西哥城那样的环境污染。在东京，只有百万富翁和计程车公司才买车，大多数的人便是这样整日整夜地过着"线上"生活，而其中的一半时间，又在地下。地铁是东京最乱最没有诗意的地方，但又是东京最活色生香的"梦华录上河图"东京地铁公司的前身为 1941 年依"帝都高速度交通营团法"成立的帝都高速交通营团（又称为营团地下铁）。

5. 伦敦地铁

伦敦地铁是世界上第一条地下铁道。总长超过 400 km。1856 年开始修建，1863 年 1 月 10 日正式投入运营。它长约 7.6 km，隧道横断面高 5.18 m、宽 8.69 m，为单拱形砖砌结构。1863 年 1 月 10 日，地铁开放，第一天的乘客总数就达到了 4 万人次。按照当年 7 月的统计，地铁向公众开放的前 6 个月里，乘客数量达到 477 万人次，平均每天有 2.65 万人次乘坐。在平常的日子，伦敦地铁每天的客流量是 200 万人次。每年的客流量大约是 8.5 亿人次。而在上班高峰的时间里，牛津街地铁站入口处一个小时的客流量是 2.25 万。而伦敦的人口其实只有 700 万多一点，可见它颇受人们的青睐。伦敦地铁最初的一部分大都会地铁，亦为世界上第一条市内载客地下铁路，该条铁路在帕丁顿（现在的帕丁顿站）和临时的法灵顿街站（现在的法灵顿站西北）间运行。该线于1863年1月10日通车，成为世界上最早的一条地铁路线。

1.2.4　地铁供电系统的组成

地铁供电系统是地铁的动力能源，负责为地铁列车和动力照明负荷提供电源。它不仅要保证为电力用户提供安全、可靠、经济的电能，还要保证地铁的安全、正常运营，防止各类电气事故和灾害的发生。城市轨道交通采用直流供电制式，这是因为城市轨道交通运输的列车功率并不是很大，其供电半径也不大，因此供电电压不需要太高；还由于直流制比交流制的电压损失小，因为没有电抗压降。另外城市内的轨道交通，供电线都处在城市建筑群之间，供电电压也不宜太高，以确保安全。基于以上原因，世界各国城市轨道交通的供电电压都在直流550~1 500 V之间，但是其挡级很多，这是由于各种不同交通形式、不同发展时期造成的。现在国际电工委员会拟定的电压标准为600 V、750 V、1 500 V三种。后两种为推荐值。我国国标也规定为750 V和1 500 V，不推荐600 V。

北京地铁采用的是750 V直流供电电压，上海地铁采用的是1 500 V直流供电电压。目前我国许多城市都在建造快速轨道交通，首先要涉及供电系统的技术经济指标、供电质量、运输的客流密度、供电距离和车辆选型等，必须根据各城市的具体条件和要求综合论证来决定。另外，由于大功率半导体整流元件（晶闸管）的出现，在直流制电动车辆上，采用以晶闸管为主体的快速电子开关（斩波器），可对直流串激牵引电动机进行调压调速，消除了用串联电阻启动和降压调速的不经济方法。这种方法给直流制增添了新的生命力。

地铁供电系统一般划分为外部电源、主变电站（所）、牵引供电系统、动力照明系统、杂散电流腐蚀防护系统和电力监控系统几部分。

为了说明电力牵引供电系统各个组成部分的关系和作用，用示意图1.9表示城市轨道交通牵引供电系统的组成。

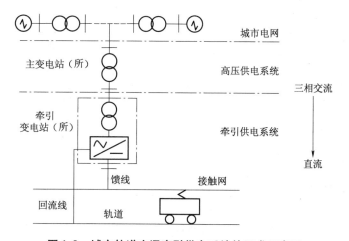

图1.9　城市轨道交通牵引供电系统的组成示意图

1. 外部电源

从发电厂（站）经升压、高压输电网、区域变电站（所）至主降压变电站（所）部分通常被称为牵引供电系统的"外部或（一次）供电系统"。我国和其他国家一样，电力生产由国家经营管理，因此无论是干线电气化铁路，还是工矿电力牵引和城市轨道交通电力牵引用电均由国家统一电网供给。

发电厂利用不同的能源（煤、油、风力、地热、太阳能和潮汐能）生产电能。电厂可能与其用户相距甚远，为了能得到经济输电，必须将输电电压升高，以减少线路的电压损失和能量损耗，因此在发电厂的输出端接入升压变压器以提高输电电压。目前我国用得最普遍的交流输电电压等级为 110 ~ 220 kV。

通常高压输电线到了各城市或工业区以后通过区域变电站（所）将电能转配或降低一个等级，如 35 ~ 10 kV 向附近各用电中心送电。城市轨道交通牵引用电既可以从区域变电站（所）高压线得电，也可以从下一级电压的城市地方电网得电，这取决于系统和城市地方电网的具体情况以及牵引用电容量的大小。

对于直接从系统高压电网获得电力的城市轨道交通系统，往往需要设置一级主降压变电站（所），将系统输电电压如 110 ~ 220 kV 降低到 10 ~ 35 kV 以适应直流牵引变电站（所）的需要。从管理角度上看，主降压变电站（所）可以由电力系统（电业部门）直接管理，也可归属于城市轨道交通部门管理。

外部电源供电的形式有集中式供电、分散式供电和混合式供电。

（1）集中式供电

在城市轨道交通沿线，根据用电容量和线路长短来建设专用的主变电站（所）。主变电站（所）进线电压一般为 110 kV，经降压后变成 35 kV 或 10 kV，供牵引变电站（所）与降压变电站（所）。主变电站（所）应有两路独立的进线电源。集中式供电通常从城市电网110 kV 侧引入两路电源，按照地铁设计规范要求，至少有一路电源为专线，有利于城市轨道交通供电形成独立的体系，便于管理和运营。如上海、广州、南京、香港、德黑兰等地铁。图 1.10 所示为三级电压制集中式供电结构示意图。

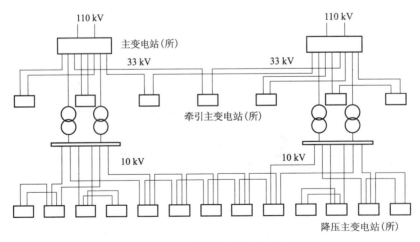

图 1.10　三级电压制集中式供电结构示意图

集中式供电的优点：

1）可靠性高，便于集中统一调度和集中管理。

2）施工方便，维护容易，电缆敷设比较简单。

3）抑制谐波的效果较好。为减少谐波对电网的影响和危害，一是采用较高脉波（24脉波）整流机组，二是选用较高电压（110 kV）的电源，因为大容量、高电压电网的承受能力强，同时国标规定的谐波总畸变率和谐波电压含有率比小容量、低电压电网要低得多，而且也有利于今后集中采取高次谐波防治措施。

4）计费方便、简单。采用110 kV电压集中供电方式，运行管理单位与电业部门的电度计费在主变电站（所）设总计量就行，不必在各变电站（所）分别计量。

（2）分散式供电

在地铁沿线直接由城市电网引入多路电源构成供电系统。一般为10 kV电压级。分散式供电要保证每座牵引变电站（所）和降压变电站（所）均获得双路电源，要求城市轨道交通沿线有足够的电源引入点及备用容量。建设中的沈阳地铁、长春轻轨、大连轻轨、北京城铁、北京八通线、北京地铁5号线等。图1.11所示为分散式供电结构示意图。

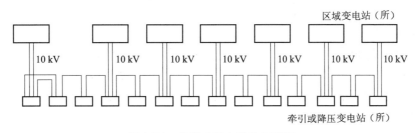

图1.11　分散式供电结构示意图

（3）混合式供电

将前两种供电方式结合起来，一般以集中式供电为主，个别地段引入城市电网电源作为集中式供电的补充，使供电系统更加完善和可靠。北京地铁一线和环线、建设中的武汉轨道交通工程、青岛地铁南北线工程等即为混合式供电方案。

2. 主变电站（所）

主变电站（所）的功能是接受城网高压电源（通常为110 kV），经降压为牵引变电站（所）、降压变电站（所）提供中压电源（通常为35 kV或10 kV），每条线路设有两个及以上主变电站（所），可相互支援互为备用。主变电站（所）适用于集中式供电。主变电站（所）接线方式为线变式或桥形接线。

桥形接线是由一台断路器和两组隔离开关组成连接桥，将两回变压器一线路组横向连接起来的电气主接线。在变压器一线路组的变压器和断路器之间接入连接桥的称为内桥接线，如图1.12所示。内桥接线的任一线路投入、断开、检修或故障时，都不会影响其他回路的正常运行，但当变压器投入、断开、检修或发生故障时，则会影响另一线路的正常运行。由于变压器运行可靠，而且不需要经常进行投入、断开和检修，因此内桥接线的应用较广泛。

在变压器一线路组的断路器和线路之间接入连接桥的称为外桥接线，如图1.13所示。连接桥母线上的断路器正常状态下合闸运行。外桥接线的变压器投入、断开、检修或发生故障时，则会影响其他回路的正常运行。但当线路投入、断开、检修或发生故障时，则会影响一台变压器的正常运行。因此外桥接线仅适用于变压器按照经济运行要经常投入或断开的情况。

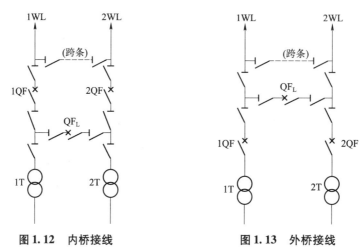

图 1.12 内桥接线　　　　　　　　　图 1.13 外桥接线

3. 牵引供电系统

牵引供电系统包括牵引变电站（所）与牵引网。牵引变电站（所）的任务是将电力系统提供的三相工频交流电变为牵引所用的直流1 500 V 或直流 750 V 的电能，为地铁列车提供牵引供电。在电力牵引系统中，起着举足轻重的作用，是城市轨道交通车辆正常运行的重要保障。

牵引网包括接触网与回流网。接触网由架空接触网（直流 1 500 V）和接触轨（直流 1 500 V 或 750 V）两种悬挂方式，大多数工程利用走行轨兼作回流网；少数工程单独设置回流轨。

4. 动力照明供电系统

动力照明供电系统的功能是将交流中压（35 kV 或 10 kV）升压变成交流 220 V 或 380 V 电压，采用三相五线制系统（TN－S 系统）配电。基本上采用放射式供电，个别负荷可采用树干式供电。可以提供车站和区间各类照明、扶梯、风机、水泵等动力机械设备的电源和通信、信号、自动化等设备的电源，由降压变电站（所）和动力照明配电线路组成。

5. 杂散电流腐蚀防护系统

杂散电流腐蚀防护系统的功能是减少因直流牵引供电引起的杂散电流并防止其对外扩散，尽量避免杂散电流对城市轨道交通主体结构及其附近结构钢筋、金属管线的电腐蚀，并对杂散电流及其腐蚀保护情况进行监测。

6. 电力监控系统

电力监控系统的功能是实时对地铁变电站（所）、接触网设备进行远程数据采集和监控。在城市轨道交通控制中心，通过调度端、通信通道和变电站（所）综合自动化系统对主要电气设备进行"四遥"（即遥控、遥测、遥信、遥调）控制，实现对整个供电系统的运营调度和管理。图 1.14 所示为电力监控系统示意图。

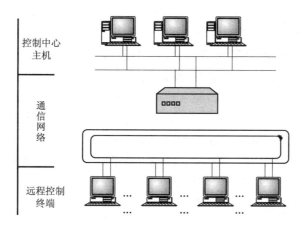

图 1.14　电力监控系统示意图

（1）遥控功能

1）选点式操作，即单控。调度员可根据站名、开关号以及动作状态进行选择操作。

2）选站式操作。调度员通过对所控站名、动作状态的选择，按系统的运行方式发出指令，进行停送电操作。

3）选线式操作。调度员对运行线名、动作状态进行选择，实现全线停、送电操作。

（2）遥测功能

控制中心对各变电站（所）的量值遥测。遥测的主要参数包括进线、母线、馈线的电压、电流、有功电度、无功电度、有功功率、无功功率及主变压器温度等。

（3）遥信功能

变电站（所）的各种实时信息，包括断路器开关的位置、保护信号和预告信号，通过通信网络传输到控制中心，并显示在模拟屏上。

（4）遥调功能

调度所直接对被控站某些设备的工作状态和参数的调整，如调节变电站（所）的母线电压值。

（5）其他功能

电力监控系统的其他功能包括自检功能、显示功能、数据处理功能、打印功能、汉字功能、口令功能、培训功能等。

任务 1.3　电气化铁路

1.3.1　电气化铁路的发展

由于两次世界大战的影响，电气化铁路在 20 世纪上半叶没有多大发展，到 20 世纪 50 年代后，随着工业发达国家急剧增长的运输任务的需要，各国开始了大规模的铁路运输现代化建设，电气化铁路的建设速度不断加快。电气化铁路发展最快的时期是 20 世纪 60、70 年代，平均每年修建 5 000 km 以上。到 20 世纪 70 年代末，工业发达的西欧、日本、苏联以及东欧等国的主要铁路干线都实现了电气化。现在这些国家正集中精力修建时速 200 km 以上的高速电气化铁路。20 世纪 80 年代以后，一些发展中国家也加快了电气化铁路的建设步伐，其中以南非和我国的电气化铁路发展最快，南非在 1997、1998 两年间就修建了 7 898 km 电气化铁路，平均每年建成近 4 000 km，创造了世界电气化铁路建设速度的历史记录。

目前，世界上共 68 个国家和地区修建了电气化铁路，其中欧洲有 38 个国家，约占 65%；亚洲有 12 个国家和地区，约占 12.4%；非洲有 7 个国家，约占 8.4%（主要集中在南非）；美洲有 9 个国家，约占 3.7%；大洋洲有 2 个国家，约占 1.4%。拥有 1 万千米以上电气化铁路的国家有俄罗斯、德国、南非、日本、中国、法国、印度、波兰、意大利。

我国第一条干线电气化铁路是宝鸡至凤州段，1961 年 8 月 15 日建成通车。该线全长 93 km，以三个马蹄形和一个螺旋形盘旋于秦岭的崇山峻岭之中，最小曲线半径 300 m、最长隧道达 2 360 m、30‰的大坡道长达 20 km，行车条件十分困难。

20 世纪 80 年代我国新建电气化铁路总里程达 5 000 km 以上。此间，我国电气化铁路建设有以下特点：

1）建设速度明显加快，年建设里程由不足 100 km 提高到 500 km 以上。

2）利用外资引入国际先进技术，京秦线 AT 供电技术就是这一时期的典型，它标志我国电气化铁路技术已向世界先进水平迈进。

3）建设对象除运煤通道外已开始向运输主干线（陇海、京广）及沿海经济特区发展。

4）开始万吨级重载单元列车建设。

5）通过技工贸相结合的原则引进具有国际先进水平的技术和设备，使我国电气化铁路的技术装备达到或接近国际先进水平。

20 世纪 90 年代，我国电气化铁路进入了高速发展时期，分别建成了鹰厦、川黔、汀黔、兰琥、大秦线东段、郑武、宝中、侯月、包兰、丰准等 10 条电气化铁路，总里程达 3 088.1 km，1998 年我国第一条时速 200 km 的高速电气化铁路——广深线建成通车。

进入 21 世纪后，我国电气化铁路向快速、高速和重载运输发展，从 1958 年第一条电气化铁路开始修建，到 2012 年 12 月 1 日哈大高铁正式开通，中国电气化铁路总里程在 54 年突破 4.8 万千米，超越了原电气化铁路世界第一的俄罗斯，跃升为世界第一位。其中我国高速铁路已达到 8 600 余千米，稳居世界首位。到 2013 年年底，我国电气化率已突破 50%，完成总运量的 70% 以上。

1.3.2　电气化铁路的组成

电气化铁路是利用电能作为牵引原动力的轨道运输的总称。由于它的牵引动力是电能，所以又称电力牵引。它与蒸汽牵引和内燃牵引不同的是电力机车（或电动车组）本身不带能源，必须由外部供给电能。专门给电力机车（或电动车组）供给电能的装置称作牵引供电系统。因此，电气化铁路是由电力机车和牵引供电系统两大部分组成的。电气化铁路的牵引供电系统本身并不产生电能，而是将电力系统的电能传送给电力机车（或电动车组）的。为了区别牵引供电系统，一般把国家的电力系统统称为电气化铁路的一次供电系统，也称为电气化铁路的外部供电系统。

由于牵引供电系统主要由牵引变电站（所）和接触网两部分组成，所以人们又称电力机车、牵引变电站（所）和接触网为电气化铁道的三大元件。

1. 电力机车

电力机车靠其顶部升起的受电弓和接触网接触获取电能。电力机车顶部都有受电弓，由司机控制其升降。受电弓升起时，紧贴接触网线摩擦滑行，将电能引入机车，经机车主断路器到机车主变压器，主变压器降压后，经供电装置供给牵引电动机，牵引电动机通过传动机构使电力机车运行。

电力机车由机械部分（包括车体和转向架）、电气部分和空气管路部分构成。

车体是电力机车的骨架，是由钢板和压型梁组焊成的复杂的空间结构，电力机车大部分机械及电气设备都安装在车体内，它也是机车乘务员的工作场所。

转向架是由牵引电机把电能转变成机械能，使电力机车沿轨道走行的机械装置。它的上部支持着车体，它的下部轮对与铁路轨道接触。

电气部分包括机车主电路、辅助电路和控制电路形成的全部电气设备，在机车上占的比例最大，除安装在转向架中的牵引电动机之外，其余均安装在车顶、车内、车下和司机室内。

空气管路部分主要执行机车的空气制动功能，由空气压缩机、气阀柜、制动机和管路等组成。

干线电力牵引中，按照供电电流制分为直流制电力机车、交流制电力机车和多流制电力机车。交流制机车又分为单相低频电力机车（25 Hz 或 $16\frac{2}{3}$ Hz）和单相工频（50 Hz）电力机车。单相工频电力机车，又可分为交 – 直传动电力机车和交 – 直 – 交传动电力机车。

我国电气化铁路运行的电力机车，除少量国外引进的电力机车外绝大多数是我国自行设计制造的 SS（韶山）型。电力机车的额定电压为 25 kV，最高工作电压为 29 kV，最低工作电压为 20 kV。牵引电动机采用直流串励式，额定电压为 1.5 kV，功率为 700 ~ 900 kW。

电力机车的工作过程为牵引变电站（所）输出的高压交流电送到接触网以后，由机车受电弓和接触线的滑动接触引入电力机车，机车电流经机车主变压器高压绕组、钢轨和大地回流至牵引变电站（所）；机车主变压器将高压交流电变为低压交流电，再经整流器整流后变成直流电，供给牵引电动机，牵引电动机通电旋转，牵引列车运行。

（1）机车运行状态

1）启动。机车由静止状态到正常牵引状态的过程。机车电流逐渐增大到最大值，然后随着列车加速而减小。

2）牵引。机车以相对稳定的速度牵引列车正常运行。机车电流保持一定。

3）加速。调速级位进级，使机车速度提高。机车电流增大。

4）减速。调速级位退级，使机车运行速度降低。机车电流减小。

5）惰行。机车绝电运行，即牵引电动机不通电，列车靠惯性前进。机车电流只是少量自用电电流。

6）制动。对列车加制动力，使列车减速或停止前进。机车电流只是少量自用电电流。

7）停站。在中间站因会让、待避列车等原因使机车无作业的停留。机车电流只是少量自用电电流。

（2）机车电流曲线和机车能耗

机车电流曲线是指机车电流 i 与机车运行时间 t 的关系 $i = f(t)$。机车电流曲线与机车的运行状态有关。机车电流曲线如图 1.15 所示。

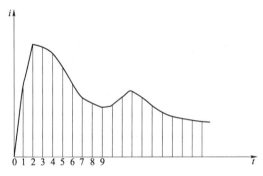

图 1.15　机车电流曲线

机车能耗是指机车牵引列车通过计算区段所消耗的能量，单位为 kW·h。将机车电流曲线 $i = f(t)$ 对时间 t 积分，再乘以接触网的平均电压 25 kV，就是机车在计算区段的能耗。

2. 牵引变电站（所）

牵引变电站（所）的主要任务是将电力系统输送来的 110 kV 三相交流电变换为 27.5（或 55）kV 单相电，然后以单相供电方式经馈电线送至接触网，电压变化由牵引变压器完成。电力系统的三相交流电改变为单相，是通过牵引变压器的电气接线来实现的。牵引变电站（所）通常设置两台变压器，采用双电源供电，以提高供电的可靠性。变压器的接线方式目前采用的有三相 Y，d_{11} 接线、单相 V，v 接线、单相接线以及三相 – 两相斯科特变压器。牵引变电站（所）还设置有串联和并联的电容补偿装置，用以改善供电系统的电能质量，减少牵引负荷对电力系统和通信线路的影响。

3. 牵引供电系统

电力牵引供变电系统是指从电力系统接受电能，通过变压，变相后，向电力机车供电的系统。牵引供电回路是由牵引变电站（所）、馈电线、接触网、电力机车、钢轨、大地或回流线构成。

任务 1.4　高　速　铁　路

高速铁路（High Speed Rail）通常简称为高铁，在整个交通史上，发展已经有很多年

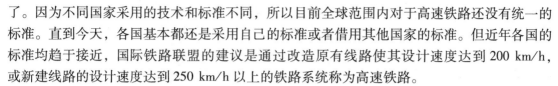

了。因为不同国家采用的技术和标准不同，所以目前全球范围内对于高速铁路还没有统一的标准。直到今天，各国基本都还是采用自己的标准或者借用其他国家的标准。但近年各国的标准均趋于接近，国际铁路联盟的建议是通过改造原有线路使其设计速度达到 200 km/h，或新建线路的设计速度达到 250 km/h 以上的铁路系统称为高速铁路。

各国各地区对高铁的定义：

1）欧盟：新建铁路容许速度达 250 km/h 或者原有线路升级改造后容许速度达 200 km/h 的可称为高铁。

2）国际铁路联盟：新建高速铁路的设计速度达到 250 km/h 以上或经升级改造（直线化、轨距标准化）的高速铁路，其设计速度达到 200 km/h，甚至达到 220 km/h。

3）日本：运行速度超过 200 km/h 的就是高铁。最具代表的就是新干线，于 1964 年 10 月 1 日正式开通运行。

4）美国：美国联邦铁路管理局对"高速铁路"的官方定义为最高营运速度高于 145 km/h 的铁路。但从社会大众的角度，"高速铁路"一词在美国通常会被用来指营运速度高于 160 km/h 的铁路服务，这是因为在当地除了阿西乐快线（最高速度 240 km/h）以外并没有其他营运速度高于 128 km/h 的铁路客运服务。

5）中国：在 2013 年 2 月 1 日新实行的《铁路主要技术政策》中，既有线提速线路从高速铁路中移除，高速铁路仅仅指新建设计开行 250 km/h（含预留）及以上动车组列车，初期运营速度不小于 200 km/h 的客运专线铁路。

1.4.1 世界高铁的发展现状

自 1964 年世界上第一条高速铁路——日本新干线建成通车，高速铁路的发展就成为世界关注的热点。高速铁路以其准时、舒适、节能、安全、快速、污染少等多方面显著的优势博得社会大众广泛地支持和欢迎，引领了当今世界铁路发展的新繁荣。自此，世界范围内的高铁运输技术不断进步，高速铁路网不断发展，许多国家把高铁的建设作为发展交通运输的重要国策。

欧洲一些土地资源较为稀缺的发达国家，如法国、德国、意大利、西班牙、比利时、荷兰、瑞典、英国等，都致力于大规模修建本国或跨国界高速铁路，逐步形成覆盖欧洲的高速铁路网络。欧洲高速铁路网的发展，以欧盟为基础，以法国和德国为中心，开始紧锣密鼓地建设。自 1981 年法国开辟了欧洲第一条高速铁路客运专线——巴黎—里昂 TGV 东南线后，到 2005 年年底法国国内已经形成运营线路总里程达到 4 500 km 的 4 条高速走廊，最高时速达 320 km，意大利的 ETR 系统、西班牙的 AVE 系统设计时速也均能达到 300 km 以上。法国的 TGV 系统和德国的 ICE 系统在海外高速铁路扩展计划中，已成为日本新干线的强大竞争对手。以"欧洲之星"及泰里斯为代表的国际高速列车也在运行，成为引领世界高速铁路的主力军。

20 世纪 90 年代末后，以亚洲地区为代表掀起了新一轮的高速铁路建设高潮。2004 年 4 月，韩国第一条高速铁路 KTX 建成通车；2006 年 1 月，中国台湾第一条高速铁路台北—高雄高速新线投入运营；2008 年 8 月，中国大陆第一条真正意义上的高速铁路京津城际列车正式开通；在人口稠密的东亚经济圈，如泰国、新加坡、马来西亚、印度也在以经济发展为目标，推进用高速铁路连接主要大都市的交通干线的建设。

在"中国高铁"蓬勃发展的激励下，美国、俄罗斯、澳大利亚、沙特、巴西等国家纷纷也制定了规模空前的高速铁路发展计划。2000年连接美国东海岸的波士顿和纽约、华盛的"美国飞人"特别快车建成通车，运行速度达240 km/h。

近几年来，包括法国、西班牙、日本等"高铁元老"在内的国家，也再一次显示出加速发展高速铁路的雄心壮志。可以预见，未来10~20年将是全球高速铁路发展的一个"黄金时期"。高速铁路在全球范围内的快速发展也对国际社会彼此之间的进一步深度交流与合作提出更高的要求，以增强高速铁路在经济、技术、效率等方面的创新与保障能力。

1.4.2 中国高铁的发展现状

自2008年8月1日，中国第一条高速铁路京津城际列车开通运营，拉开了中国高速铁路建设和运营的序幕，经过短短8年发展，中国高铁总里程已接近2万千米，拥有世界上最大规模的高铁体系，已逐步发展成为世界上高速铁路发展最快、系统技术最全、集成能力最强、运营里程最长、运营速度最高、在建规模最大的国家。

目前，中国高铁的"四纵四横"已在中国地图上形成了四通八达的高铁网络。"四纵"是四条纵向铁路客运专线：连接环渤海和长江三角洲两大经济区，北京到上海客运专线；连接华北、华中和华南地区，北京经武汉、广州到深圳的客运专线；连接东北和关内地区，北京经沈阳、大连到哈尔滨的客运专线；连接长江、珠江三角洲和东南沿海地区，杭州经宁波、福州到深圳的客运专线。"四横"是连接西北和华东地区的四条横向铁路客运专线：徐州经郑州到兰州的客运专线；连接华中和华东地区，杭州经南昌到长沙的客运专线；连接华北和华东地区，青岛经石家庄到太原的客运专线；连接西南、华中和华东地区，上海经南京、合肥、武汉、重庆到成都的客运专线。

随着世界高铁发展的新浪潮，中国仍有许多高铁项目在建：在北京、成都、武汉三大城市将形成以城市为中心的1~8 h交通圈，与中国高铁网接驳；诸多客运专线和城际线项目在建，如成堰铁路彭州支线、杭长客专、兰新第二双线等；我国昆明至新加坡的高速铁路泛亚高铁线路在建，预计将在2020年建成通车。

从2004年8月，中国开始引进高铁技术打造自己的高速列车CRH系列至今，中国的高铁技术也逐渐达到世界先进水平。现主要有CRH1、CRH2、CRH5等动车组型号。经过引进消化吸收再创新，中国制造企业已成功地掌握了高速动车组总成、车体、转向架、牵引变流等9项关键技术，以及受电弓、空调系统等10项主要配套技术。

中国在高速铁路技术领域的迅速成熟，加快了中国高铁"走出去"的步伐。2010年12月，中国铁道部（现中国铁路总公司）与保加利亚、斯洛文尼亚等四国政府，跨国企业签署了战略合作协议。2014年，中国参与东盟高铁建设，推动"21世纪海上丝绸之路"的物流网的发展以及中国与东盟之间的经济贸易合作。中国高铁正向世界延伸，中国高铁项目的国际合作也从"技术引进"升级为"联合创新、联手闯市场"。

复习思考题

1. 电力系统的额定电压等级有哪些？如何确定系统中各电气元件的额定电压？
2. 电力系统中性点运行方式有哪些？各有什么特点？
3. 简述地铁与轻轨有何不同。
4. 外部电源的供电形式有哪些？
5. 简述电力机车的工作过程。

项目 2 电力系统基本知识

【项目描述】

电能的生产和运用是 19 世纪人类取得的巨大成就，它使人类进入现代生活和现代文明，极大地促进了整个人类社会的长足进步，奠定了现代工业和现代文明的社会基础。

1820 年奥斯特验证了电流磁效应，1831 年法拉第提出了电磁感应定律，这些实验和理论促成了电动机和发电机的发明。1834 年美国的托马斯·达文波特利用电磁铁制造了往复式电动机，1861 年德国人维尔纳·冯·西门子利用电磁感应原理发明了发电机，1866 年他又成功地制造出了直流电动机，从而奠定了现代电力工业的基础。

电力系统是由若干发电厂和高压输电线连成的强大的供电网。作为工业、农业、交通运输和城市的强大电源，它具有极大的经济性和可靠性。低质煤炭产区就地发电比较经济，水力资源更可以有效地利用电能的形式输送到各地，这些都促成了电力网的发展。大电力系统同因地制宜的地方中、小型发电厂相结合，是我国发展电力的两种形式。这样就可以在我国社会主义现代化建设中最大限度地和最有效地利用动力资源。

【学习目标】

(1) 了解电力系统的发展、结构及特点。

(2) 掌握电力系统的表征参数和短路容量的计算，并理解评价电能的质量指标。

(3) 了解电力输电线路的分类及组成。

【技能目标】

学会分析电力系统的基本情况及运行方式。

任务 2.1 电力系统概况

2.1.1 电力系统的发展

在电力工业发展的初期，发电厂一般建在用电地区附近，装机容量不宜太大，而且是孤立运行的。但随着工农业的发展，其对电能的需求是越来越大，发电厂的容量就要求装机容量也越来越大。考虑到燃料的运输成本，大型火力发电厂一般建在煤炭、石油及天然气等产地附近，大型水力发电厂就需要建在水力资源丰富的江河流域。而工业、农业、交通运输业及城市居民用电则往往集中在原料产地、大中城市和沿海工业发达地区，因此发电厂与用电地区的距离就相距甚远。发电厂发出的电能需要通过输电线输送到各用电地区。

孤立的发电厂一旦遇到故障或进行检修时就会中断供电，而使电力用户遭受损失，为了保证供电的可靠性和经济性，常将若干个孤立运行的发电厂，通过各种不同电压等级的电力线路连接起来联网运行。一般把发电、输电、变电、配电到用电构成的整体称为电力系统。而系统中的输电、变电、配电部分称为电力网。

在原始的电力系统中，发电机和负荷通过电力输电线直接串联，输电电压仅为 DC110 ~ 220 V，输送距离也只有 1 ~ 2 km。随着发电厂发电能力的增大，客观上需要增大电力系统的输送功率和输送距离，提高输电效率，这就要求提高发电机的输出电压。而发电机的电压过高会产生电晕现象，且直流高压输电与用户低压用电之间存在着不可调和的矛盾，加之系统运行复杂且价格昂贵，这使直流输电遇到极大的困难。

【注：电晕是高压带电体表面向空气游离放电的现象。当高压带电体的电压达到电晕临界电压，或其表面电场强度达到电晕电场强度（30 ~ 31 kV/cm）时，在正常气压和温度下，会看到带电体周围出现蓝色的辉光放电现象，这就是电晕。】

1885 年匈牙利工程师吉里等发明了封闭磁路的单相变压器，实现了单相交流输电。由于单相交流电动机起动困难，所以单相交流制也没有得到大力推广。1889 年俄国工程师多里沃·多勃罗沃耳斯基先后发明了三相异步电动机、三相变压器、三相交流制。1891 年德国工程师奥斯卡·冯·密勒主持建立了最早的三相交流输电系统，如图 2.1 所示。该系统的建成标志着输电技术的重大突破，奠定了现代电力系统的输电模式。

图 2.1　世界上第一个三相交流输电系统（1891 年）

电力网按其供电范围大小和电压等级高低可分为地方电力网、区域电力网和超高压远距离电力网。地方电力网一般是指 35 kV 或 110 kV，输电距离只有几十公里，只能满足城镇、工矿及农村用电的配电网。区域电力网则是包括区域发电厂在内的较大范围的电力网，其电力用户类型较多，供电范围也较大，电压为 110 kV 或 220 kV，输电距离可达数百公里。超高压远距离电力网主要由 330 kV、500 kV、直流 ±500 kV 或更高电压的输电线路组成，承担着将电能由大型水电站、坑口火电厂或核电站输送至负荷中心的任务，它可以连接几个区域电力网或电力网跨省区供电，甚至可以在国与国之间组成联合电力网。

现在，我国运行中的电力网交流电压有 6 kV、10 kV、35 kV、60 kV、110 kV、154 kV、220 kV、330 kV、500 kV 几种电压等级，其中 60 kV 及 154 kV 两种电压等级仅在东北电力网中采用，330 kV 的电压等级仅在西北电力网中采用。

各国对交流制的发展，都要求简化等级，以利于设备制造和运行维护。相邻电压等级的级差之比一般宜在 2 ~ 3 倍，我国现以 6 ~ 10/35/110/220/500 kV 和 6 ~ 10/35/110/330 kV 相匹配。

直流输电电压在我国目前尚无标准，正在建设和运行中的直流线路有 ± 100 kV 和 ±500 kV 两种。

2.1.2　电力系统的结构

现代电力系统是由多个发电、输电、变电、配电、用电、控制等子系统构成的电能生产和消费的庞大网络。主要由发电厂、输电系统、变配电系统、电力负荷和控制系统五个部分构成，如图 2.2 所示。

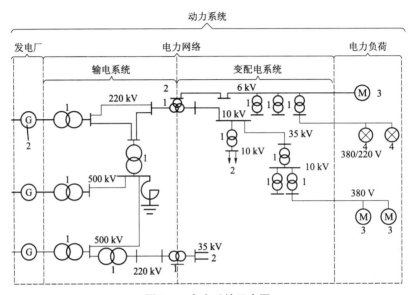

图 2.2　电力系统示意图
1—变压器；2—负荷；3—电动机；4—电灯

1. 发电厂

发电厂是将各种形式的能源转换成电能的特殊工厂，一般建设在动力资源（如水、煤炭、石油、天然气）丰富的地区。根据发电厂所取用的动力种类不同，可分为水力发电站、火力发电站、核能发电站、地热发电站、太阳能发电站、风力发电站和潮汐能发电站等。其特殊性表现在其产品（电能）不能储存，电能的生产、传输、消耗同时完成，虽然目前可对小能量的电能直接或间接进行储存，但对大能量的电能还不能进行储存。

新中国成立后，我国电力工业有了飞速的发展，发电装机容量和年发电量增长了数十倍。特别是进入改革开放的 20 世纪 80 年代以来，我国不仅修建了一大批大容量的火力发电站，还先后修建了 10 多个大型水力发电站。我国最大的三峡水力发电站，它的总装机容量近 1 820 万 kW，年发电量达 847 亿 kWh。同时，我国也开始发展核能发电站，浙江秦山核能发电站 1992 年已建成并网发电，装机容量为 30 万 kW；广东大亚湾核能发电站的两台 90 万 kW 机组也分别于 1994 年 2 月和 5 月建成并网发电；江苏连云港田湾核电站，其设计容量为 4 台 100 万 kW 级核电机组，并留有再建两台的余地。到 2014 年年底，我国发电机装机容量已达到 136 019 万 kW。

【电力系统的总装机容量是指该系统实际安装的发电机组额定有功功率的总和。】

2. 输电系统

在我国，电气化铁路所使用的电能都是由国家电力部门的发电厂供给的。一般大型发厂都远离电力负荷，电力负荷所需电能需通过电力传输线输送。传输线是电能传输的通道，是发电厂、变/配电所、电能用户三者的联系纽带，又称为输电线。目前发电和输电大都采用三相交流电，为了减少输电过程中的电能损失，发电厂发出的电能，需要经过升压变电站（所）进行升压，变成 110 kV 或 220 kV 的高压电能后，再通过输电线输送到区域变电站（所）。为了远距离输电，目前正在向 500 kV 超高压输电的方向发展，同时，为了寻找更合理的高压远距离输电方式，一种 500 kV 高压逆变直流输电方式，也已在葛洲坝至上海间建成并投入运行。

输电线传递电能，同时也将发电厂、区域变电站（所）和电力用户连接起来，构成了一个电力系统，实行并列运行。强大的电力系统可以保证供电的最大可靠性、经济性和灵活性。

3. 变配电系统

变配电系统完成变电功能，它接收电能并完成电压变换和电能分配。为了电能的经济输送及满足电力负荷对电能质量的要求，发电机发出的电能需经多次电压变换和电能分配。变配电系统按功能可分为变电站（所）、配电站（所）和变流站等。

其中变电站（所）按其结构形式分为以下四种。

（1）室外变电站（所）

室外变电站（所）是指变压器、断路器等主要电气设备均安装在室外，而仪表、继电保护装置、直流电源以及部分低压配电装置都装于室内的变电站（所）。这种变电站（所）的特点是占地面积大，但建筑面积小，土建费用低；受环境污染的影响比较严重，对于化工行业、建材行业等周围有空气污染的地区不宜采用。目前较高压等级的变电站（所）大多为室外变电站（所）。

（2）室内变电站（所）

室内变电站（所）是指高、低压主要电气设备均装于室内的变电站（所）。变电站（所）采用的变压器、断路器等电器均为室内型设备。这种变电站（所）的特点是采用室内型设备，占用空间较小，并且可以立体布置，占地面积小，但建筑费用高。一般适用于市内居民密集的地区和位于海岸、盐湖等污染严重的工业区以及周围空气污染的地区。室内变电站（所）的电压一般不超过 110 kV。

（3）地下变电站（所）

地下变电站（所）的电气设备基本都置于地下建筑中。它适用于建筑物密布、人口密集的地区。地下变电站（所）大多数采用 SF_6 全封闭电器、干式变压器等，因此造价很高。

（4）移动变电站（所）

移动变电站（所）多为临时向重要用电单位或施工单位供电时采用的变电站（所）。该变电站（所）采用的设备均安装在列车或汽车上，一般容量不大，设备简单，使用比较灵活。

变电是指进、出线有电压变化，配电是指进、出线无电压变化。有电压升高的变电站（所）通常叫升压站，有电压降低的变电站（所）通常叫降压站。升压站和降压站又统称为变电站（所）。变电站（所）通常既有变电又有配电。配电所通常只有配电，没有变电。

4. 电力负荷

电力负荷是电力系统中所有用电设备消耗的总和，它是电力系统规划、设计、运行、发电、送电、变电布局、布点的主要依据。对于某一用电单位，它所设置的用电设备包括电源线路都是电力负荷。用电设备可分为电动机、电热电炉、整理设备、照明及家用电器等若干类。在不同的行业中各类用电设备所占总负荷的比例也不同。例如：异步电动机在纺织工业中约占总负荷95%以上，在大型机械厂和综合性中小企业中约占80%，在矿山企业中约占70%；整流设备则在电解铜、电解铝行业中约占85%；同步电动机在化肥厂、焦化厂等企业中约占44%。

将各个工业部门消耗的电功率与农业、交通运输业、通信业和市政生活等消耗的电功率相加，即为电力系统的综合用电负荷，该负荷加上电力网中损耗的功率就是电力系统中各发电厂提供的功率，称为电力供电系统的供电负荷。供电负荷再加上各发电厂本身消耗的功率（厂用电），就是电力系统中各发电机应发出的功率，称为电力系统的发电负荷。

在用电单位中，各类负荷的运行特点及重要性不一样，它们对供电的可开行和电能质量的要求程度也不相同。为了合理地选择供电电源及拟定供电系统，我国在国家标准《工业与民用供电系统设计规范》中，根据电力负荷的重要性和中断供电在政治、经济上造成的损失或影响程度，以及对供电可靠度的要求，对电力负荷做了分级，并对不同等级的电力负荷提出了不同的供电要求。

（1）一级负荷

一级负荷包括：

1）中断供电将造成生命危险、人身伤亡的，如大型医院。

2）中断供电将在政治、经济上造成重大损失的，如重大设备损坏、重大产品报废，用重要原料生产的产品大量报废，国民经济中重点企业的连续生产过程被打乱，需要长时间才能恢复的。

3）中断供电将影响重要用电单位正常工作的，如重要铁路枢纽、重要通信枢纽、重要宾馆以及经常用于国际活动的公共场所等用电单位。

一级负荷应由两个独立的电源供电，独立电源是指不受其他电源影响与干扰的电源。具备下列两个条件的发电厂或变电站（所）的不同母线段均属独立电源：

1）每段母线的电源来自不同的发电机，且以后的输、变、配电各个环节又均为分列运行。

2）母线段之间无联系，或虽有联系但当其中一段母线发生故障时，能自动断开联系，不影响其余母线段继续供电。

当发生故障时，两个独立电源不应同时受损，对于较长时间中断供电才会产生上述后果的一级负荷，若两个电源均中断供电时，应迅速恢复一个电源供电。

特别重要的一级负荷通常称为保安负荷。保安负荷必须备有应急使用的可靠电源，以便当电源突然中断时，保证企业安全生产。

（2）二级负荷

二级负荷包括：

1）中断供电将在政治、经济上造成较大损失的以及重点企业大量减产的，如重要设备损坏、大量产品报废，连续生产过程被打乱，需要较长时间才能恢复。

2）中断供电将影响重要用电单位正常工作，如铁路枢纽、通信枢纽等用电单位中的重要电力负荷，以及中断供电将造成大型影剧院、大型商场等人员集中的公共场所秩序混乱的。

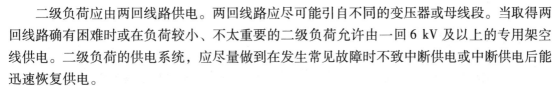

二级负荷应由两回线路供电。两回线路应尽可能引自不同的变压器或母线段。当取得两回线路确有困难时或在负荷较小、不太重要的二级负荷允许由一回 6 kV 及以上的专用架空线供电。二级负荷的供电系统，应尽量做到在发生常见故障时不致中断供电或中断供电后能迅速恢复供电。

（3）三级负荷

不属于一、二级负荷的其他负荷均列于三级负荷，对于三级负荷没有规定的供电要求。允许较长时间停电，可用单回线路供电。

5．控制系统

电力系统的控制是由二次设备完成的。二次设备包括对电能进行调度的在线调度控制系统，对电力设备的运行情况进行在线测量、监视、控制的在线监测控制系统，当系统中某部分发生故障时能及时切除以保证系统其余部分正常工作的继电保护及其操作系统等。

2.1.3　电力系统的特点

电力系统有如下特点：

1）电能的生产、传输、消耗同时完成，电能不能大量存储。

2）电力系统的暂态过程非常迅速，以 $10^{-6} \sim 10^{-3}$ s 计。

3）除含有直流输电系统的复合电力系统外，电力系统中的频率是统一的。

4）电力系统中的事故时有发生，造成供电中断的事故会造成重大损失。

5）电力系统的容量和覆盖的地理范围越来越大，其特征是：大容量、跨地区和国界、高电压、高度自动化、交直流混合。

6）各电力系统的组成要素和运行特点各不相同，它随系统的发展而改变。

因此，电力系统的运行安全和符合标准的供电质量是非常重要的。提高电力系统安全可靠性主要从以下几个方面着手：

1）提高电网结构的强壮性，电网布局和电网结构必须合理，设备元件必须安全可靠。

2）提高系统运行的稳定性，当电力系统受到不同程度的扰动时，一般不应引起稳定性的破坏，造成系统解列或大面积停电。因此，应经常进行不同运行方式下偶然事故的系统分析计算，检验系统的安全稳定裕度。

3）保证一定的备用容量，系统中发电设备容量除应满足负荷用电的需要外，还应配备适量的负荷备用、检修备用和事故备用容量。备用容量应包括有功功率和无功功率备用。

任务 2.2　电力系统的表征参数和短路容量

发电机、变压器和输电线是构成电力系统的主要元件。表征电力系统的基本参量有总装机容量、年发电量、最大负荷、年用电量、额定频率、最高电压等级等。为了进行电气化铁道供电系统的计算与设计，常用参数列举如下。

2.2.1　发电机

发电机的常用参数是它们的次暂态电抗 X''_d（突然短路时发电机表现的电抗初始值）和负序电抗 X_2，其平均值如表 2.1 所示。

表 2.1　发电机电抗

发电机类型	X''_d	X_2
汽轮发电机	12.5%	16%
水轮发电机	20%	25%

2.2.2　变压器

对于大型变压器，其电抗 X_b 的百分值与其阻抗电压 U_d 的百分值相等，且只同高压侧的额定电压有关，其平均值如表 2.2 所示。

表 2.2　变压器电抗

变压器的电压级	X_b
110 kV 变压器	10.5%
35 kV 变压器	7.5%

单相变压器电抗的百分值与三相变压器的相同。三相变压器和接成三相的单相变压器，其负序电抗和正序电抗相等。

三相变压器的电抗还同高、中、低压线圈的排列有关。对于常见的 110 kV 的三相变压器，其电抗平均值如表 2.3 所示。

表 2.3　110 kV 三相变压器电抗

线圈排列	X_1	X_2	X_3
高 – 中 – 低	10.75%	– 0.25%	6.75%
高 – 低 – 中	10.75%	6.75%	– 0.25%

表 2.3 中的 X_1、X_2 和 X_3 分别代表高压、中压和低压线圈的电抗。有时给定三相变压器阻抗的百分值 U_{d12}、U_{d23} 和 U_{d13}。这时变压器电抗的百分值计算表达式为

$$\left. \begin{aligned} X_1 &= \frac{1}{2}(U_{d12} + U_{d13} - U_{d23}) \\ X_2 &= \frac{1}{2}(U_{d12} + U_{d23} - U_{d13}) \\ X_3 &= \frac{1}{2}(U_{d13} + U_{d23} - U_{d12}) \end{aligned} \right\} \tag{2.1}$$

由于互感的影响，电抗有时出现负值，如表 2.3 中所示。

以上关于变压器的数据，是变压器的标准设计数据，变压器也可以由非标准设计。

2.2.3　输电线

架空输电线的电抗 X（Ω）的有名值主要同线路长度 l（km）有关，而同导线截面、电压等级关系不大。其单位长度值或称单位值，用 x 表示，单位为 Ω/km，其表达式为

$$x = 0.145\lg\frac{d}{R_\delta} \tag{2.2}$$

式中　d——三相导线的相互距离，距离不等时可取
　　　　$d = \sqrt[3]{d_{ab}d_{bc}d_{ac}}$，称为几何平均距离；
　　　R_δ——导线的等效半径或当量半径，通常由制造厂给定。

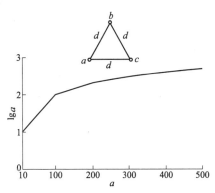

由于对数的性质（见图 2.3），在实际应用的范围内当比值 $a = \dfrac{d}{R_\delta}$ 不同时，x 的值变化很小。所以在供电计算中一般可取输电线单位电抗的平均值 $x = 0.4\ \Omega/\text{km}$。对于 10 kV 以下的线路，可取 $x = 0.35\ \Omega/\text{km}$。

图 2.3　对数的性质示意图

2.2.4　标幺值

以上所列发电机、变压器和输电线的电抗，是归算到各自的额定容量 S_e 的百分值，或是有名值。归算到基准容量 S_j 和基准电压 U_j 的标幺值按下式计算。

发电机

$$X''_{d*} = \frac{X''_d\%}{100}\frac{S_j}{S_e} \tag{2.3}$$

变压器

$$X_{b*} = \frac{X_b\%}{100}\frac{S_j}{S_e} \tag{2.4}$$

输电线

$$X_* = X\frac{S_j}{U_j^2} \tag{2.5}$$

式中　S_e——额定容量，MVA；
　　　S_j——基准容量，MVA；
　　　U_j——基准电压，MVA。

供电计算通常取基准容量 $S_j = 100$ MVA。对于发电机，S_e 等于其额定功率 P_e 除以额定功率因数 $\cos\varphi$，即 $P_e/\cos\varphi$。例如，发电厂设有两台 50 MVA 发电机和一台 25 MVA 发电机，额定功率因数 $\cos\varphi = 0.8$，则发电厂的额定容量为

$$S_e = \frac{2 \times 50 + 25}{0.8} \approx 156.5 \text{ MVA}$$

三台发电机并联运行时，其次暂态电抗的标幺值，按式（2.3）计算得

$$X''_{d*} = \frac{\dfrac{1}{\dfrac{1}{50} + \dfrac{1}{50} + \dfrac{1}{25}}}{100} \times \frac{100}{156.5} = \frac{12.5}{100} \times \frac{100}{156.5} = 0.08$$

式（2.5）中所用的基准电压 U_j 按输电线所在的电压等级列于表2.4。

表 2.4　基准电压

电压级/kV	220	110	35	25
基准电压/kV	230	115	37	27.5

例如，若为 35 kV 输电线，则采用 $U_j = 37$ kV。

2.2.5　短路容量

电力系统的短路容量是选择牵引变电站（所）110 kV 开关设备所必需的，是估计电力系统的负荷能力的重要依据。

把电力系统元件的电抗归算到同一的基准容量（100 MVA）后，便可以应用等效发电机原理将网络简化，得出电力系统到牵引变电站（所）进线点（通称负载点）短路时的短路容量 S'' 为

$$S'' = \frac{S_j}{X_{*\Sigma}} \tag{2.6}$$

式中　S_j——基准容量，MVA；

　　　$X_{*\Sigma}$——电力系统的等效电抗标幺值。

电力系统的短路容量同电力系统的发电容量有关，还同负载点所在的地点有关。一般电力系统的发电容量越大，短路容量就越大；负载点距离电力系统电源越远，短路容量就越小。负载点距离电力系统电源的远近，可用等效输电线长度表示。由于实际中一般不是用一条输电线将负载点与一个单一的发电厂连通，所以等效输电线长度只是从概念上表示负载点与电力系统电源的"电距离"。

设 l 代表等效的 110 kV 输电线长度，那么，在各种长度 l 时，电力系统的短路容量 S'' 同系统的额定容量 S_e 的关系如表2.5所示。

表 2.5　电力系统发热短路容量 S''

	l/km	0	10	20	50	100
	125	550	470	410	300	205
S_e/MVA	250	1 100	820	660	410	255
	625	2 700	1 490	1 030	530	295
	1 250	5 500	2 060	1 270	590	310

由表 2.5 可知，只是负载点离电力系统电源较近时，短路功率 S'' 的值受系统容量的影响才较大。而离电源愈远，短路功率 S'' 受系统容量的影响愈小。

通常在电力系统容量很大时使用 220~330 kV 输电线。从式（2.5）可知，输电线阻抗同电压平方成反比。110 km、220 kV 输电线的阻抗只相当于 25 km、110 kV 输电线。所以若改由 220 kV 输电线供电，将大大缩短负载点与电力系统电源的电距离。

实际中，牵引变电站（所）一般由 110 kV 电网供电，电力系统的短路容量通常为 400~1 600 MVA。若由 220 kV 电网供电时，电力系统的短路容量将增大。

2.2.6　电压波动

为了分析电力系统的电压状态，考虑如图 2.4（a）所示的简单情况。图中表示一个单一的发电厂和输电线，C 表示牵引变电站（所）负载点。

发电机母线电压由自动电压调节器保持在额定电压，所以升压变压器的空载电压为 121 kV，比输电线标准电压 110 kV 高 10%。牵引变电站（所）空载时，发电厂原有的负载电流在升压变压器和输电线中产生的电压损失如图 2.4（b）所示中折线 1，负载时的电压状态如折线 2 所示。图中 U_0 代表电力系统在牵引变电站（所）负载点原有的电压水平，电压差 $\Delta U = U_0 - U$ 表示由于牵引负荷而引起的电压波动量。这个波动量是牵引负荷电流在线路阻抗（包括升压变压器和输电线）中造成的附加电压损失。由于电力负载的变化，所以实际 U_0 不是常值；但是在大系统中，一般 U_0 变化不大，因此 ΔU 的值也很小。只是专供牵引变电站（所）的输电线路很长时，由于牵引负载而引起的电压波动 ΔU 才具有可观的数值，一般来说，距离发电厂较近的牵引变电站（所），系统电压水平较高，电压波动也较小。而距离发电厂较远的牵引变电站（所），电压水平较低，电压波动也较大。因此在牵引变电站（所）的设计、安装与运行中，应选用合适的牵引变压器分接电压。

牵引变压器的高压侧电压分接头有多种，例如，（$110 \pm 2 \times 2.5\%$）kV、$\left(110 \pm \dfrac{1}{3} \times 2.5\%\right)$ kV 等，最常用的是第一种，第二种只用于系统电压显著偏低的场合。第一种其分接电压如图 2.5 所示。

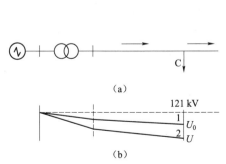

图 2.4　电力系统的电压状态

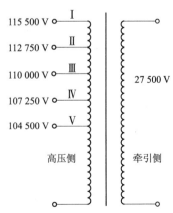

图 2.5　牵引变压器高压侧分接电压

变压器 27.5 kV 侧母线的空载电压等于系统电压 U_0 乘以变压器的反变压比。系统电压 U_0 为 110 kV 时，若选用 110 000 V 分接头，则牵引侧空载电压将为 $110\ 000 \times \dfrac{27\ 500}{110\ 000} = 27\ 500$ V。若选用 104 500 V 分接头，则牵引侧空载电压将为 $110\ 000 \times \dfrac{27\ 500}{104\ 500} = 28\ 900$ V。一般选择分接开关位，使牵引侧空载电压为 28～29 kV。

当电力系统电压 U_0 波动很大，若超过其平均值 ±5% 时，可在牵引变电站（所）采用具有有载分接开关的变压器。这种变压器高压侧调节范围达 ±3×2.5%，而且可在负载情况下调节而无须停电。

此外，频率、电压、波形是表征电力系统电能质量的三个基本指标。其额定值也是系统设备设计和选型的重要依据。运行频率、电压和波形畸变率超过允许的偏移值时，将影响用电设备的安全运行，可能造成减产和废品。

系统频率主要取决于系统中有功功率的平衡。发电出力不足使系统频率偏低。节点电压主要取决于系统中无功功率的平衡。无功功率不足，则电压将偏低。波形质量问题由谐波污染引起。非线性负荷从电网中吸收非正弦电流，引起电网电压畸变。电压波形质量用畸变率来衡量。正弦波的畸变率是各次谐波有效值平方和的方根值与基波有效值的百分比。保证波形质量就是限制系统中电压、电流中的谐波成分。限制方法有更改整流器设计、装设滤波器等。

【年发电量指系统中所有发电机组全年所发电能的总和；最大负荷指规定时间内电力系统总有功功率负荷的最大值；年用电量指接在系统中的所有用户全年所用电量的总和；最高电压等级指系统中最高电压等级的电力线路的额定电压。】

任务 2.3　电力系统的额定电压

电力系统的额定电压，包括电力系统中各种供电设备、用电设备和电网的额定电压。电气设备的额定电压，是按长期工作时具有最大经济效益所规定的电压。国家根据技术经济的合理性、电气设备的制造水平等因素，规定了电气设备统一的额定电压等级，如表 2.6 所示。

表 2.6　额定电压（线电压）等级　　　　　　　　　　　　　　　　　　kV

用电设备和线路的额定电压	发电机的额定电压	变压器的额定电压	
		原边绕组	次边绕组
0.38	0.4	0.38	0.4
3	3.15	3 及 3.15	3.15 及 3.3
6	6.3	6 及 6.3	6.3 及 6.6
10	10.5	10 及 10.5	10.5 及 11
	13.8	13.8	
	15.75	15.75	

续表

用电设备和线路的额定电压	发电机的额定电压	变压器的额定电压	
		原边绕组	次边绕组
	18	18	
35		35	38.5
60		60	66
110		110	121
220		220	242
330		330	363
500		500	550
750		750	825
25		27.5	27.5

1. 用电设备和线路的额定电压

当电力系统中通过负荷电流时，输电线路和变压器绕组上总存在一定的电压损失，线路从首端至末端的电压损失约为额定电压的 5%，变压器绕组上的电压损失也约为额定电压的 5% 左右。通常，用电设备的工作电压允许在额定电压的 95%~105% 范围内变化。

为保证线路末端的用电设备的工作电压在允许范围内波动，就必须提高线路首端的电压，以补偿线路首端的变压器绕组和线路上的电压损失。因此，对于某一电压等级（例如 110 kV）的输电线路，其末端的额定电压为 110 kV，而其首端的额定电压却为 121 kV，即首端的额定电压比末端的额定电压高 10%。将线路首端的额定电压和线路末端的额定电压的平均值，称为线路的平均额定电压，即

$$U_{\mathrm{av}} = \frac{U_{\mathrm{N首}} + U_{\mathrm{N末}}}{2} = 1.05 U_{\mathrm{N}} \qquad (2.7)$$

式中　U_{av}——线路的平均额定电压，kV；

　　　U_{N}——线路的额定电压，kV。

因此，用电设备的额定电压就是输电线路的额定电压。输电线路的额定电压实际上是指线路末端的额定电压，而线路首端的额定电压要比线路的额定电压高 10%。

2. 发电机的额定电压

发电机是电源，处于线路的首端，考虑线路上的电压损失，因此发电机的额定电压比线路的额定电压高 5%。

3. 变压器的额定电压

按变压器的工作原理，一台变压器既可升压运行，也可降压运行。把接电源的一侧称为原边绕组，接负载的一侧称为次边绕组。

变压器的原边绕组是接收电能的，可认为是用电设备，因此其额定电压就是输出线路的额定电压。而直接与发电机相连的升压变压器的原边绕组额定电压，应与发电机额定电压一致，故表 2.6 中变压器原边绕组的额定电压由 3 kV 及 3.15 kV、6 kV 及 6.3 kV，10 kV 及 10.5 kV 之分。

变压器的次边绕组对于负载而言，相当于电源，由于考虑到变压器绕组上和线路上的电压损失，所以变压器次边绕组的额定电压比线路的额定电压高10%。若是线路较短的配电变压器，则次边绕组额定电压只比线路额定电压高5%，如表2.6中变压器次边绕组的额定电压有3.15 kV、6.3 kV、10.5 kV。

任务 2.4 电能的质量指标

衡量电能质量的主要指标，是电压质量和频率质量。

1. 电压质量

（1）电压偏差

电压偏差是指用电设备的实际工作电压与额定电压的差值，通常用百分数表示。

$$\frac{U - U_N}{U_N} \times 100\% \tag{2.8}$$

国家标准规定的供电电压允许偏差如表2.7所示。

表 2.7 供电电压允许偏差

线路的额定电压 U_N	电压允许偏差
10 kV 及以下	±7%
35 kV 及以下	±5%
220 kV	±7% 、－10%

当电力系统的电压偏差超过规定的范围时，对用户设备的危害很大。对于照明用的灯泡，当电压低于其额定值时，发光效率将降低；当电压高于额定值时，发光效率虽然增加，但灯泡的寿命大大缩短。对于电动机，当电压降低时，转矩急剧下降，造成启动困难，运行中的电流增大，使绕组温升增高，加速绝缘老化，甚至烧毁电动机。对于输电线路，当输送功率一定时，由于电压降低，则电流增大，导致电能损失增加。

（2）电压波动

电压波动是指急剧的电压变化，通常用电压有效值的最大值与最小值的差值表示，一般写成百分数的形式。

$$\frac{U_{max} - U_{min}}{U_N} \times 100\% \tag{2.9}$$

2. 频率质量

国家规定电力系统的额定频率为50 Hz，允许偏差不得超过±0.5 Hz，容量大于3 000 MW的用户，允许偏差不得超过±0.2 Hz。

频率的变化对电力系统运行的稳定性影响很大。当系统处于低频率运行时，将会造成汽轮发电机低压级叶片振动加大而产生裂纹，甚至折断；用户的电动机转速将下降，影响企业的产品质量和数量，引起计算机错误和控制混乱。

任务 2.5 电力系统中性点的运行方式

电力系统的中性点，是指三相电力系统中作星形连接的变压器或发电机的中性点。电力系统中性点的运行方式，主要有中性点不接地、中性点经消弧线圈接地和中性点直接接地 3 种。前两种称为小电流接地系统，后一种称为大电流接地系统。

如何选择电力系统中性点的运行方式，是一个比较复杂的综合性的技术经济问题，无论哪一种运行方式，都涉及供电的可靠性，如过电压与绝缘配合、继电保护和自动装置的正确动作、系统的布置、接近故障点时对生命的危险性以及系统的稳定性等一系列问题。

1. 中线点不接地的三相电力系统

如图 2.6 所示，在正常运行时，电力系统的中性点与地处于绝缘状态。电力系统的三相导线之间及各相导线与地之间，沿导线全长都存在分布电容。若三相导线完全对称，则各相导线对地的分布电容是相等的，可用位于线路中央的集中电容 C 代替，即 $C_A = C_B = C_C = C$；而相间电容较小，故不予考虑。

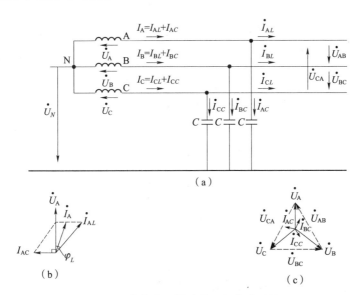

图 2.6 中线点不接地的三相电力系统

（a）原理电路图；（b）向量图；（c）相位图

在正常运行时，三个相电压 $\dot{U}_A$、$\dot{U}_B$、$\dot{U}_C$ 是对称的，电源提供的三相电流 $\dot{I}_A$、$\dot{I}_B$、$\dot{I}_C$ 分别等于各相的负荷电流 $\dot{I}_{AL}$、$\dot{I}_{BL}$、$\dot{I}_{CL}$ 和各相对地电容电流 $\dot{I}_{AC}$、$\dot{I}_{BC}$、$\dot{I}_{CC}$ 的相量和，如图 2.6（b）所示。在三相对称电压作用下，三相对地电容电流大小相等，其数值为

$$I_{AC} = I_{BC} = I_{CC} = \frac{U_\varphi}{X_C} = \omega C U_\varphi \qquad (2.10)$$

式中　U_φ ——电源相电压，V。

三相电流相位互差 120°，如图 2.6（c）所示。三相对地电容电流的相量和为零，即 $\dot{I}_{AC} + \dot{I}_{BC} + \dot{I}_{CC} = 0$，没有电容电流流入大地。

由此可见，正常运行状态下的中性点不接地三相电力系统，中性点电位 $\dot{U}_N$ 为零，三相集中电容的中性点电位也为零。

当任何一相的绝缘受到破坏而接地时，各相的对地电压要发生改变，对地电容电流也将发生变化，中性点的电位不再为零。

如图 2.7 所示，当 C 相发生金属性接地时，故障相对地电压为零，即 $\dot{U}'_C = 0$。这时，电源三相电压 $\dot{U}_A$、$\dot{U}_B$、$\dot{U}_C$ 仍然对称，可列出故障相的电压方程式为

$$\dot{U}'_C = \dot{U}_C + \dot{U}'_N = 0$$

所以
$$\dot{U}'_N = -\dot{U}_C$$

上式表明，当 C 相发生金属性接地时，中性点的对地电位上升到相电压，并且与接地相的电源相电压相位相反。

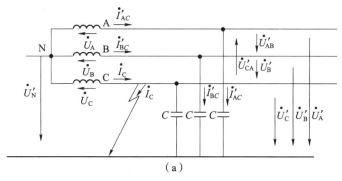

（a）

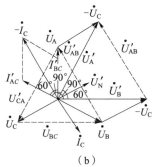

（b）

图 2.7　中性点接地的三相电力系统

（a）原理电路图；（b）向量图

于是，非故障相 A 相和 B 相的对地电压分别为

$$\dot{U}'_A = \dot{U}_A + \dot{U}'_N = \dot{U}_A - \dot{U}_C = \dot{U}_{AC} = -\dot{U}_{CA}$$

$$\dot{U}'_B = \dot{U}_B + \dot{U}'_N = \dot{U}_B - \dot{U}_C = \dot{U}_{BC}$$

其向量关系如图 2.7（b）所示，$\dot{U}'_A$ 和 $\dot{U}'_B$ 之间的夹角为 60°。A、B 两相的对地电压升高为线电压，即在对地电容上所加的电压升高为正常运行时的 $\sqrt{3}$ 倍，所以对地电容电流也升高为正常运行时的 $\sqrt{3}$ 倍，即

$$I'_{AC} = I'_{BC} = \sqrt{3}I_{AC} = \sqrt{3}\omega C U_\varphi \tag{2.11}$$

由于 C 相接地，该相对地电容被短接，所以 C 相的对地电容电流 $\dot{I}'_{CC} = 0$。于是在接地点只流过非故障相 A 相和 B 相的对地电容电流，并经 C 相导线返回，其参考方向如图 2.7 (a) 所示。对于接地点有

$$\dot{I}_{C} = -(\dot{I}'_{AC} + \dot{I}'_{BC})$$

由图 2.7 (b) 可见，$\dot{I}'_{AC}$、$\dot{I}'_{BC}$ 分别超前 $\dot{U}'_{A}$、$\dot{U}'_{B}$ 90°，所以 $\dot{I}'_{AC}$ 和 $\dot{I}'_{BC}$ 两电流之间的夹角也是 60°，将两者相加即得 $-\dot{I}_{C}$。C 相接地电流 $\dot{I}_{C}$ 为电容电流，由向量图可知 $\dot{I}_{C}$ 超前电压 $\dot{U}_{C}$ 90°，其数值为

$$I_{C} = \sqrt{3}I'_{AC}$$

因为

$$I'_{AC} = \sqrt{3}I_{AC}$$

所以

$$I_{C} = 3I_{AC}$$

由此可知，单相接地时的接地电流等于正常运行时一相对地电容电流的 3 倍。

若已知每相对地电容 C 及正常运行时的相对地电压 U_{φ} 或电网额定电压 U，可得

$$I_{C} = 3\omega CU_{\varphi} = \sqrt{3}\omega CU \tag{2.12}$$

由式（2.12）可知，接地电流 I_{C} 的大小与电网电压、频率及相对地电容 C 的大小有关，而电容 C 的大小则与线路的结构（架空线或电缆）、布置方式、线路长度等因素有关。

接地电流是线路、发电机和配电装置等对地电容电流的总和。在实用中，接地电流也可用下式近似计算

$$\left.\begin{array}{ll} \text{对于架空线路} & I_{C} = \dfrac{Ul}{350} \\[4mm] \text{对于电缆线路} & I_{C} = \dfrac{Ul}{10} \end{array}\right\} \tag{2.13}$$

式中　U——电网的线电压，kV；

l——电压为 U 的具有电联系的线路长度，km。

尽管在发生金属性单相接地故障后非故障相的对地电压升高为线电压，根据图 2.7 所示的各相电压回路及向量图，可列出三个线电压为

$$\dot{U}'_{AB} = \dot{U}'_{A} - \dot{U}'_{B}$$

$$\dot{U}'_{BC} = \dot{U}'_{B} - \dot{U}'_{C} = \dot{U}'_{B}$$

$$\dot{U}'_{CA} = \dot{U}'_{C} - \dot{U}'_{A} = -\dot{U}'_{A} = -\dot{U}'_{AC}$$

说明三个线电压仍保持对称关系，所以对接在线电压上的电力用户并没有什么影响。因为这种系统的各种设备的绝缘是按线电压考虑的，所以发生单相接地、相电压升高为线电压时，设备仍然可以继续运行。

在三相电力系统中发生单相非金属性接地（经接地阻抗接地）时，接地相的对地电压降大于零而小于相电压，三个线电压仍保持不变，接地电流比金属性接地时小。因此，在考虑设备和线路的绝缘水平时，一般都按单相金属性接地处理。

由上述可知，在中性点不接地的三相电力系统中，发生单相金属性接地或单相非金属性接地时，电网的线电压始终保持对称关系不变。所有接在此系统中的线电压上的电力用户均不受某一相接地的影响。因此，发生单相接地时可以继续带着接地点运行。但是不允许长期运行，因为长期运行可能引起非故障绝缘薄弱的地方损坏而造成相间短路，为此，在这种系统中，一般应装设专门的绝缘监察装置或继电保护装置，当发生单相接地时，发出信号通知工作人员，工作人员得到信号后，应尽快采取措施，找出接地点且在最短时间内将故障消除。规程规定：中性点不接地的三相系统发生单相接地时，继续运行的时间不超过 2 h，并要加强监视。

接地电流将在故障点形成电弧，这种电弧可能是稳定的或是间歇性的。有稳定电弧的单相接地是比较危险的，因为电弧可能烧坏设备，引起两相甚至三相短路，尤其是电机或电器内部单相短路（碰壳短路）时出现电弧最危险，所以在接地电流大于 5 A 时，发电机和电动机都应装设动作于跳闸的继电保护装置。

在一定条件下，单相接地可能出现周期性熄灭和重燃的间歇性电弧。此间歇性电弧还会导致相与地之间产生过电压，其值可达 2.5~3 倍相电压。在接地电流大于 10 A 时，最容易引起间歇性电弧。电网的电压越高，间歇性电弧引起过电压的危险性越大。因此，必须限制接地电流，以防止间歇性电弧过电压的产生，避免事故的进一步扩大。

综上所述，通常只在电压为 35~60 kV、接地电流 $I_C \leqslant 10$ A 或电压为 6~10 kV、接地电流 $I_C \leqslant 30$ A 的电网中采用中性点不接地运行方式。

2. 中性点经消弧线圈接地的三相电力系统

在中性点不接地的三相系统中，当单相接地电流超过一定的数值时，接地点的电弧就不能自行熄灭，因此应设法减小发生单相接地时的接地电流。考虑到单相接地电流为电容电流，如果在接地回路中能有一个电感电流出现，则在同一电压作用下，利用电感电流与电容电流相位相反的特点，去抵消接地电容电流，熄灭接地点的电弧。所以，一般在发电机或变压器的中性点采用经消弧线圈接地的措施。

消弧线圈是一个具有不饱和铁芯的电感线圈。线圈的电阻很小，电抗很大。铁芯和线圈均浸在变压器油中。消弧线圈的外形和单相变压器相似，但其铁芯的结构与一般变压器的铁芯不同，消弧线圈的铁芯柱有很多间隙，间隙中填有绝缘纸板，如图 2.8（a）所示。采用带间隙的铁芯，主要是为了避免磁饱和，减少高次谐波分量，这样可以得到一个比较稳定的电抗值，使消弧线圈的电流（补偿电流）与加在它上面的电压呈线性关系。

由于三相系统中相对地的电容 C 随运行方式的变化而改变，接地电容电流也会随系统的运行方式而变化，所以要求消弧线圈的电抗值也能作相应的调整，才能达到调整补偿电流以利于消弧的目的。为此，消弧线圈设有分接头，如图 2.8（b）所示。

图 2.9 所示为中性点经消弧线圈接地的三相电力系统。

在正常运行时，三相系统是对称的，其中性点对地电位为零，即 $\dot{U}_N = 0$，这时消弧线圈上没有电压作用，也没有电感电流流通。但应当指出，由于线路的三相对地电容不平衡，系统中性点的电位实际上并不等于零，其大小与电容不平衡的程度有关。在正常情况下，中性点的不平衡电压不应超过额定电压的 1.5%。

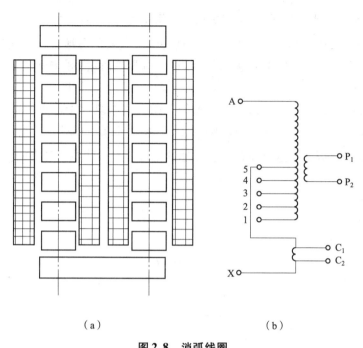

（a）　　　　　　　　　　　　（b）

图 2.8　消弧线圈

（a）结构图；（b）接线图

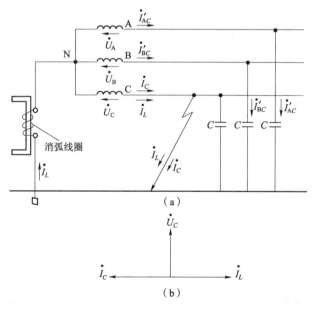

图 2.9　中性点经消弧线圈接地的三相电力系统

（a）原理电路图；（b）向量图

当 C 相发生金属性接地时，中性点的电压变为 $\dot{U}'_N = -\dot{U}_C$，并加在消弧线圈上，此时电感电流 $\dot{I}_L$ 流过消弧线圈，由于 $\dot{U}'_N$ 和 $\dot{I}_L$ 的参考方向相反，且 $\dot{U}'_N = -\dot{U}_C$，所以实际电感电流 $\dot{I}_L$ 方向上所加的电压为 $\dot{U}_C$，故 $\dot{I}_L$ 滞后于 $\dot{U}_C$ 90°。接地点通过的是单相接地电容电流 $\dot{I}_C$（$\dot{I}_C$ 超

前 $\dot{U}_C$ 90°）和消弧线圈的电感电流 $\dot{I}_L$ 的相量和。由于 $\dot{I}_L$ 与 $\dot{I}_C$ 相位相反，所以在接地点 $\dot{I}_L$ 与 $\dot{I}_C$ 相互抵消，如图 2.9（b）所示。如果适当选择消弧线圈的分接头，可使流过接地点的电流变得很小甚至等于零，这样在接地点就不致产生电弧，消除了由电弧造成的各种危害。这就是消弧线圈的补偿作用。

需要指出的是，中性点经消弧线圈接地的三相电力系统和中性点不接地的三相系统一样，发生单相金属性接地时，接地相对地电压变为零，非接地相对地电压升高为正常电压的 $\sqrt{3}$ 倍，成为线电压。因此，这种系统各相对地的绝缘也是按线电压考虑的。

消弧线圈上的电流 I_L 为

$$I_L = \frac{U_C}{X_L} = \frac{U_C}{\omega L} \tag{2.14}$$

接地电容电流 I_C 为

$$I_C = 3\omega C U_C \tag{2.15}$$

补偿系数 K 定义为

$$K = \frac{I_C}{I_L} = \frac{3\omega C U_C}{\dfrac{U_C}{\omega L}} = 3\omega^2 LC \tag{2.16}$$

根据消弧线圈的电感电流对接地电容电流的补偿程度，补偿系数 K 的值将不同，相对应的有三种补偿方式。

（1）全补偿

当 $K = 1$，即 $I_L = I_C$，亦即 $\dfrac{1}{\omega L} = 3\omega C$，通过接地点的电流为零时，称为全补偿方式。此时感抗等于容抗。

从消弧的角度看，全补偿方式最好，但实际上并不采用这种补偿方式。因为在正常运行时，由于电网的三相对地电容并不完全相等，即 $C_A \neq C_B \neq C_C$，以及断路器操作时三相触头不能同时闭合等原因，致使在没有发生单相接地故障的正常状态下，中性点对地电位不为零，该不对称电压将引起由 $X_L = X_C$ 构成的串联电路的串联谐振过电压，危及电网的绝缘。

（2）欠补偿

当 $K > 1$，即 $I_L < I_C$，亦即 $\dfrac{1}{\omega L} < 3\omega C$，接地点还有未得到补偿的电容电流时，称为欠补偿方式，此时感抗大于容抗。

欠补偿方式在系统中一般较少采用。因为在欠补偿的情况下，如果切除部分线路（对地电容减小）或系统频率降低$\left(\dfrac{1}{\omega L}\right.$增大，而$3\omega C$减小$\left.\right)$或线路发生一相断线（若送电端一相断线，则该相电容为零）等，均可能使感抗等于容抗，而变成全补偿方式，出现串联谐振过电压。

但必须指出，为防止发电机传递过电压，发电机必须采用欠补偿方式。

（3）过补偿

当 $K < 1$，即 $I_L > I_C$，亦即 $\dfrac{1}{\omega L} > 3\omega C$，接地点的电容电流被电感电流全部抵消后，在接

地点还有多余的电感电流时，称为过补偿方式，此时感抗小于容抗。

过补偿方式可避免上述谐振过电压的危险，因此得到了广泛的应用。因为当 $I_L > I_C$ 时，消弧线圈有一定的裕度，即使将来系统发展了，对地电容增加，原来的消弧线圈还可使用。但必须指出，在过补偿方式下，接地点流过的电感电流不能超过规定值，否则故障点的电弧便不能可靠地自行熄灭。

由于中性点经消弧线圈接地的三相系统发生单相接地时，可使接地点的电流减小，这也就减小了单相接地时产生的电弧以及由它发展为多相短路的可能性。尤其在瞬时性接地时，电弧可以很快熄灭，故障线路可不切除。运行经验表明，中性点经消弧线圈接地的三相系统在发生单相接地时，可继续运行一段时间，一般为 2 h。

由于消弧线圈能有效地减小单相接地电流，迅速熄灭故障点的电弧，防止间歇性电弧过电压，所以在 35 kV、60 kV 及部分 110 kV 系统中采用中性点经消弧线圈接地的过补偿方式，部分在 110 kV 系统是指雷害特别严重的电网。

3．中性点直接接地的三相电力系统

随着电力系统的发展，输电电压不断地提高，高压和超高压电网已被采用，中性点不接地或经消除线圈接地的运行方式已不能满足电力系统正常、安全、经济运行的要求。因为对于中性点不接地或经消除线圈接地的三相系统（二者统称为小电流接地系统），当发生单相金属性接地故障时，除故障相电压变为零、中性点对地电压升高为相电压外，非故障相电压将升高到 $\sqrt{3}$ 倍而变成线电压。所以，要求在小电流接地系统中，相绝缘必须按线电压考虑。这样，电网电压越高，电网的绝缘水平就要求越高。例如，电网电压为 500 kV，则电网的相绝缘水平不能按 289 kV 而要按 500 kV 考虑；若电网电压为 750 kV，则电网的相绝缘水平不能按 433 kV 而要按 750 kV 考虑。很显然，这样会大大增加电气设备和线路的造价。为此，在高压和超高压系统中不能采用中性点不接地或经消弧线圈接地的运行方式，而是采用中性点直接接地的运行方式，如图 2.10 所示（图中（1）表示暂态短路电流分量）。

在正常运行时，由于三相系统对称，中性点对地电位为零，即 $\dot{U}_N = 0$，中性点无电流通过。

当 C 相发生金属性接地时，则 $\dot{U}'_C = 0$，而中性点的电势受其接地体固定的影响，仍为零，即 $\dot{U}'_N = 0$。故接地相经大地、中性点接地构成了单相接地短路。由于单相接地短路电流 I_K 很大，这样断路器就会跳闸，将接地的故障线路切除，以保证系统中非故障部分的正常运行。显然，当发生单相接地短路时，各相的电压不再是对称的，而非故障相 A、B 两

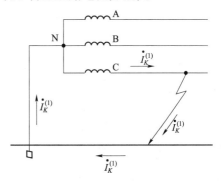

图 2.10　中性点直接接地的三相电力系统

相的对地电压仍为相电压，即 $\dot{U}'_A = \dot{U}_A$、$\dot{U}'_B = \dot{U}_B$。这样，各相对地的绝缘水平就可以按相电压考虑。

对线路绝缘水平的要求降低，大大降低了电网的造价，并且系统的电压等级越高，其经济效益越显著。

为了提高中性点直接接地系统的供电可靠性，可在线路上加装自动重合闸装置。当线

路发生单相接地故障时，断路器跳闸切除故障后，经过一定的时间没在自动重合闸装置的作用下断路器自动重合。如果发生的是瞬间接地故障，重合大都能够成功。此过程是在很短的时间内完成的，对用户没有多少影响，便可恢复供电；如果发生的是永久接地故障，则继电保护装置再次将断路器断开。对极重要的用户，为保证不中断供电，则应另外安装备用电源。

运行中为了限制单相接地短路电流，并不是将系统中所有的中性点接地，而是由系统调度确定中性点接地的数量。每个电源通常有一个或几个中性点接地。

由于单相接地短路电流很大，引起电压降低，以致影响系统的稳定。从提高电力系统稳定性的角度考虑，也可以在线路的升压和降压变压器中性点经一个小阻抗（小电阻或小电抗）接地，如图 2.11 所示。

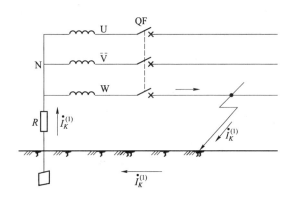

图 2.11　变压器中性点经一个小阻抗接地

这一措施，在发生对称三相短路时虽然不起作用，但在发生接地短路，如两相接地短路或单相接地短路的情况下，短路电流的零序分量将流过变压器中性点，在小电阻上产生有功功率损耗。若故障发生在送电端时，这一损耗主要由送电端发电机供给；若故障发生在受电端时，则主要由受电端系统供给。所以，在送电端发生接地故障时，由于送电端发电机的输入功率大于输出功率，发电机受到加速作用，稳定性受到破坏，而小电阻上消耗的有功功率减小了发电机输入、输出功率之间的差额，减缓了发电机受到的加速作用，提高了系统的稳定性。

必须注意，当受电端系统容量不大时，输电线路靠近受电端发生接地故障，降压变压器中性点若是采用小电阻接地，就会消耗掉受电端发电机发出的大量功率，使受电端频率下降，这样会降低系统的稳定性。所以通常认为电力系统中远区发电厂的升压变压器的中性点是用小电阻接地，而受电端降压变压器的中性点是用小电抗接地。

变压器的中性点经小电抗接地的作用与经小电阻接地不同，它只是起限制接地短路电流的作用，从而提高了系统的稳定性。

变压器中性点所接的用以提高系统稳定性的小电阻或小电抗，以变压器的额定参数为基准时，一般为百分之几到百分之十几，因此并不改变电力系统中性点运行方式的性质。

目前，我国大部分的 110 kV 电力系统以及 220 kV、330 kV、500 kV 电力系统，都采用中性点直接接地的运行方式。

任务 2.6　电力输电线路

电力输电线路是电力系统的重要组成部分，担负着传输电能的作用。电力输电线路的运行维护质量对整个电力系统的安全稳定运行有着直接的影响。加强电力输电线路的运行维护，科学地排除电力输电线路运行过程中的故障是当今电力企业必须要研究解决的重要课题。

电力输电线路一旦在输电过程中出现故障，将会影响电力系统的正常运行，更有可能会因电力输电线路出现故障造成大区域的电力系统瘫痪，给社会的生产生活用电带来严重的影响。此外，由于电力输电线路通常是输送距离远，电力输电线路错综复杂，可能会因为电力输电线路的某一条线路出现故障而造成区域性的线路输电性能失稳。所以为了满足电力系统正常、稳定地运行，作为电力企业必须加强电力输电线路的运行维护和故障排除。避免因电力输电线路缺乏维护而出现线路故障造成电力系统不能安全稳定运行。

电力系统中的电厂大部分建在动力资源所在地，如水力发电厂建在水力资源点，即集中在江河流域水位落差大的地方；火力发电厂大都集中在煤炭、石油和其他能源的产地；而大电力负荷中心则多集中在工业区和大城市。因而发电厂和负荷中心往往相距很远，就出现了电能输送的问题，需要用输电线路进行电能的输送。因此，输电线路是电力系统的重要组成部分，它担负着输送和分配电能的任务。

2.6.1　电力输电线路的分类

输电线路有架空线路和电缆线路之分。按电能性质分类有交流输电线路和直流输电线路。按电压等级有输电线路和配电线路。输电线的电压等级一般在 35 kV 及以上。目前我国输电线路的电压等级主要有 35 kV、60 kV、110 kV、154 kV、220 kV、330 kV、500 kV、1 000 kV 交流和 ±500 kV、±800 kV 直流。通常，线路输送容量越大，输送距离越远，要求输电电压就越高。担负分配电能任务的线路，称为配电线路。我国配电线路的电压等级有380/220 V、6 kV、10 kV。

架空线路主要指架空明线，其架设在地面之上，架设及维修比较方便，成本较低，但容易受到气象和环境（如大风、雷击、污秽、冰雪等）的影响而引起故障；同时整个输电走廊占用土地面积较多，易对周边环境造成电磁干扰。

输电电缆则不受气象和环境的影响，主要通过电缆隧道或电缆沟架设，造价较高，发现故障及检修维护都不方便。电缆线路可分为架空电缆线路和地下电缆线路。电缆线路不易受雷击、自然灾害及外力破坏，供电可靠性高，但电缆的制造、施工、事故检查和处理较困难，工程造价也较高，故远距离输电线路多采用架空输电线路。

输电线路的输送容量是在综合考虑技术、经济等各项因素后所确定的最大输送功率，输送容量大体与输电电压的平方成正比，提高输电电压，可以增大输送容量、降低损耗、减少金属材料消耗，提高输电线路走廊的利用率。超高压输电是实现大容量或远距离输电的主要手段，也是目前输电技术发展的主要方向。

输电专业日常管理工作主要分为输电运行、输电检修、输电事故处理及抢修三类。

输电专业管理有几个主要特点：

1）工作危险性高。输电线路检修一般需要进行高空作业，对工作人员的身体素质、年龄和高空作业能力要求很高，从安全角度考虑，一般40岁以上人员很难再胜任输电线路高空检修作业工作；输电带电作业需要在不停电的情况下，实行带电高空作业，对技术和人员素质要求更高，因此该工作危险性较高。一般来说，输电检修人员可以从事输电运行工作，但输电运行人员不一定能从事输电检修工作。

2）输电事故具有突发性。输电事故处理和抢修工作属于突发性事故抢修工作，不可能列入正常的输电检修工作计划，在输电事故抢修人员和业务管理上与输电检修差异较大。

3）施工环境大部分都比较恶劣。受输电成本和发电厂、水电站位置的影响，大多数输电线路架设在地广人稀的高山、密林、荒漠地区，施工环境恶劣，条件艰苦，很多施工设备和材料无法通过车辆运送，导致线路的建设和维护难度增大。

在事故抢修管理方面，对于一般事故抢修，可通过加强对抢修事故的统计分析，了解事故发生的规律，深入分析后确定需要配备的日常抢修工作人员数量；对于日常工作人员不能完成的抢修事故可通过外围力量的支持协作来完成，如破坏性较大的台风、地震、雪灾等严重自然灾害发生时，对输电网络影响较大，造成的电网事故比较集中，因此可以集中一个地市、全省甚至是全国电力系统的力量，开展事故抢修工作。

2.6.2　架空线路

架空线路的主要部件有导线和避雷线（架空地线）、杆塔、绝缘子、金具、杆塔基础、拉线和接地装置等。如图2.12所示。

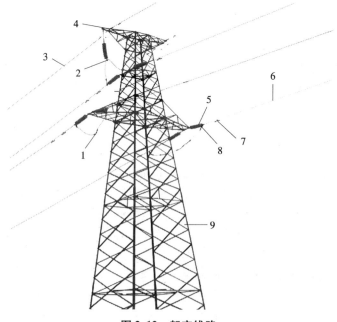

图2.12　架空线路

1—并沟线夹；2—悬垂线夹；3—架空地线；4—横担；5—绝缘子；6—导线；7—防震锤；8—耐张线夹；9—铁塔

1．导线和避雷线

导线是用来传导电流、输送电能的元件。输电线路一般采用架空裸导线，每相一根，220 kV 及以上线路由于输送容量大，同时为了减少电晕损失和电晕干扰而采用相分裂导线，即每相采用两根及以上的导线。采用分裂导线能输送较大的电能，而且电能损耗少，有较好的防振性能。

（1）架空导线的排列方式

导线在杆塔上的排列方式：对单回路线路可采用三角形、上字形或水平形排列；对双回路线路可采用伞形、倒伞形、干字形或六角形排列，如图 2.13 所示。

(a)　　　　　　　　　(b)　　　　　　　　　(c)

(d)　　　　　　　　　(e)　　　　　　　　　(f)

(g)

图 2.13　导线在杆塔上的排列方式示意图

（a）三角形；（b）上字形；（c）水平形；（d）伞形；（e）倒伞形；（f）干字形；（g）六角形

导线在运行中经常受各种自然条件的考验，必须具有导电性能好，机械强度高，质量小，价格低，耐腐蚀性强等特性。由于我国铝的资源比铜丰富，加之铝和铜的价格差别较大，故几乎都采用钢芯铝线。

避雷线一般不与杆塔绝缘而是直接架设在杆塔顶部，并通过杆塔或接地引下线与接地装置连接。避雷线的作用是减少雷击导线的机会，提高耐雷水平，减少雷击跳闸次数，保证线路安全送电。

（2）导、地线分类

导、地线一般可按所用原材料或构造方式来分类。

1）按原材料分类。按原材料不同，裸导线一般可以分为铜线、铝线、钢芯铝线、镀锌钢绞线等。

铜是导电性能很好的金属，抗腐蚀，但体积质量大，价格高，且机械强度不能满足大档距的强度要求，现在的架空输电线路一般都不采用。铝的导电率比铜的低，质量小，价格低，在电阻值相等的条件下，铝线的质量只有铜线的一半左右，但缺点是机械强度较低，运行中表面形成氧化铝薄膜后，导电性能降低，抗腐蚀性差，故在高压配电线路用得较多，输电线路一般不用铝绞线；钢的机械强度虽高，但导电性能差，抗腐蚀性也差，易生锈，一般都只用作地线或拉线，不用作导线。

钢的机械强度高，铝的导电性能好，导线的内部有几股是钢线，以承受拉力；外部为多股铝线，以传导电流。由于交流电的集肤效应，电流主要在导体外层通过，这就充分利用了铝的导电能力和钢的机械强度，取长补短，互相配合。目前架空输电线路导线几乎全部使用钢芯铝线。

2）按构造方式分类。按构造方式的不同，裸导线可分为一种金属或两种金属的绞线。一种金属的多股绞线有铜绞线、铝绞线、镀锌钢绞线等。由于输电线路采用较少，故这里不作介绍。两种金属的多股绞线主要是钢芯铝绞线（见图 2.14），绞线的优点是易弯曲。绞线的相邻两层绕向相反，一是不易反劲松股，二是每层导线之间距离较大，增大线径，有利于降低电晕损耗。钢芯铝线除正常型外，还有减轻型和加强型两种。

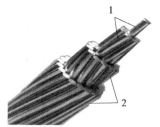

图 2.14　钢芯铝绞线
1—钢芯；2—铝导线

2. 杆塔

杆塔是电杆和铁塔的总称。杆塔的用途是支持导线和避雷线，以使导线之间、导线与避雷线、导线与地面及交叉跨越物之间保持一定的安全距离。杆塔现场水泥杆如图 2.15 所示。

（1）杆塔的分类

1）杆塔按材料分类。杆塔一般可以按原材料分为水泥杆和铁塔两种。

2）杆塔按用途分类。杆塔按用途分为直线杆、耐张杆、转角杆、终端杆和特种杆五种。特种杆又包括跨越通航河流、铁路等的跨越杆，长距离输电线路的换位杆、分支杆。

（2）水泥电杆的规格

水泥电杆有等径环形水泥电杆和锥形水泥电杆两种。

等径环形水泥电杆的梢径和根径相等，有 300 mm 和 400 mm 两种，一般制作成 9 m、6 m 和 4.5 m 三种长度，使用时以电、气焊方式进行连接。

图 2.15　杆塔现场水泥杆

1—水泥杆；2—防震锤；3—导线；4—合成绝缘子；5—耐张线夹；6—避雷线；7—横担；8—拉线；9—拉线棒

锥型水泥电杆一般用在配电线路上，输电线路的转角杆塔、耐张杆塔、终端杆塔和直线杆塔，均采用等径水泥电杆。锥型水泥电杆的梢径有 190 mm 和 230 mm 两种。

（3）横担（见图 2.15）

杆塔通过横担将三相导线分隔一定的距离，用绝缘子和金具等将导线固定在横担上，此外，还需和地线保持一定的距离。因此，要求横担要有足够的机械强度和使导、地线在杆塔上的布置合理，并保持导线各相间和对地（杆塔）有一定的安全距离。

横担按材料分为铁横担和瓷横担。横担按用途分为直线横担、耐张横担和转角横担。

3. 绝缘子

绝缘子是一种隔电产品，一般是用电工陶瓷制成的，又叫瓷瓶。另外还有钢化玻璃制作的玻璃绝缘子和用硅橡胶制作的合成绝缘子。

绝缘子的用途是使导线之间以及导线和大地之间绝缘，保证线路具有可靠的电气绝缘强度，并用来固定导线，承受导线的垂直荷重和水平荷重。换句话说，绝缘子既要能满足电气性能的要求，又要能满足机械强度的要求。

按照机械强度的要求，绝缘子串可组装成单串、双串、V 形串。对超高压线路或大跨越线路等，由于导线的张力大，机械强度要求高，故有时采用三串或四串绝缘子。绝缘子串基本有两大类，即悬垂绝缘子串和耐张绝缘子串。悬垂绝缘子串用于直线杆塔上，耐张绝缘子串用于耐张杆塔或转角、终端杆塔上。

（1）普通型悬式瓷绝缘子

普通型悬式瓷绝缘子（见图 2.16）按金属附件连接方式可分为球型连接和槽型连接两种。输电线路多采用球型连接。

图 2.16　普通型悬式瓷绝缘子

（2）针式瓷绝缘子

针式瓷绝缘子（见图2.17），主要用于线路电压不超过35 kV，导线张力不大的直线杆或小转角杆塔。其优点是制造简易，价廉；缺点是耐雷水平不高，容易闪络。

（3）耐污型悬式瓷绝缘子

普通瓷绝缘子只适用于正常地区，也就是说比较清洁的地区，如在污秽区使用，因它的绝缘爬电距离较小，易发生污闪事故，所以在污秽区要使用耐污型悬式瓷绝缘子（见图2.18），以达到污秽区等级相适应的爬电距离，防止污闪事故的发生。

图2.17　针式瓷绝缘子

图2.18　耐污型悬式瓷绝缘子

（4）悬式钢化玻璃绝缘子

悬式钢化玻璃绝缘子（见图2.19）具有质量小，强度高，耐雷性能和耐高、低温性能。当绝缘子发生闪络时，其玻璃伞裙会自行爆裂。

（5）瓷横担绝缘子

瓷横担绝缘子（见图2.20）绝缘水平高，自洁能力强，可减少人工清扫；能代替钢横担，节约钢材；结构简单，安装方便，价格较低。

图2.19　悬式钢化玻璃绝缘子

（6）合成绝缘子

合成绝缘子（见图2.21）是一种新型的防污绝缘子，尤其适合污秽地区使用，能有效地防止输电线路污闪事故的发生。它与耐污型悬式瓷绝缘子比较，具有体积小，质量小，清扫周期长，污闪电压高，不易破损，安装运输省力方便等优点。

图2.20　瓷横担绝缘子

图2.21　合成绝缘子

4．金具

输电线路导线的自身连接及绝缘子连接成串，导线、绝缘子自身保护等所用的附件称为线路金具。线路金具在气候复杂、污秽程度不一的环境条件下运行，故要求金具应有足够的机械强度、耐磨和耐腐蚀性。

金具在架空电力线路中，主要用于支持、固定和接续导线及绝缘子连接成串，亦用于保护导线和绝缘子。按金具的主要性能和用途，可分以下几类：

（1）线夹类

线夹是用来握住导、地线的金具。根据使用情况，线夹分为耐张线夹（见图 2.22）和悬垂线夹（见图 2.23）两类。

图 2.22　耐张线夹

图 2.23　悬垂线夹

耐张线夹用于耐张、转角或终端杆塔，承受导、地线的拉力。用来紧固导线的终端，使其固定在耐张绝缘子串上，也用于避雷线终端的固定及拉线的锚固。

悬垂线夹用于直线杆塔上悬吊导、地线，并对导、地线应有一定的握力。

（2）连接金具类

连接金具（见图 2.24）主要用于将悬式绝缘子组装成串，并将绝缘子串连接、悬挂在杆塔横担上。线夹与绝缘子串的连接，拉线金具与杆塔的连接，均要使用连接金具，常用的连接金具有球头挂环、碗头挂板，分别用于连接悬式绝缘子上端钢帽及下端钢脚，还有直角挂板（一种转向金具，可按要求改变绝缘子串的连接方向）、U 形挂环（直接将绝缘子串固定在横担上）、延长环（用于组装双联耐张绝缘子串等）、二联板（用于将两串绝缘子组装成双联绝缘子串）等。

图 2.24　连接金具

（a）球头挂环；（b）U 形挂环；（c）碗头挂板；（d）直角挂板；（e）延长环；（f）二联板

连接金具型号的字母按产品名称的首字母而定，如 W—碗头挂板，Z—直角挂板。

（3）接续金具类

接续金具（见图 2.25）用于接续各种导线、避雷线的端头。接续金具承担与导线相同的电气负荷，大部分接续金具承担导线或避雷线的全部张力，以字母 J 表示。根据使用和安装方法的不同，接续金具分为钳压、液压、爆压及螺栓连接等几类。

（a）　　　　　　　　　　　　　（b）

图 2.25　接续金具

（a）钳压接续管；（b）液压接续管

（4）防护金具类

防护金具分为机械和电气两类。机械类防护金具是为防止导、地线因振动而造成断股的金具，电气类防护金具是为防止绝缘子因电压分布严重不均匀而过早损坏的金具。机械类有防震锤（见图 2.26）、预绞丝护线条（见图 2.27）、重锤等；电气类金具有均压环（见图 2.28）、屏蔽环等。

图 2.26　防震锤

图 2.27　预绞丝护线条

图 2.28　均压环

5. 杆塔基础

架空电力线路杆塔的地下装置统称为基础。基础用于稳定杆塔，使杆塔不致因承受垂直荷载、水平荷载、事故断线张力和外力作用而上拔、下沉或倾倒。

杆塔基础分为电杆基础和铁塔基础两大类。

（1）电杆基础

杆塔基础一般采用底盘、卡盘和拉线盘，即"三盘"。"三盘"通常用钢筋混凝土预制而成，也可采用天然石料制作。底盘用于减少杆根底部地基承受的下压力，防止电杆下沉。卡盘用于增加杆塔的抗倾覆力，防止电杆倾斜。拉线盘用于增加拉线的抗拔力，防止拉线上拔。

（2）铁塔基础

铁塔基础根据铁塔类型、塔位地形、地质及施工条件等具体情况确定。常用的基础有现场浇制基础、预制钢筋混凝土基础、灌注桩式基础、金属基础、岩石基础。

地脚螺栓浇制保护帽是为了防止因丢失地脚螺母或螺母脱落而发生倒塔事故。直线塔组立后即可浇制保护帽，耐张塔在架线后浇制保护帽。

6. 拉线

拉线用来平衡作用于杆塔的横向荷载和导线张力，可减少杆塔材料的消耗量，降低线路造价。一方面提高杆塔的强度，承担外部荷载对杆塔的作用力，以减少杆塔的材料消耗量，降低线路造价；另一方面，连同拉线棒和托线盘一起将杆塔固定在地面上，以保证杆塔不发生倾斜和倒塌。

拉线材料一般用镀锌钢绞线。拉线上端是通过拉线抱箍和拉线相连接，下部是通过可调节的拉线金具与埋入地下的拉线棒、拉线盘相连接。

7．接地装置

架空地线在导线的上方，它通过每个杆塔的接地线或接地体与大地相连，当雷击地线时可迅速地将雷电电流向大地中扩散，因此，输电线路的接地装置主要是泄导雷电电流，降低杆塔顶电势，保护线路绝缘不致击穿而闪络。架空地线与地线密切配合对导线起到了屏蔽作用。接地体和接地线总称为接地装置。

（1）接地体

接地体是指埋入地中并直接与大地接触的金属导体，分为自然接地体和人工接地体两种。为减少相邻接地体之间的屏蔽作用，接地体之间必须保持一定的距离。为使接地体与大地连接可靠，接地体同时必须有一定的长度。

（2）接地线

架空电力线路杆塔与接地体连接的金属导体叫接地线。对非预应力钢筋混凝土杆可以利用内部钢筋作为接地线；对预应力钢筋混凝土杆因其钢筋较细，不允许通过较大的接地电流，可以通过爬梯或者从避雷线上直接引下线与接地体连接。铁塔本身就是导体，故可将扁钢接地体和铁塔腿进行连接即可。

2.6.3　电缆线路

电力电缆（见图2.29）是电缆线路中的主要元件。一般敷设在地下的廊道内，其作用是传输和分配电能。电力电缆主要用于城区、国防工程和电站等必须采用地下输电的部位。

图 2.29　电力电缆

1．电力电缆的种类

目前我国普遍使用的电力电缆主要是交联聚乙烯绝缘电力电缆。

电力电缆的种类大致有下面几种分类。

（1）按电压等级分

按电压等级可分为中、低压、高压、超高压电缆及特高压电缆。

（2）按电流制式分

按电流制式可分为交流电缆和直流电缆。

（3）按绝缘材料分

按绝缘材料可分为油浸纸绝缘、塑料绝缘、橡胶绝缘以及近期发展起来的交联聚乙烯等。

（4）按线芯分

按线芯可分为单芯、双芯、三芯和四芯等。

2. 电力电缆的结构

电力电缆结构必须由线芯（又称导体）、绝缘层、屏蔽层和保护层四部分组成。

（1）线芯

线芯是传输电流，指导功率传输方式，是电缆的主要部分。

（2）绝缘层

绝缘层是将线芯与大地及不同相的线芯在电气上彼此隔离，承受电压，起绝缘作用。

（3）屏蔽层

屏蔽层是消除由于导体表面不光滑而引起的电场强度的增加，使绝缘层和电缆导体有较好的接触。

（4）保护层

保护层是保护电缆绝缘不受外界杂质和水分的侵入和防止外力直接损伤电缆。

 复习思考题

1. 何谓电力系统、电力网？
2. 电力系统运行有什么特点及要求？
3. 电力系统计算时采用标么制有何优点？
4. 我国目前 3 kV 及以上的电压等级是什么？
5. 电力系统各元件的额定电压是如何确定的？
6. 电力系统的中性点接地方式有哪几种？各应用在哪些场合？
7. 架空输电线路主要由哪些元件构成的？

项目 3　牵引供电系统

【项目描述】

牵引供电系统是机车或电动车组的动力来源。主要由牵引变电站（所）和接触网组成。牵引变电站（所）将电力系统通过高压输电线送来的电能加以降压和变流后输送给接触网，以供给沿线路行驶的电力机车。有些国家电气化铁路有时由专用发电厂供电。

电力牵引供电系统按照向电力机车提供的电流性质分为直流制和交流制，而交流制又分工频单相交流制和低频单相交流制。各种电流制的电力牵引供电系统的设备有很大的差别。

【学习目标】

了解牵引供电系统的组成及功能；掌握牵引供电系统制式的发展过程及类型，并掌握牵引变电站（所）及牵引网的供电方式。

【技能目标】

学会分析牵引供电系统的运行方式及各部分组成结构的功能。

任务 3.1　电力牵引供电系统概述

用电能作为铁路运输动力能源的牵引方式叫作电力牵引。它的牵引动力是电力机车，这是一种非自给性机车。因而，必须在电气化铁道沿线，设置一套完善的、不间断地向电力机车或动车组供电的设备，通常把这种设备构成的工作系统叫作电力牵引供电系统。电力牵引供电系统的构成如图 3.1 所示，其余各部分的功能可简述如下。

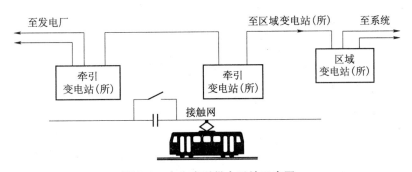

图 3.1　电力牵引供电系统示意图

1. 牵引变电站（所）

在牵引变电站（所）中，按要求装设变压变流设备，把电力系统供应的电能变为适合机车牵引要求的电能。对于单相交流工频制电气化铁道，牵引变电站（所）完成变压、分相等任务；对于单相交流低频电气化铁道，牵引变电站（所）完成降压变频任务；对于直流制电气化铁道，牵引变电站（所）完成变压变流（变交流电为直流电）任务。因为它主要担负牵引用电能的变换工作，所以叫作牵引变电站（所）。

2. 接触网

接触网是一种悬挂在电气化铁道线路上方，并和铁路轨顶保持一定距离的链形或单导线的输电网。通过电力机车或动车组的受电弓和接触网滑动接触，牵引电能就由接触网进入电力机车或动车组内，驱动牵引电动机完成牵引列车工作。

3. 馈电线

馈电线是连接牵引变电站（所）和接触网的导线，把牵引变电站（所）变换完备的牵引电能馈送给接触网。

4. 轨道

在非电牵引情形下，轨道只作为列车的导轨。在电气化铁道的轨道，应具有畅通导电的性能。

5. 回流线

回流线是连接轨道和牵引变电站（所）的导线，把轨道中的回路电流导入牵引变电站（所）。

习惯上，把接触网、馈电线、轨道、回流线叫作牵引网。因此，电牵引供电系统是由牵引变电站（所）和牵引网构成的向电力机车或动车组供电的完善的工作系统。

电牵引供电系统都是由容量较大的电力系统供电；极个别的小运量的电气化铁道，也有由专用的发电厂供电的。为此，往往需要从电力系统的区域变电站（所）或发电厂引出专用的高压输电线路，向牵引变电站（所）供电。通常又把这种专用高压输电线路和电牵引供电系统，总称为电气化铁道供电系统，如图 3.1 所示。

铁路是国民经济的大动脉，运输是一个连续生产的过程，一旦中断运输，不仅影响本线，严重的还会影响相邻各线，造成重大政治、经济损失，因此按其重要性应属于一级负荷。在 TB 10009—2005/J452—2005 标准《铁路电力牵引供电设计规范》中规定，电力牵引为一级负荷，牵引变电站（所）应由两路电源供电；当其中任一路发生故障时，另一路应仍能正常供电。

对两路电源的要求是当发生故障时两路电源不应同时受到损坏。这两路电源可以由电力系统中不同的区域变电站（所）供电，也可以由同一个区域变电站（所）供电。当由同一个区域变电站（所）供电时，该变电站（所）所有设备均应有备用，如进线、母线、220 kV 降压至 110 kV 的主变压器等至少应有双回，不致因发生故障而影响供电。当由不同区域变电站（所）供电时，不同的区域变电站（所）最后也不能是单一电源。

向电气化铁路供电的两路电源，可以都是主用电源，即这两路电源可以同时投入联网或不联网运行，但可随时进行切换使用；也可以是一回主用一回备用，即正常时由主供电源供电，只有当主供电源进行检修或发生故障时，才用备用电源。

供电电压由 110 kV 和 220 kV 两种，110 kV 区域变电站（所）数量较多，分布较广，可以就近供电，牵引变电站（所）受电电压低，投资较低。220 kV 系统容量大，电压稳定，承受负序电流和谐波电流的能力大。直接用 220 kV 送电，还可降低系统的投资，但牵引变电站（所）受电电压较高，投资较大。

电力系统对电气化铁路的供电应保证供电质量，牵引变电站（所）电源侧母线电压变动幅度不应超过额定电压的 ±5% 。

任务 3.2　牵引供电系统的电流制

电气化铁道供电采用何种电流制，由于关系到许多重大技术问题和铁路运输的经济效益，故成为每个建造电气化铁道的国家首先要考虑的问题。电力牵引按其牵引网供电电流的种类而分为直流制、低频单相交流制、工频单相交流制和三相交流制。

3.2.1　直流制

直流制是世界上早期电气化铁道普遍采用的方式，到目前为止，直流制在电气化铁道中所占的比例仍占 43% 左右。牵引网电压有 1 200 V、1 500 V、3 000 V 不等，各国铁路仍在使用。其原因是电力机车多采用机械性能好，调速方便的直流串励电动机牵引，显然，利用直流电向直流电动机供电可以极大地简化机车设备。但是受直流牵引电动机额定电压整流条件的限制，牵引网电压很难进一步提高。这就要求沿牵引网输送大量电流来供应电力机车。直流制通常由电力系统供应三相交流，在牵引变电站（所）中降压并整流为直流输入牵引网。牵引电流较大，因此接触网一般得使用两根接触导线和铜承力索，并且导线的截面大，金属消耗增加。牵引网电压低，所以输送距离也短。一般牵引变电站（所）之间的距离只有 15~30 km，变电站（所）的数目相对增加，还必须有整流设备。由于这些缘故，许多国家已逐渐改用工频单相交流制。

在工矿企业，城市地上交通和地铁供电，由于相对距离较近，对供电的安全性要求却较高，所以采用电压较低的直流制供电更具有优越性。矿山运输的直流电压为 1 500 V，城市电车为 650~800 V，地铁为 720~820 V。

3.2.2　低频单相交流制

为了克服直流制的缺点，在 20 世纪初，西欧一些国家广泛采用了低频单相交流制，并得到了较大的发展。这种电流制在电力机车上采用交流整流子式牵引电动机。由于交流容易变压，因此有可能在牵引网中用高电压送电，而在电力机车上降压供给低电压的交流整流子式牵引电动机。牵引网电压较普遍的是应用 11 000 V。

低频单相交流制的出现，同力图提高牵引网电压以降低接触网中的有色金属用量有关。应用低频，一方面是由于西欧电力工业发展的初期原来就存在低于 50 Hz 的频率，且低频的整流相对容易，低频交流的电抗也较工频小；另一方面，交流整流子式牵引电动机因为存在变压器电势而对整流过程造成困难，不适宜在较高的频率下运行。因此，在西欧 $16\frac{2}{3}$ Hz 频率的铁路 20 世纪前半世纪在一些国家中得到很大的发展。电力工业很快就采用了 50 Hz 标准频率，所以低频制电气化铁道或者自建专用的低频率发电厂，或者在牵引变电站（所）中变频后输入牵引网。

低频单相交流制的频率为 $16\frac{2}{3}$ Hz。和直流制比较，低频单相交流制的导线截面小，送电距离也可相应提高到 50 ~ 70 km。

3.2.3　工频单相交流制

工频单相交流制是电气化铁道发展中的一项先进供电制，最早出现在匈牙利，电压为 16 kV。1950 年法国试建了一条 25 kV 的单相工频交流电气化铁道。随后日本，苏联等相继都采用了工频交流制，电压为 20 kV。这种电流制在机车上降压后应用整流器整流来供给直流牵引电动机，由于频率提高，牵引网阻抗加大，牵引网电压也相应地提高。目前牵引网普遍应用的是 25 kV，此种电流制的优越性比较明显，很快在各国被采用，目前已占到电气化铁道的 40% 以上。我国电气化铁道建设一开始就采用了此种电流制，从而为后来的电气化铁道的发展打下了良好的基础。

工频单相交流制的主要优点如下：

1）牵引供电系统结构简单。牵引变电站（所）从电力系统获得电能并经过电压变换后，直接供给牵引网，不需要在变电站（所）设置整流和变频设备，变电站（所）结构大为简化。

2）牵引供电电压增高，既可保证大功率机车的供电，提高机车的牵引定数和运行速度，又可使变电站（所）之间的距离延长，导线截面减少，建设投资和运营费用显著降低。

3）交流电力机车的黏着性能和牵引性能良好。通过机车上变压器的调压，牵引电动机可以在全并联状态下工作，牵引电动机并联运转可以防止轮对空转的恶性发展，从而提高了运行黏着系数。

4）和直流制比较，交流制的地中电流对地下金属的腐蚀作用小，一般可不设专门防护装置。

5）直流牵引电动机也远比交流整流子式牵引电动机运行可靠。

工频单相交流制存在的主要问题如下：

1）单相牵引负荷接入电力系统中引起负序电流，当电力系统容量较小时，负序电流的影响尤为突出。

2）电力牵引负荷是感性负荷，功率因数低，特别是采用相控整流后，牵引电流变为非正弦波，出现较大的谐波电流，将使功率因数更低。

3）牵引网中的单相工频电流将对沿线邻近通信线路造成较大的电磁干扰。

4）克服了上述缺点，使电气化铁道的投资也相应地增加。

我国各类电力牵引采用的牵引网标准电压如表 3.1 所示。

表 3.1　我国各类电力牵引网标准电压　　　　　　　　　　　　　　　　　　V

铁路	25 000（交流）
矿山	1 500，3 000（直流）

续表

城市电车	600（直流）
地下铁道	750（直流）

3.2.4　三相交流制

在牵引电流制的发展过程中，个别国家，如瑞士、法国等，还采用了 3.6 kV 的三相交流制，电力机车牵引电动机采用三相交流异步电动机。

三相交流制是三相对称负荷，不会影响电力系统的三相对称性，牵引变电站（所）和电力机车的结构也都相对简化，而且三相异步电动机运行可靠、维护方便。其主要缺点是机车供电线路复杂，特别是三相异步电动机调速比较困难。

由于三相交流制和三相异步电动机有上述优点，目前许多国家都在研究和生产变频电力机车，变频机车是一种交–直–交系统的机车。它是将接触网上的工频单相交流高压电，经机车上的变压器降压，整流变成直流，再经逆变器将直流变换成三相交流，并利用三相异步电动机牵引。控制逆变器能够调节三相电压的频率和幅值，实现调速和调转矩的目的。这种机车具有功率大，速度高，功率因数接近于 1，并能将无功电流、通讯干扰减小到最小值的优点。

任务 3.3　工频单相交流牵引供电系统

工频单相交流牵引供电系统主要由牵引变电站（所）和牵引网两部分组成。其主要作用是从电力系统取得电能，并送给沿铁路线运行的电力机车。工频单相交流牵引供电系统的构成可用图 3.2 所示的示意图说明。

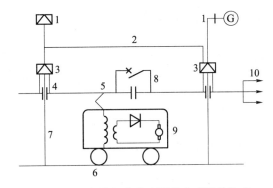

图 3.2　工频单相交流牵引供电系统的构成

1—区域变电站（所）或发电厂；2—高压输电线；3—变电站（所）；

4—馈电线；5—接触网；6—钢轨；7—回流线；

8—分区亭（所）；9—电力机车；10—开闭所

3.3.1　一次供电网络

一次供电网络是指直接向牵引变电站（所）供电的地区变电站（所）（或发电厂）及高压输电线路。输电线路一般分为两路，电压为 110 kV。近年来，也有采用 220 kV 的（如哈大线），相比之下，后者电源的可靠性和稳定性等技术指标相对较高。

上述高压输电线路虽然专门用于牵引供电，但由国家电力部门修建并管理，并以牵引变电站（所）的 110 kV 进线门形架为分界点。

3.3.2　牵引变电站（所）

牵引变电站（所）是电气化铁路牵引供电系统的心脏，它的主要任务是将电力系统输送来的三相的高压电变换成适合电力机车使用的电能。我国电气化铁路采用的工频单相 25 kV 交流制，而电力系统是一个三相交流系统，电压标准不同，不能直接使用，需要经过变换电压等级和由三相变换成单相才能使用，然后通过馈电线分别供给牵引变电站（所）两侧的接触网。电气化铁路产生的负序和高次谐波对电力系统会造成多种不良影响，也需要通过牵引变电站（所）来解决，因此，牵引变电站（所）的作用有以下几个方面：

1. 将电力系统的电能变换为适合电力机车使用的电能

在牵引变电站（所）内装设由牵引变压器（也称主变压器），将电力系统的高电压（一般为 110 kV 或 220 kV）降低为 27.5 kV 或 2×27.5 kV（自耦变压器供电方式）以单相电馈送给接触网，供电力机车使用。国外有些国家的电气化铁路采用直流制式或是低频（$16\frac{2}{3}$ Hz）交流制式，这些变换工作也都是由牵引变电站（所）来完成的。

2. 降低电气化铁路对电力系统的影响

1）电气化铁路的单相牵引负荷是一个不对称的负荷，对三相电力系统产生负序电流和负序电压。要减轻负序电流和负序电压对三相电力系统的影响，需要在牵引变电站（所）采用换相接线方式或不同接线形式的变压器。

2）电力系统对电气化铁路供电，要求功率因数达到 0.85 以上，而牵引负荷的自然功率因数仅为 0.8 左右。由于功率因数低会使供电系统设备能力不能充分利用，降低使用效率，增加了能量损耗。因此，需要在牵引变电站（所）安装并联电容补偿装置，将功率因数提高到 0.85 以上。

并联电容补偿装置除能提高功率因数外，还能吸收部分高次谐波。由于牵引负荷中 3 次谐波含量较大，并联电容补偿装置的感抗容抗比取 0.12 ~ 0.14，主要是用来吸收 3 次谐波。

3.3.3　牵引网

牵引网是接触网和轨道地回路构成的供电网的总称。是由馈电线、接触网、钢轨、回流线组成的双导线供电系统。牵引电流经由接触网供给电力机车，然后沿轨道和大地流回牵引变电站（所）。由于钢轨对地并非绝缘，所以部分电流沿大地流回到牵引变电站（所），形成地中电流。

　　馈电线是连接牵引变电站（所）母线和接触网的架空铝绞线。由于馈电线除直接送电给接触网外，还要送电给附近车站、机务折返段、开闭所等，所以馈电线的数目较多，距离也可能较长。

　　接触网是牵引网的主体，由于接触网分布广，结构复杂，又是露天设置，受着各种恶劣气象条件的影响，运行条件差，其工作状态又是随着电力机车或动车组的运行而变化，而且没有备用，因而使得接触网的工作条件非常复杂，不仅日常维修工作量大，短路故障也较多。因为与牵引供电的可靠性关系极大，所以对它的要求非常严格。

　　1. 接触网的组成

　　电力机车实际上是一个边行驶边受流的移动负荷。为了保证不间断地给电力机车或动车组提供电能，就必须使电力机车的受电弓与接触网的接触线在电力机车或动车组行驶时有良好的接触，因此，对接触网的结构就有特殊的要求。接触网主要由以下几个部分组成。

　　（1）接触悬挂部分

　　接触悬挂部分包括承力索、接触线、吊弦、中心锚结、补偿装置等。接触线是与受电弓直接接触摩擦的部分。

　　（2）支持装置

　　支持装置用以悬吊和支撑接触悬挂并将其各种载荷传递给支柱或桥隧等大型建筑物。支持装置还应将承力索、接触线固定在一定范围内，使受电弓滑行时与接触线有良好的接触。根据接触网所在位置及作用不同，支持装置的结构又可分为腕臂支持装置、软横跨、硬横跨、桥梁支持装置和隧道支持装置等。

　　（3）支柱与基础

　　支柱与基础用以安装支持装置、悬吊接触悬挂，并承受其载荷。

　　此外，还有供电线、加强线，以及因供电方式不同而设置的回流线、正馈线（AF线）、保护线（PW线）等附加导线，为了安全而设置的保护设备、电气设备等。接触网的组成如图3.3所示。

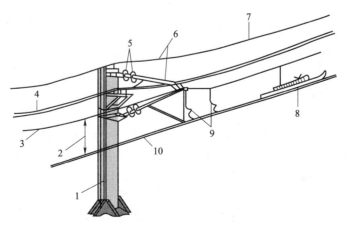

图3.3　接触网的组成

1—立杆；2—吊弦；3—承力索；4—辅助横电线；5—绝缘装置；6—悬臂支撑；

7—架空地线；8—分段绝缘器；9—跨接线；10—接触线

2. 接触网的工作条件及其基本要求

电力机车或动车组走行时，受电弓给接触线以上抬力，使接触线抬升，由于接触线是一条长软线，而受电弓又是一个弹性装置，因此，这种压力和抬升是变化着的。此外，列车在以空气为介质的空间运行时，还会对受电弓弓臂和弓头产生一定压力的空气流，形成对受电弓向上或向下的附加力。上面几种力的合成作用结果，使接触网产生振荡，从而使受电弓滑板不能很好地追随接触线的轨迹，导致脱离接触线（或称离线）。其后果是电力机车或动车组受流时断时通，于是机车在行驶时会出现牵引力不稳定的状态。

恶劣的气象条件，还会直接影响接触网的工作情况，如最高、最低气温，最大风速和各导线的覆冰等，都会使接触网的工作条件发生变化。温度升高使导线伸长，导线的张力随着变小，接触线弛度加大；温度降低使导线缩短，张力加大，接触线弛度减小，这是由金属导线的热胀冷缩原理造成的。这些都直接影响受流条件。最大风速时，由于导线所受风压加大，除使接触线张力增大外，还会使接触线发生水平偏移和振动，当接触线偏离起始位置达到一定程度时，就可能超出受电弓的工作范围，造成打弓、刮弓，甚至断线和损坏零部件。覆冰时的附加质量，可使导线张力增大，冰壳还会使接触线与受电弓接触受流时导电性能降低，并产生电弧，工作条件恶化。空气中的尘埃和腐蚀性物质会使各导线及零部件受腐蚀，强度降低，缩短使用寿命，对绝缘子来说还影响绝缘性能。

为了安全可靠的供电，接触性设备应具有适应上述工作条件的能力，因此必须做到：

1）有足够的强度，保证接触网具有稳定性。

2）在恶劣的气象条件下，保证电力机车在规定的速度运行时能良好地受流。

3）对各导线和支持结构、零部件及绝缘子（绝缘元件）等，应当采取有效地防腐蚀和防污秽技术措施，以保证整个接触网设备的良好状态。

4）接触悬挂的各项技术性能，应满足受电弓与接触线在滑动摩擦时可靠地工作的要求，使用寿命应尽可能地延长。

5）各类支持结构和零部件，应力求轻巧耐用，做到标准化并具有互换性，便于施工和维修保养，发生故障时也便于抢修，为迅速恢复供电创造条件。

6）接触线和安装在接触线上的有关设备要有良好的平滑度和耐磨性能，接触线不应有不平直的小弯及悬挂零件等形成的硬点，以免受电弓与其发生碰撞，造成受电弓和接触线的机械损伤和电弧烧伤。

3.3.4　分区亭（所）

为了增加供电的灵活性，提高运行的可靠性，在两个相邻牵引变电站（所）供电的接触网区段通常加设分区亭（所）。分区亭（所）的作用主要是改善电气化铁路的运行条件，提高接触网末端电压，降低电能损失。如图 3.4 所示中的 SP。

1. 上、下行并联运行

在双线区段为了提高供电臂末端接触网的电压水平，降低接触网的电能损失，可将上、下行接触网通过分区亭（所）并联起来。上、下行接触网并联后，均衡了上、下行接触网的负荷，从而提高了接触网末端电压并降低了电能损失，特别是上、下行限制坡度不同和空重车方向引起负荷不等的区段，效果更为显著。

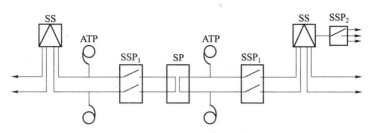

图 3.4 牵引供电系统

SS—牵引变电站（所）；SP—分区亭（所）；SSP₁、SSP₂—开闭所；ATP—自耦变压器所

2. 越区供电

当相邻牵引变电站（所）发生故障而不能继续供电时，可以闭合分区亭（所）内的断路器由非故障牵引变电站（所）实行越区供电。

3. 双边供电

相邻两变电站（所）供电的接触网可通过分区亭（所）连接实现双边供电，均衡两边接触网的负荷，降低能耗，提高末端电压水平。

3.3.5 开闭所

电气化铁道的枢纽站场（如编组站、客站、机车整备线等），均由接触网供电。为了提高供电的可靠性和灵活性，通常将其分组并独立供电，为此就需要增设开闭所。如果是复线电气化铁道区段，通过开闭所的断路器还可将上行和下行接触网并联起来，此时的开闭所还兼有分区亭（所）的作用。

开闭所的主要作用是提高供电的可靠性和缩小事故和停电范围。开闭所有多种类型，不同类型的开闭所有不同的作用。

1. 缩小事故和停电范围用的开闭所

它主要用在自耦变压器供电方式中。自耦变压器供电方式的供电臂长度一般为 40 km 左右，比直接供电方式的供电臂大约长 1 倍。当发生故障或需要停电检修时，停电范围较大。因此，在供电臂中需设置开闭所，将供电臂分为两段，在发生故障或停电检修时，其停电范围与直接供电方式差不多，如图 3.4 所示中的 SSP₁。

2. 增加馈电线用的开闭所

一些大型站场需要分场分线供电或在有支线接轨时，为便于分别停电检修，互不影响，需要增加馈电线，这时可设置开闭所，电源由接触网引入或用供电线由变电站（所）单独供电，馈电线根据需要设置，如图 3.4 所示中的 SSP₂。

3. 提高供电可靠性用的开闭所

在一些重要车站，如枢纽内的客站、大型编组站的到发场，连接几个方向的铁路干线，一旦停电，影响极大。这时可设置开闭所，引进多方向电源，正常时由一个方向供电。当这个方向电源发生故障时，可改由别的方向电源供电，只要有一个方向有电，开闭所即有电，也就可以向有电的方向发车。

任务 3.4　牵引变电站（所）及牵引网的供电方式

3.4.1　牵引变电站（所）的供电方式

牵引变电站（所）的一次供电方式又称一次侧供电方式或外部供电方式。因为电气化铁道牵引供电属于一级负荷，中断供电将会造成重大经济损失和严重的社会影响。因此对一次供电的可靠性要求就很高。通常要求每个牵引变电站（所）必须有两个独立的电源供电，或者由两路非同杆架设的输电线路供电，其中每路输电线应能承担牵引变电站（所）的全部负荷。两路电源互为备用或一主一备，即一路可长期供电；另一路由于某种原因只能作为短期备用。当供电电源故障时，备用电源应能立即投入工作。

根据供电系统的分布状况，发电厂和地区变电站（所）的位置以及容量等因素，牵引变电站（所）的供电方式有以下几种。

（1）一边供电

一边供电是指牵引变电站（所）的电能只能由电力系统中的一个方向送来，如图 3.5 所示。图中牵引变电站（所）C_1、C_2、C_3 只能从右侧的发电厂 A_1 用两路输电线供电。而发电厂 A_1 又通过地区变电站（所）B_1、B_2、B_3 与发电厂 A_2、A_3 相连，构成一个可靠的供电网络，保证任一电源故障，都不会中断供电。

我国单线电气化铁路全部采用一边供电，在双线区段当馈电线较短时也可采用一边供电。一边供电与其他区段无联系，继电保护设置简单。

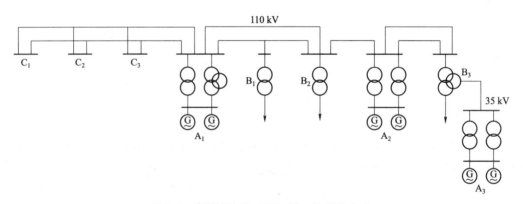

图 3.5　牵引变电站（所）的一边供电方式

（2）两边供电

两边供电就是指牵引变电站（所）的电能由电力系统中的两个方向送来，如图 3.6 所示中的牵引变电站（所）C，它的两侧都有电源，左侧发电厂 A_1 用一条输电线给牵引变电站（所）送电，并供电给地区变电站（所）B，而地区变电站（所）B 又由发电厂 A_2 供电，并由一条专用输电线供给牵引变电站（所）C。

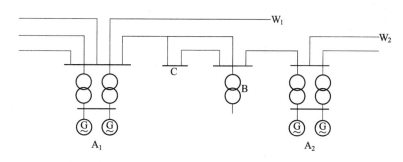

图 3.6　牵引变电站（所）的两边供电方式

两边供电是由相邻两个牵引变电站（所）同时向其间的接触网供电，在供电臂的末端由分区亭（所）连接起来。其优点是，由两个牵引变电站（所）供电均衡了负荷，降低了接触网损耗，提高了电压水平。但这种供电方式还存在一些问题，如牵引变电站（所）低压侧双边供电，对电力系统来说，相当于在低压侧联网，若不是同一个电力系统供电的牵引变电站（所），低压侧绝对禁止联网。即使同一个电力系统供电，接触网双边供电形成环网，当牵引变电站（所）电源侧线路发生故障，由低压向高压有反馈，会造成继电保护装置设置困难。严重时，原边电压会升高，造成设备损坏。目前在我国电气化铁路上还未采用这种供电方式。

（3）环形供电

环形供电是指若干个发电厂、地区变电站（所）通过高压输电线连接成环形电力网，而牵引变电站（所）处于环形电力系统中的一段环路之中。仍以图 3.6 说明，如果发电厂 A_1 通过输电线 W_1、W_2 与发电厂 A_1 或 A_2 的电网连接，则形成环形电力系统，这时牵引变电站（所）C 就处于电力系统的一段环形之中而构成环形供电。

不难看出，两边供电和环形供电，比一边供电有更高的可靠性和更好的供电质量。两边供电的优点在于任一座发电厂故障时，电气化铁道的供电不会中断。环形供电的优点则在于电力系统的频率稳定，电压波动的幅度较小。因此，牵引变电站（所）的一次供电方式，应尽可能采用两边供电或环形供电。通常在一条很长的电气化铁道区段上，往往同时采用几种不同的外部供电方式。

3.4.2　牵引网供电方式

交流电气化铁路牵引网供电方式大体上可分为直接供电方式（包括带回流线的直接供电方式）、吸流变压器供电方式和自耦变压器供电方式三种。此外还有个别区段采用同轴电力电缆供电方式。

（1）直接供电方式

直接供电方式简称 TR 供电方式，是在牵引网中不加特殊防护措施的一种供电方式。电气化铁路最早大都采用这种供电方式，它的一根馈线接在接触网（T）上，另一根馈线接在钢轨（R）上，如图 3.7 所示。这种供电方式最简单，投资最省，牵引网阻抗较小，能耗也较低。供电距离单线一般为 30 km，双线一般为 25 km。电气化铁路是单相负荷，机车由接触网取得的电流经钢轨回流牵引变电站（所）。由于钢轨与大地是不绝缘的，一部分回流电流由钢轨流入大地，因此对通信线路产生电磁感应影响。这是直接供电方式的缺点。它一般采用在铁路沿线无架空通信线路或通信线路已改用地下屏蔽电缆的区段。

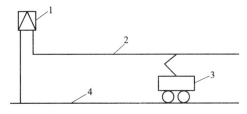

图 3.7　直接供电方式

1—牵引变电站（所）；2—接触网（T）；3—机车；4—钢轨（R）

　　直接供电方式又可分为不带回流线的直接供电方式（见图 3.8）和带回流线的直接供电方式（见图 3.9）两种。

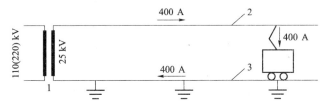

图 3.8　不带回流线的直接供电方式

1—变电站（所）；2—接触网（T）；3—钢轨（R）

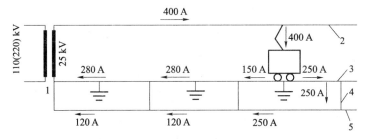

图 3.9　带回流线的直接供电方式

1—变电站（所）；2—接触网（T）；3—钢轨（R）；4—吸上线；5—回流线

　　不带回流线的直接供电方式在我国早期的电气化铁路中采用，机车电流完全通过钢轨和大地流回牵引变电站（所），牵引网本身不具备防干扰功能。在接地方面，每根支柱需单独接地（设接地极或通过火花间隙），或者通过架空地线实现集中接地（架空地线不与信号扼流圈中性点连接）。

　　带回流线的直接供电方式，是在接触网支柱上架有一条与钢轨并联的回流线。机车电流一部分通过钢轨和大地流回牵引变电站（所）（约70%），其余通过回流线流回牵引变电站（所）（约30%）。由于流经接触网的电流和流经回流线的电流虽然大小不等，但方向相反，且安装高度比较接近，利用接触网和回流线之间的互感作用，使钢轨中的回流尽可能地由回流线流回牵引变电站（所），因而能部分抵消对铁路沿线通信设施的电磁干扰影响，使牵引网本身具备防干扰功能。在接地方面，接触网支柱通过回流线实现集中接地，回流线每隔一个闭塞分区通过吸上线（铝芯或铜芯电缆）与信号扼流圈中性点连接（吸上线间距 3～4 km）。

这种供电方式防干扰效果不如吸－回方式，可在对通信线路防干扰要求不高的区段采用。由于取消了吸流变压器，只保留了回流线，因此牵引网阻抗比直接供电方式低一些，供电性能好一些，造价也比吸－回方式低。目前，这种供电方式在我国电气化铁路上得到广泛应用。

（2）吸流变压器供电方式

吸流变压器供电方式又称 BT（Boost Transformer）供电方式，是在牵引网中架设有吸流变压器－回流线装置的一种供电方式。在我国早期的电气化铁路中有采用，其主要目的是提高牵引网防干扰能力，但随着通信线路电缆化和光缆化，防干扰矛盾越来越不突出，其生命力也已大大降低，因此该种供电方式目前已经基本不采用了。如图 3.10 所示，吸流变压器为 1∶1 的单卷变压器，其原边串入接触网中（在绝缘锚段关节处），次边串入回流线中，吸流变压器的间隔为 3 ~ 4 km，在两个吸流变压器的中间设有吸上线，用于将钢轨中的牵引电流吸入回流线。机车所处的 BT 间隔内存在"半段效应"，即在该 BT 段内接触网与回流线中的电流并不相等，防干扰效果并不明显，而在其余 BT 段内两者的电流大小相等，方向相反，防干扰效果非常明显。

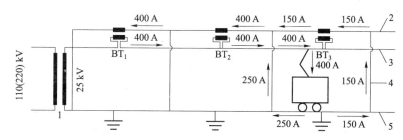

图 3.10　BT 供电方式

1—变电站（所）；2—回流线：3—接触网；4—吸上线；5—钢轨

吸流变压器供电方式的工作原理是：由于吸流变压器的变比为 1∶1，当吸流变压器的一次绕组流过牵引电流时，在其二次绕组中强制回流通过吸上线流入回流线。由于接触网与回流线中流过的电流大致相等，方向相反，因此对邻近的通信线路的电磁感应绝大部分被抵消，从而降低了对通信线路的干扰。这种供电方式由于在牵引网中串联了吸流变压器，牵引网的阻抗比直接供电方式约大 50%，能耗也较大，供电距离也较短，单线一般为 25 km 左右，双线一般为 20 km 左右，投资也比直接供电方式大。

但是，由于 BT 变压器自身存在较大的阻抗，且安装密度较大，其在牵引网中引起的电压差也较大。因此，在同等条件下，BT 供电方式变电站（所）间距小于其他供电方式，且每 3 ~ 4 km 在接触网内存在断口，断口两端因 BT 自阻抗而存在一定的电压差，机车通过该断口时可能会产生电火花，导致接触网的使用寿命缩短。

（3）自耦变压器供电方式

自耦变压器供电方式又称 AT（Auto Transformer）供电方式，是 20 世纪 70 年代发展起来的一种供电方式。相对于其他供电方式而言，由于 AT 供电方式既能有效地减轻牵引网对通信线路的干扰，又具有更大的供电潜力，特别适合于高速和重载铁路，所以近年来在我国得到了迅速的发展。如图 3.11 所示，牵引变电站（所）主变压器二次侧 ±25 kV 端子分别接于接触网和正馈线，二次侧线圈中点接于钢轨。每隔 10 ~ 15 km，将自耦变压器（AT1、AT2、…）并入接触网和正馈线之间，自耦变压器绕组的中点与钢轨相连接。自耦变压器将牵引网的供电电压提高一倍，而供给电力机车的电压仍为 25 kV。另外，上、下行各架设有一根与钢轨并联（通过扼流圈）的保护线，用于接触网或正馈线的闪络保护接地。自耦变压器实为单绕组变压器，该绕组设有中心抽头。理论上讲，除了机车所在的 AT 段（该 AT 段存在"半段效应"）以外，其余 AT 段内流经接触网中和正馈线中的电流大小相等，方向相反，且电流大小仅为机车电流的一半。在钢轨和保护线之间每隔 3~4 km 设有吸上线。

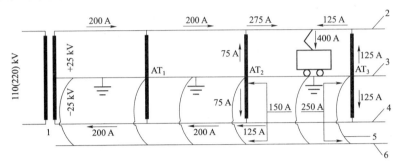

图 3.11　AT 供电方式

1—变电站（所）；2—接触网（T）；3—钢轨（R）；4—正馈线；5—吸上线；6—保护线

自耦变压器供电方式牵引网阻抗很小，约为直接供电方式的 1/4，因此电压损失很小，电能损耗低，供电能力大，供电距离长，可达 40~50 km。由于牵引变电站（所）间的距离加大，减少了牵引变电站（所）数量，也减少了电力系统对电气化铁路供电的工程和投资。但由于牵引变电站（所）和牵引网比较复杂，加大了电气化铁路自身的投资。这种供电方式一般用在重载、高速等负荷大的电气化铁路上。在电力系统比较薄弱的地区，为了减少电源部分的投资，经技术经济比较也可采用这种供电方式。

由于牵引负荷电流在接触网和正馈线中方向相反，因而邻近的通信线路干扰很小，其防干扰效果与吸流变压器－回流线供电方式相当。

（4）同轴电力电缆供电方式

同轴电力电缆供电方式简称 CC 供电方式，是一种新型的供电方式。同轴电力电缆沿铁路线路埋设，其内部芯线作为馈电线与接触网连接，外部导线作为回流线与钢轨相接。每隔 5~10 km 作为一个分段，如图 3.12 所示。由于馈电线与回流线在同一电缆中，间隔很小，而且同轴布置，使互感系数增大，所以同轴电缆的阻抗比接触网和钢轨的阻抗小得多，牵引电流和回流几乎全部经由同轴电力电缆中流过。因此，电缆芯线与外部导体电流相等，方向相反，二者形成的磁场相互抵消，对邻近的通信线路几乎无干扰。由于阻抗小，因而供电距离长。但由于同轴电力电缆造价高，投资大，现仅在一些特别困难的区段采用。

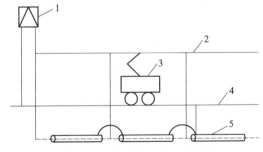

图 3.12　同轴电力电缆供电方式

1—牵引变电站（所）；2—接触网（T）；3—机车；4—钢轨（R）；5—同轴电缆

复习思考题

1. 什么是牵引供电系统的制式？供电系统的制式有哪几种？各有何特点？

2. 牵引供电系统如何构成？电气化铁道属于一级负荷，如何保证对其可靠供电？牵引变电站（所）高压侧输电线常用的引入方式有哪些？

3. 城市轨道交通供电系统采用何种供电制式？为什么？国际电工委员会拟订的直流制式的电压标准是什么？

4. 城市轨道交通供电系统如何构成？

5. 我国电气化区段牵引变电站（所）向牵引网供电为什么普遍采用一边供电方式？同一供电臂的上行线和下行线为什么普遍采用末端并联方式？

6. 牵引网的供电方式有哪几种？其中哪种更适合于大牵引功率的高速铁路？

7. 接触网的工作特点如何？架空式接触网如何组成？

8. 试画出 BT 供电方式牵引网的原理电路图，并解释何为"半段效应"。

9. BT 方式对牵引供电系统有哪些不利影响？

10. 试画出 AT 供电方式牵引网的原理电路图，标出电流分布？

11. AT 供电方式的特点是什么？

项目4　牵引变电站（所）

【项目描述】

牵引变电站（所）的作用，是将电力系统的三相高压电降压、分相，同时以单相方式馈出，供电力机车使用。牵引变电站（所）的主要设备是牵引变压器（又称主变压器）。为了提高牵引供电的可靠性，牵引变电站（所）一般设置两台牵引变压器，每台牵引变压器都能单独承担全部负荷。正常运行时，一台工作，另一台作为检修或故障时备用。降低电压是由牵引变压器来实现的，将三相变为单相是通过变电站（所）的电气接线来达到的。

牵引变电站（所）是电气化铁路的心脏，它的功能是将电力系统输送来的 110 kV 或 220 kV 等级的工频交流高压电，通过一定接线形式的牵引变压器变成适合电力机车使用的 27.5 kV 等级的单相工频交流电，再通过不同的馈电线将电能送到相应方向的电气化铁路（接触网）上，满足来自不同方向电力机车的供电需要。牵引变电站（所）一般设在车站的一端，在车站和区间分界处与另一端不同相位的供电臂通过分相绝缘器或电分段锚段关节相连。同一方向馈出回路的高压开关具备旁路备用开关，可满足不间断可靠供电要求和检修的需要。

牵引变压器的额定电压，原边为 110 kV（或 220 kV）；次边为 27.5 kV，比接触网额定电压 25 kV 高 10%；AT 供电方式的牵引变压器次边额定电压为 55 kV 或 2×27.5 kV。

牵引变压器的额定容量，有 10 MVA、12.5 MVA、16 MVA、20 MVA、25 MVA、31.5 MVA、40 MVA、50 MVA、63 MVA 等 9 个等级。这种容量等级是按 $\sqrt[10]{10} = 1.2589$ 的倍数增加的。例如，$25 \text{ MVA} \times \sqrt[10]{10} = 25 \text{ MVA} \times 1.2589 = 31.4725 \text{ MVA} \approx 31.5 \text{ MVA}$。

根据所采用的牵引变压器类型的不同，牵引变电站（所）通常分为单相牵引变电站（所）、三相牵引变电站（所）和三相－两相牵引变电站（所）。

【学习目标】

1. 了解牵引变压器的换相连接。

2. 掌握斯科特变压器的工作原理。

3. 了解典型的电气主接线形式及其特点。

4. 掌握牵引变电站（所）常见的电气主接线。

5. 了解二次回路的类型及二次接线。

6. 能识别电气接线图。

【技能目标】

1. 能看懂牵引变电站（所）的电气主接线图和二次接线图。

2. 会分析牵引变电站（所）的一次回路和二次回路的原理。

任务 4.1　单相牵引变电站（所）

采用单相牵引变压器的牵引变电站（所）称为单相牵引变电站（所）。

单相牵引变压器的接线形式，有纯单相接线、单相 V，v 接线和三相 V，v 接线三种。

4.1.1　纯单相接线

纯单相接线牵引变压器的接线图如图 4.1（a）所示，原边绕组 AX 接三相电力系统的某两相，例如 A、B 相，电压为 110 kV（或 220 kV）。次边绕组的 ax 的首端 a 接到牵引母线上，同时供给牵引变电站（所）左（L）、右（R）两个供电臂的负荷，两臂的接触网用分相绝缘器分开，既利于缩小事故停电范围，又提高供电的灵活性。次边绕组的 ax 末端 x 与钢轨和牵引变电站（所）接地网连接。次边输出电压为 27.5 kV。

为便于分析，将牵引变压器原、次边的电压、电流标注在接线图中。标注时采用规格化标向，即按实际接入电力系统的相别标向，而不管接该相的变压器端子号，并且：①原边绕组作为负载看待，按电动机惯例（功率输入）标向；②次边绕组作为电源看待，按发电机惯例（功率输出）标向；③忽略激磁电流和绕组漏抗，认为原、次边对应绕组电压同相、电流同相；④绕组电流的流向与外电路电流的流向一致。

图 4.1（a）中，$\dot{U}_{AB}$ 为原边绕组电压（也就是电力系统 A、B 相的线电压 110 kV），$\dot{I}_{A}$ 为原边绕组电流（也就是电力系统的 A 相电流）；$\dot{U}_{ab}$ 为次边绕组电压（也就是左、右两供电臂的馈线电压 27.5 kV），$\dot{I}_{a}$ 为次边绕组电流，$\dot{I}_{L}$ 为左臂馈线电流，$\dot{I}_{R}$ 为右臂馈线电流；显然，$\dot{I}_{a} = \dot{I}_{L} + \dot{I}_{R}$。作出纯单相接线牵引变压器原、次边电压、电流的相量图如图 4.1（b）所示，图中的 φ 为次边绕组电流 $\dot{I}_{a}$ 的功率因数角。

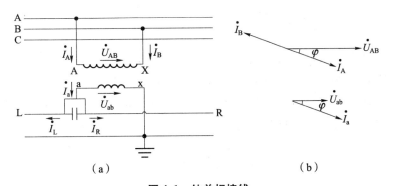

图 4.1　纯单相接线

（a）接线图；（b）相量图

纯单相接线牵引变压器的变比为

$$K = \frac{U_{AB}}{U_{ab}} = \frac{110}{27.5} = 4$$

电力系统三相电流与牵引负荷电流的关系为

$$
\left.
\begin{aligned}
\dot{I}_A &= \frac{1}{K}\dot{I}_a = \frac{1}{4}\left(\dot{I}_L + \dot{I}_R\right) \\
\dot{I}_B &= -\frac{1}{K}\dot{I}_a = -\frac{1}{4}\left(\dot{I}_L + \dot{I}_R\right) \\
\dot{I}_C &= 0
\end{aligned}
\right\}
\tag{4.1}
$$

纯单相接线的主要优点是结构和接线简单，变电站（所）的设备少，占地面积小，投资少，变压器的容量可以充分利用，容量利用率达 100%。

容量利用率是指变压器的最大输出容量与额定容量之比，即

$$
k = \frac{最大输出容量}{额定容量}
\tag{4.2}
$$

需要指出的是，对于牵引变压器，有的原、次边绕组的额定容量设计为相同（例如，纯单相接线、单相 V，v 接线、三相 V，v 接线、三相 Y_N，d_{11} 接线牵引变压器等），有的原、次边绕组的额定容量设计为不相同（例如，斯科特接线变压器、三相 Y_N 和 ∇ 接线阻抗匹配平衡变压器等）。对于原、次边绕组的额定容量设计的不相同的变压器，变压器铭牌上标注的额定容量，指的是变压器次边绕组的额定容量。

变压器的容量利用率低，不仅造成基本建设投资的浪费，还会额外增加运营成本，因为牵引用电除收取用电电度费外，还按牵引变压器的额定容量收取基本电费。由于牵引变压器的容量大、数量多，因此牵引变压器的容量利用率就成为牵引变电站（所）运行的重要经济指标。

纯单相接线的缺点是，使电力系统三相负荷不对称，不对称系数为 1，在电力系统中形成较大的负序电流；牵引变电站（所）无三相电源，所内自用电需由附近地方电网引入，或由所内劈相机、单相 – 三相变压器等方式供给，牵引网不能实行双边供电。

因此，纯单相接线主要适合于电力系统容量较大，地方电网较发达的地区。我国的哈（尔滨）—大（连）线全部采用纯单相接线，由容量较大的 220 kV 电网供电。

4.1.2 单相 V，v 接线

单相 V，v 接线采用两台单相变压器 T_1、T_2 分别向牵引变电站（所）的左、右两个臂供电，如图 4.2（a）所示。两台单相变压器原边绕组的末端 X_1、X_2 相连作为公共端，三个引出线端子 A_1、X_1X_2、A_2 分别接电力系统的三个相线，构成 V 形；两个次边绕组也是末端 x_1、x_2 相连作为公共端，接钢轨和牵引变电站（所）接地网，首端 a_1、a_2 分别接变电站（所）两个供电臂的牵引母线。由于两供电臂的相位不同，故两臂的接触网必须用分相绝缘器分开。

按规格化标向将两台单相变压器原、次边绕组的电压、电流标注在接线图上。作出原、次边绕组的电压、电流向量图如图 4.2（b）所示。左臂馈线电压 $\dot{U}_L$ 就是 T_1 的次边绕组电压，右臂馈线电压 $\dot{U}_R$ 就是 T_2 的次边绕组电压，两者均为 27.5 kV，相位相差 60°。显然，当两臂馈线电流 $\dot{I}_L$、$\dot{I}_R$ 的功率因数相同时，两臂电流也相差 60°。

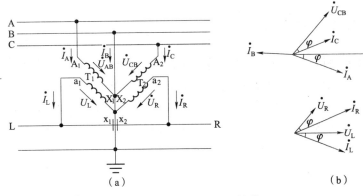

图 4.2 单相 V，v 接线

（a）接线图；（b）相量图

单相 V，v 接线两台牵引变压器的变比均为

$$K = \frac{U_{AB}}{U_L} = \frac{U_{CB}}{U_R} = \frac{110}{27.5} = 4$$

电力系统三相电流与牵引负荷电流的关系为

$$\left.\begin{array}{l} \dot{I}_A = \dfrac{1}{K}\dot{I}_L = \dfrac{1}{4}\dot{I}_L \\[2mm] \dot{I}_B = -\dot{I}_A - \dot{I}_C = -\dfrac{1}{K}(\dot{I}_L + \dot{I}_R) = -\dfrac{1}{4}(\dot{I}_L + \dot{I}_R) \\[2mm] \dot{I}_C = \dfrac{1}{K}\dot{I}_R = \dfrac{1}{4}\dot{I}_R \end{array}\right\} \tag{4.3}$$

单相 V，v 接线牵引变电站（所）在正常工作时，两台变压器均投入运行，其备用方式是几个牵引变电站（所）公用一台移动变压器。当变压器发生故障或检修时，由专用车将移动变压器运往牵引变电站（所），在移动变压器接入前，变压器可允许一定时间的过负荷运行。

单相 V，v 接线的优点是容量利用率为 100%；在正常运行时，牵引侧仍为三相，可以供给所内自用电及地区三相负荷；变电站（所）设备也相对较少，投资较少；牵引网可实行双边供电。

单相 V，v 接线的缺点是使电力系统三相负荷不对称，但和纯单相接线比较，对系统的负序影响减少，不对称系数为 0.5；当一台变压器故障时，另一台必须跨相供电，即兼顾左、右两个供电臂。因此就需要一个倒闸过程，即把故障变压器原来承担的供电任务转移到正常运行的变压器上，如图 4.3 所示。在此倒闸过程完成后，地区三相自用电必须改由劈相机或单相－三相变压器供电。跨相供电时，实际上接线已形成纯单相接线，对电力系统的负序影响随之增大。

单相 V，v 接线在我国阳平关——安康等线路应用。

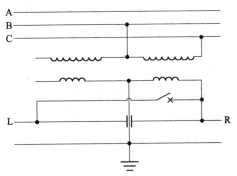

图 4.3 一台变压器故障时的单相 V，v 接线

4.1.3　三相 V，v 接线

三相 V，v 接线是将两台单相变压器安装在同一油箱内，所以可视为单相变压器接线。如图 4.4 所示，一台单相变压器的高压绕组为 A_1X_1，低压绕组为 a_1x_1；另一台的高、低压绕组分别为 A_2X_2 与 a_2x_2。高压绕组引出三个端子 A、B、C 接于三相电力系统，所以通常又称为三相 V，v 接线变压器。

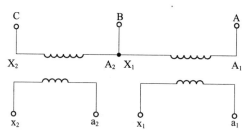

图 4.4　三相 V，v 接线

两台单相变压器高压绕组的 A_2、X_1 相连作为公共端，构成固定的 V 形，V 的顶点记为 C 端子，A_1、X_2 分别记为 A、B 端子，A、B、C 端子引出油箱外部，根据牵引供电的需要，既可接成正 V 形（V，v_{12} 接线），a_2 与 x_1 连接成为 c 端子，即正 V 形的顶点，a_1、x_2 分别为 a、b 端子，如图 4.5（a）所示；也可接成倒 V 形（V，v_6 接线），a_1 与 x_2 连接成 c 端子，即倒 V 形的顶点，x_1、a_2 分别为 a、b 端子，如图 4.5（b）所示。

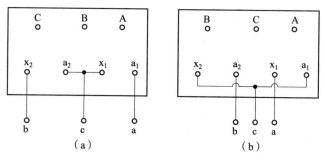

（a）　　　　　　　　　　　（b）

图 4.5　三相 V，v 接线变压器端子标志

（a）正 V 形（V，v_{12} 接线）；（b）倒 V 形（V，v_6 接线）

三相 V，v 接线牵引变压器的原边端子 A、B、C 接于三相电网，次边 c 端子与钢轨和牵引变电站（所）接地网连接，a 端子和 b 端子分别接到左、右两臂的牵引母线上。原、次边的电压、电流关系与单相 V，v 接线相同。两臂的电压相差 60°。

三相 V，v 接线牵引变压器采用共轭式铁芯结构，即在传统的等截面三柱铁芯上，将中柱铁芯作为两台单相变压器的共轭回路，两个边柱上为两台独立的单相变压器绕组，如图 4.6（a）所示。为了使中柱磁通与两边柱磁通相等，两边柱绕组的绕向相反，使中柱磁通为两边柱磁通之差。由于两边柱电压 U_{AC}、U_{BC} 相差 60°，则两边柱磁通也相差 60°。所以，中柱磁通与两边柱磁通相等，如图 4.6（b）所示。

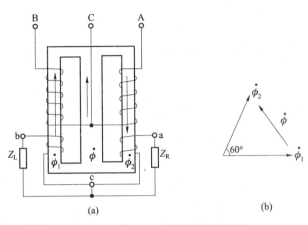

图 4.6 三相 V，V 接线牵引变压器

（a）接线图；（b）磁通相量图

三相 V，v 接线是在单线 V，v 接线的基础上发展起来的新型接线方式，每个变电站（所）安装两台同型变压器，一台运行，一台备用。这样，既保持了单相 V，v 接线的主要优点，而且克服了单相 V，v 接线的缺点，最主要的是解决了单相 V，v 接线牵引变电站（所）无固定备用及其备用变压器自动投入问题。而且三相 V，v 接线油箱内的两台单相变压器磁路互相独立。两台的容量可以相等，也可以不相等。两台单相变压器的有载调压或无载调压可分别进行，大大提高了供电的灵活性。

任务 4.2 三相牵引变电站（所）

凡是采用三相变压器的牵引变电站（所）称为三相牵引变电站（所）。

三相变压器广泛应用于电力系统中，它的设计、制造工艺和运用技术都比较成熟，因此采用三相变压器就成为我国牵引变电站（所）的首选方式，也是目前应用最广泛的方式。

4.2.1 三相牵引变压器的接线原理

三相牵引变压器均为双绕组油浸变压器。三相双绕组变压器的接线有多种形式，为统一起见，国家有关标准规定有 $Y，d_{11}$、$Y，y_{N12}$、$Y_N，d_{11}$ 三种形式作为标准接线。牵引变电站（所）采用其中的 $Y_N，d_{11}$ 接线，原边电压 110 kV，次边电压 27.5 kV。$Y_N，d_{11}$ 线的优点是：

1）牵引变压器的容量较大，一般只能由 110 kV 或者 220 kV 电网供电，而该电压等级的电网为中性点直接接地系统。三相牵引变压器原边绕组接成 Y_N 型，便于与电力系统运行方式配合。同时中性点接地还具有能降低绕组的绝缘造价等优点。

2）从电机学原理可知，当三相变压器的次边绕组为三角形接线时，可以提供三次谐波电流的通路，从而保证变压器的主磁通和电势为正弦波。

三相牵引变电站（所）均设两台三相变压器，两台变压器的接线完全相同。可以两台并联运行，也可以一台运行，一台备用。图 4.7（a）所示为其中一台变压器的原理接线图。

原边绕组接成 Y_N，引出线端子 A、B、C 接电力系统三相。中性点通过隔离开关 QS 接地，其原因有以下两点：

1）由于每个接地中性点，都构成零序电流的一条并联支路，对电力系统故障时的零序电流形成分流，使零序保护的动作受到影响，因此中性点是否接地，应根据电力系统调度的命令确定。通常中性点隔离开关 QS 是断开的，因此三相牵引变压器的原边实际上是 Y 接线。

2）为减小操作过电压对变压器绕组绝缘的威胁，在变压器停电和送电的瞬间必须合上中性点隔离开关 QS。

次边绕组接成三角形，c 端子接钢轨和地网。a 端子和 b 端子分别接到两臂的牵引母线上。由于两臂的电压相位不同，因此两臂的接触网必须用分相绝缘器分开。

按规格化标向将变压器原、次边绕组的电压、电流标注在接线图上。作出原、次边绕组的电压及馈线电流相量图如图 4.7（b）所示。可以看出，这时绕组 cz 为超前相，ax 为滞后相。

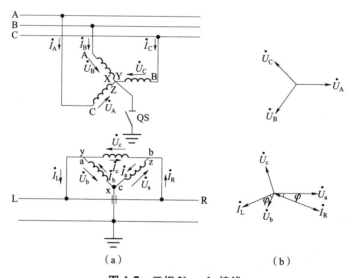

（a）　　　　　　　　　　　　（b）

图 4.7　三相 Y_N，d_{11} 接线

（a）接线图；（b）原、次边电压及馈线电流相量图

三相 Y_N，d_{11} 接线牵引变压器的变比为

$$K = \frac{U_A}{U_a} = \frac{\dfrac{110}{\sqrt{3}}}{27.5} = \frac{4}{\sqrt{3}} = 2.309\ 4$$

三相 Y_N，d_{11} 接线牵引变压器的端子标志及引出线如图 4.8 所示。

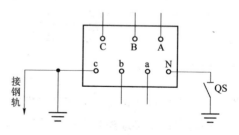

图 4.8　三相 Y_N，d_{11} 接线牵引变压器的端子标志及引出线

4.2.2　三相牵引变压器的绕组电流分配

馈线电流 $\dot{I}_\mathrm{L}$、$\dot{I}_\mathrm{R}$ 在三角形接线的绕组中，是按绕组并联支路阻抗的反比分配的。

当仅有左臂馈线电流 $\dot{I}_\mathrm{L}$ 时，$\dot{I}_\mathrm{L}$ 在三角形绕组内有两条并联支路，一条支路是 x−a，只有一相绕组，另一条支路是 c−z、b−y 为两相绕组串联，故阻抗值后者是前者的 2 倍；因此，绕组 xa 流过 $\dfrac{2}{3}\dot{I}_\mathrm{L}$，绕组 cz、by 流过 $\dfrac{1}{3}\dot{I}_\mathrm{L}$，如图 4.9（a）所示。同理，当仅有右臂线电流 $\dot{I}_\mathrm{R}$ 时，$\dot{I}_\mathrm{R}$ 在三角形绕组内也有两条并联支路，一条支路是 z−c，只有一相绕组，另一条支路是 b−y、a−x，为两相绕组串联，故阻抗值后者也是前者的 2 倍；因此，绕组 zc 流过 $\dfrac{2}{3}\dot{I}_\mathrm{R}$，绕组 by、ax 流过 $\dfrac{1}{3}\dot{I}_\mathrm{R}$。

当两臂馈线电流 $\dot{I}_\mathrm{L}$、$\dot{I}_\mathrm{R}$ 同时存在时，可得三角形接线三相绕组 ax、cz、by 中的电流为

$$\left.\begin{aligned}
\dot{I}_\mathrm{a} &= -\frac{1}{3}\dot{I}_\mathrm{L} + \frac{2}{3}\dot{I}_\mathrm{R} \quad (\mathrm{cz}) \\
\dot{I}_\mathrm{b} &= \frac{2}{3}\dot{I}_\mathrm{L} - \frac{1}{3}\dot{I}_\mathrm{R} \quad (\mathrm{ax}) \\
\dot{I}_\mathrm{c} &= -\frac{1}{3}\dot{I}_\mathrm{L} - \frac{1}{3}\dot{I}_\mathrm{R} \quad (\mathrm{by})
\end{aligned}\right\} \tag{4.4}$$

设两臂馈线电流大小相等，即 $I_\mathrm{L} = I_\mathrm{R} = I$，功率因数均为 0.8（滞后），则功率因数角 $\varphi = 36.9°$。可用作图法画出各绕组的电流 $\dot{I}_\mathrm{a}$、$\dot{I}_\mathrm{b}$、$\dot{I}_\mathrm{c}$，如图 4.9（b）所示。不难看出，各相绕组电流不对称。

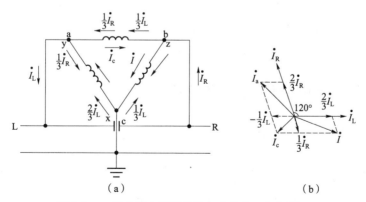

图 4.9　三相牵引变压器的绕组电流分配与相量图
（a）电流分配；（b）电流相量

为求出各相绕组在两臂电流相等的条件下，各相绕组电流的数值和相位，以 $\dot{I}_\mathrm{L}$ 为基准相量，即 $\dot{I}_\mathrm{L} = I$、$\dot{I}_\mathrm{R} = I\angle120°$ 代入式（4.4），解得

$$\left. \begin{aligned} \dot{I}_a &= -\frac{1}{3}I + \frac{2}{3}I\angle 120° = 0.882I\angle 139.1° \\ \dot{I}_b &= \frac{2}{3}I - \frac{1}{3}I\angle 120° = 0.882I\angle -19.1° \\ \dot{I}_c &= -\frac{1}{3}I - \frac{1}{3}I\angle 120° = 0.333I\angle -120° \end{aligned} \right\} \tag{4.5}$$

可见，在两臂负荷电流 $\dot{I}_L$、$\dot{I}_R$ 相等的条件下，ax、cz 绕组的电流大小相等，而 by 绕组的电流较小。故习惯将 ax、cz 绕组称为重负荷相绕组（又称牵引绕组），by 绕组称为轻负荷相绕组（又称自由相绕组）。并且存在下列关系：

1）馈线电流 I 是重负荷相绕组电流 I_a、I_b 的 $\frac{1}{0.882}$ 或 1.13 倍。

2）馈线电流 I 是轻负荷相绕组电流 I_c 的 $\frac{1}{0.333}$ 或 3 倍。

3）重负荷相绕组电流 I_a、I_b 是轻负荷相绕组电流 I_c 的 $\frac{0.882}{0.333}$ 或 2.65 倍；或者说轻负荷相绕组电流 I_c 是重负荷相绕组电流 I_a、I_b 的 $\frac{0.333}{0.882}$ 或 0.378 倍。

以上关系不同于一般三相对称系统，线电流是相电流的 $\sqrt{3}$ 倍。这是由牵引侧不对称运行造成的。

进而可求得原边三相绕组电流为

$$\left. \begin{aligned} \dot{I}_A &= \frac{\dot{I}_a}{K} = \frac{0.882I}{2.3094}\angle 139.1° = 0.382I\angle 139.1° \\ \dot{I}_B &= \frac{\dot{I}_b}{K} = \frac{0.882I}{2.3094}\angle -19.1° = 0.382I\angle -19.1° \\ \dot{I}_C &= \frac{\dot{I}_c}{K} = \frac{0.333I}{2.3094}\angle 120° = 0.144I\angle -120° \end{aligned} \right\} \tag{4.6}$$

4.2.3 三相牵引变压器的容量利用率

对于三相牵引变压器，由于额定线电流 $I_N = \sqrt{3} \times$ 额定相电流，因此，当重负荷相绕组电流（$0.882I$）达到额定值，即 $0.882I = \frac{I_N}{\sqrt{3}}$ 时，馈线电流 $I = 0.654I_N$，即馈线电流仅为额定线电流的 0.654。三相牵引变压器牵引侧是两相输出，设额定输出电压为 U_N。

因此，三相牵引变压器的最大输出容量为

$$S_{out} = 2U_N \times 0.654I_N = 1.31U_NI_N \tag{4.7}$$

而额定容量为

$$S_N = \sqrt{3}U_NI_N \tag{4.8}$$

故三相牵引变压器的容量利用率为

$$k = \frac{S_{\text{out}}}{S_{\text{N}}} = \frac{1.31 U_{\text{N}} I_{\text{N}}}{\sqrt{3} U_{\text{N}} I_{\text{N}}} = 0.756$$

即三相 Y_{N}，d_{11} 接线牵引变压器的最大输出容量只能达到其额定容量的 75.6%。

但实际上，由于重负荷相 ax、cz 绕组电流达到额定值时，轻负荷相 by 绕组电流仅为额定值的 0.378，所以三相牵引变压器还未达到额定温升，故还可将两供电臂的馈线电流提高 11%，相应的三相牵引变压器容量利用率可达到 1.11×0.756 = 0.84。

4.2.4 三相牵引变压器的特点

三相牵引变压器有下列特点：

1）变压器原边采用 Y_{N} 接线，中性点接地方式与电力系统相适应。

2）变压器结构相对简单，又因中性点接地，绕组可采用分级绝缘，变压器造价较低。

3）运用技术成熟，供电安全，可靠性高。

4）牵引侧仍为三相，便于供应所内自用电和地区三相电力。

5）牵引网可实行双边供电。

6）变压器容量利用率低。

7）使电力系统三相负荷不对称，不对称系数为 0.5。

8）与单相牵引变电站（所）比，主接线较复杂，设备多，占地面积大，工程投资大，而且维护检修的工作量和费用也相应增加。

4.2.5 三相不等容量牵引变压器

为了克服三相 Y_{N}，d_{11} 接线牵引变压器容量不能得到充分利用的缺点，我国在普通三相 Y_{N}，d_{11} 接线牵引变压器的基础上，研制出三相不等容量 Y_{N}，d_{11} 接线牵引变压器。

通过对式（4.5）的分析，可以得出以下结论：

1）当 $I_{\text{L}} = I_{\text{R}}$ 时，牵引侧两重负荷相 ax、cz 绕组的电流相等，而轻负荷相 by 绕组的电流仅为重负荷相绕组电流的 37.8%。随着臂负荷比 $\frac{I_{\text{R}}}{I_{\text{L}}}$ 的逐渐减小，轻负荷相绕组的电流逐渐增大，当 $I_{\text{R}} = 0$ 时达到最大值，但也仅为重负荷相绕组电流的 50%。

因此，三相 Y_{N}，d_{11} 接线牵引变压器在实际运行中，轻负荷相绕组的容量利用率不足 50%，有较大的富余容量。

2）当 $I_{\text{L}} = I_{\text{R}}$，两重负荷相绕组的电流达到额定值时，馈线电流仅为变压器额定线电流的 65.4%。随着臂负荷比 $\frac{I_{\text{R}}}{I_{\text{L}}}$ 的逐渐减小，重负荷相绕组电流达到额定值时的馈线电流逐渐增大，当 $I_{\text{R}} = 0$ 时达到最大值，但也仅为变压器额定线电流的 86.6%。

因此，三相 Y_{N}，d_{11} 接线牵引变压器在实际运行中，其容量受到两重负荷相绕组容量的限制。

所以，合理地分配三相绕组的容量，就构成三相不等容量 Y_{N}，d_{11} 接线牵引变压器。

考虑到三相 Y_{N}，d_{11} 接线牵引变压器在实际运行中都是将牵引侧的 c 端子接地，就决定了 by 绕组始终是轻负荷相，ax、cy 绕组始终是重负荷相；至于 ax、cz 绕组中哪一相更重，就取决于实际运行情况而难以确定。所以，三相不等容量 Y_N，d_{11} 接线牵引变压器三相绕组的容量分配原则是：两重负荷相绕组的容量相等，轻负荷相绕组的容量减小。

根据已运行的三相 Y_N，d_{11} 接线牵引变压器负荷情况的统计分析，确定三相不等容量 Y_N，d_{11} 接线牵引变压器的三相绕组容量比例为重负荷相:轻负荷相:重负荷相 = 2.5:1:2.5 = 1:0.4:1。

亦即，如取普通三相 Y_N，d_{11} 接线牵引变压器的三线绕组容量比为 2:2:2，三相不等容量 Y_N，d_{11} 接线牵引变压器就是将普通三相 Y_N，d_{11} 接线牵引变压器的轻负荷绕组容量抽出一半，平均分配到两个重负荷相绕组上。

这样，重负荷相绕组容量提高了 25%，在保持变压器容量不变的情况下，使变压器的负载能力提高了一个额定容量等级；或者相当于将普通三相 Y_N，d_{11} 接线牵引变压器的轻负荷相绕组容量减小 60%，在保持变压器负载能力不变的情况下，使变压器总容量下降到一个额定容量等级。

三相不等容量 Y_N，d_{11} 接线牵引变压器的三相绕组容量，是通过铁芯、绕组尺寸的合理匹配来实现的。尽管三相绕组的容量不相等，但三相绕组的阻抗仍是相等的，以保持三相阻抗的平衡。

与普通三相 Y_N，d_{11} 接线牵引变压器比较，三相不等容量 Y_N，d_{11} 接线牵引变压器的主要优点在于：

1）在变压器总容量不变的情况下，负载能力增强。

2）在变压器负载能力不变的情况下，降低了变压器的安装容量，节约了运营成本和基建投资。

3）容量利用率提高，可达 94.5%。

三相不等容量 Y_N，d_{11} 接线牵引变压器从 1994 年在成（都）—渝（重庆）的资阳变电站（所）运行。实践证明，其经济效益十分显著。

任务 4.3　三相－两相牵引变电站（所）

采用三相－两相牵引变压器的牵引变电站（所）称为三相－两相牵引变电站（所）。

三相－两相牵引变压器又称平衡牵引变压器，它能将原边电力系统的对称三相系统变换成次边相互垂直的两相系统；反之，只要牵引变压器次边的两相电压、电流相互垂直，大小相等，则原边的三相系统就能保持三相对称。

采用三相－两相牵引变压器的目的，是使电力系统的三相负荷对称，消除或减弱由牵引负荷在电力系统中所产生的负序电流。

我国电气化铁道牵引变电站（所）采用的三相－两相牵引变压器，主要有斯科特接线变压器和阻抗匹配平衡变压器两种。

4.3.1　斯科特接线变压器

斯科特接线变压器是一种三相－两相平衡变压器。由于它对电力系统所形成的负序较小，且变压器的容量利用率较高，故先后在北京——秦皇岛、郑州——武昌等重要繁忙的干线上采用。

1. 接线

斯科特接线变压器的接线如图4.10所示，可看作由两个单相变压器组成。一台单相变压器的原边绕组两端引出，分别接到三相电力系统的两相，称为 M 座变压器；另一台单相变压器的原边绕组一端引出，接到三相电力系统的另一相，另一端接到 M 座变压器原边绕组的中点 O，称为 T 座变压器；两台单相变压器的次边绕组分别向牵引变电站（所）的左右两侧供电臂供电。

M 座变压器的原边绕组匝数为 W_1，T 座变压器的原边绕组匝数为 $\frac{\sqrt{3}}{2}W_1$；两台变压器的次边绕组匝数相等，均为 W_2。

按规格化标向将原、次边的电压、电流标注在接线图上。

2. 电压关系

斯科特接线变压器的原、次边电压关系如图4.11所示。

电力系统三线电压 $\dot{U}_{AB}$、$\dot{U}_{BC}$、$\dot{U}_{CA}$ 构成等边三角形 ABC，三角形的底边 $\dot{U}_{AB}$ 为 M 座变压器的原边绕组的电压，三角形的高 $\dot{U}_{CO}$ 为 T 座变压器的原边绕组电压，其值为底 U_{AB} 的 $\frac{\sqrt{3}}{2}$（由于这个缘故，T 座变压器的原边绕组匝数设计为 $\frac{\sqrt{3}}{2}W_1$，以保证其次边输出电压与 M 座变压器的次边输出电压相等），如图4.11（a）所示。可见两变压器的原边电压 $\dot{U}_{AB}$、$\dot{U}_{CO}$ 相互垂直，故其次边电压 $\dot{U}_L$、$\dot{U}_R$ 也是相互垂直的，如图4.11（b）所示。

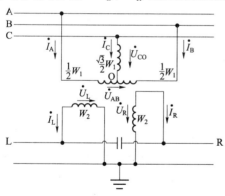

图 4.10　斯科特接线变压器

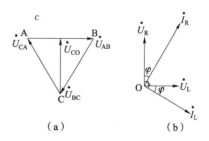

图 4.11　斯科特接线变压器的相量图

（a）原边电压相量；（b）次边电压、电流相量

由于 M 座变压器和 T 座变压器的原边绕组分别对应三角形的底和高，所以通常又称 M 座变压器为低变压器，T 座变压器为高变压器。

M 座变压器的变比 $K_M = \dfrac{W_1}{W_2}$，T 座变压器的变比 $K_T = \dfrac{\frac{\sqrt{3}}{2}W_1}{W_2} = \dfrac{\sqrt{3}}{2}K_M$。故可得

$$\dot{U}_{R} = \frac{U_{CO}}{K_{T}} = \frac{\frac{\sqrt{3}}{2}U_{AB}}{\frac{\sqrt{3}}{2}K_{M}} = \frac{U_{AB}}{K_{M}} = U_{L}$$

所以，斯科特接线变压器可以把原边三相对称电压变换为次边两相对称电压（大小相等、相互垂直）。

牵引变电站（所）两馈线间电压为

$$U_{LR} = \sqrt{U_{L}^{2} + U_{R}^{2}} = \sqrt{2} \times 27.5 \text{ kV} = 38.89 \text{ kV}$$

3. 电流关系

根据变压器的磁势平衡原理，并考虑 O 点的电流关系，可列出以下方程式

$$\left.\begin{aligned}
&\dot{I}_{C} \cdot \frac{\sqrt{3}}{2}W_{1} + \dot{I}_{R} \cdot W_{2} = 0 \\
&\dot{I}_{A} \cdot \frac{1}{2}W_{1} - \dot{I}_{B} \cdot \frac{1}{2}W_{1} + \dot{I}_{L} \cdot W_{2} = 0 \\
&\dot{I}_{A} + \dot{I}_{B} + \dot{I}_{C} = 0
\end{aligned}\right\} \qquad (4.9)$$

设两臂馈线电流大小相等，即 $I_{L} = I_{R} = I$，功率因数均为 0.8（滞后）。则功率因数角 $\varphi = 36.9°$。作出 $\dot{I}_{L}$、$\dot{I}_{B}$ 的相量图如图4.11（b）中，以 $\dot{I}_{L}$ 为基准相量，即 $\dot{I}_{L} = I$、$\dot{I}_{R} = I\angle 90°$代入式（4.9）中，解得原边三相电流为

$$\left.\begin{aligned}
&\dot{I}_{A} = \frac{1}{\sqrt{3}K_{M}}I\ (1 - j\sqrt{3})\ = 0.289I\angle -30° \\
&\dot{I}_{B} = \frac{1}{\sqrt{3}K_{M}}I\ (-1 - j\sqrt{3})\ = 0.289I\angle -150° \\
&\dot{I}_{C} = \frac{2}{\sqrt{3}K_{M}}Ij = 0.289I\angle 90°
\end{aligned}\right\} \qquad (4.10)$$

式（4.10）中，取 M 座变压器的变比 $K_{M} = \dfrac{110}{27.5} = 4$。

作出斯科特接线变压器原、次边电流的相量图如图4.12所示。可见，原边三相电流对称。

通过上述分析，可以得出结论：斯科特接线变压器原边三相电压对称，次边两相电压垂直且相等；当次边两臂负荷大小相等、功率因数也相等时，原边三相负荷对称。

当然，实际中假设条件不可能完全满足，但即使两臂负荷不相等，斯科特接线变压器仍可显著提高电力系统三相负荷的对称度。

4. 容量利用率

斯科特接线变压器原、次边绕组的额定容量不相同。

原边绕组的额定容量，可视为 M 座和 T 座两台单相变压器的原边绕组额定容量之和。而 M 座变压器的原边绕组又可看成对称的两部分。故斯科特接线变压器原边的额定容量为

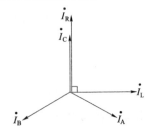

图4.12 斯科特接线变压器原、次边电流的相量图

$$S_{N1} = \left(\frac{1}{2} U_{AB} I_A + \frac{1}{2} U_{AB} I_B \right) + U_{CO} I_C \tag{4.11}$$

由前面分析可知，当 $I_L = I_R = I$ 时，有 $I_A = I_B = I_C = \frac{2}{\sqrt{3} K_M} I$，令 $U_L = U_R = U$，均代入式（4.11），得

$$S_{N1} = U_{AB} I_A + \frac{\sqrt{3}}{2} U_{AB} I_C = K_M U \cdot \frac{2}{\sqrt{3} K_M} I + \frac{\sqrt{3}}{2} K_M U \cdot \frac{2}{\sqrt{3} K_M} I$$

$$= \frac{2}{\sqrt{3}} UI + UI \approx 2.155 UI$$

次边绕组的额定容量，为两台单相变压器次边绕组额定容量之和。即

$$S_{N2} = U_L I_L + U_R I_R = 2UI \tag{4.12}$$

科特接线变压器的最大输出容量，也为两台单相变压器次边绕组额定容量之和。即

$$S_{out} = U_L I_L + U_R I_R = 2UI \tag{4.13}$$

因此，斯科特接线变压器相对于原边的容量利用率为

$$k_1 = \frac{S_{out}}{S_{N1}} = \frac{2UI}{2.155 UI} = 0.928$$

相对于次边的容量利用率为

$$k_2 = \frac{S_{out}}{S_{N2}} = \frac{2UI}{2UI} = 1$$

5. 斯科特接线变压器的特点

斯科特接线变压器的优点有：

1）当 M 座和 T 座两供电臂电流相等，且功率因数相同时，原边三相电流对称。

2）变压器容量能全部利用。

3）可利用逆斯科特接线变压器产生三相对称电压供牵引变电站（所）的自用电。

斯科特接线变压器的主要缺点有：

1）斯科特接线变压器制造难度大，绕组需按全绝缘设计，变压器造价较高。

2）变电站（所）主接线复杂，设备较多，工程投资较大，日常的维护、检修工作量及费用都相应增加。

3）斯科特接线变压器的中性点难以引出，且无三角形绕组回路，电压波形较差。

4）斯科特接线变压器原边接点口的电位随负载变化而产生漂移。严重时有零序电流流经电力网。零序电流不仅可能造成零序电流保护误动作，还会对邻近的平行通信线产生干扰。零点漂移还会引起各相绕组的电压不平衡，加重绕组的绝缘负担，为此，该接线的变压器也应采取全绝缘。

5）斯科特接线两馈线之间的电压为 $\sqrt{2} \times 27.5$ kV，即分相绝缘器两端的电压较高，故应适当地加强其绝缘。

斯科特接线变压器适用于中性点不要求接地，运输较繁忙，两供电臂负荷电流接近相等的牵引变电站（所）。

4.3.2 阻抗匹配平衡变压器

通过综合比较分析三相 Y_N，d_{11} 接线牵引变压器和斯科特接线变压器的优缺点，我国于 20 世纪 90 年代前后，研制出 Y_N，▽接线阻抗匹配平衡变压器。这种变压器既克服了一般三相牵引变压器导致电力系统三相负荷不对称产生的很大负序电流，容量利用率低的缺点；又解决了斯科特接线变压器无中性点接地，不能与电力系统中性点接地运行方式相配合的问题。

阻抗匹配平衡变压器经现场运行多年后，已在我国的重要铁路干线广泛应用。

1. 接线

Y_N，▽接线阻抗匹配平衡变压器是在传统三相 Y_N，d_{11} 接线牵引变压器的基础之上，通过阻抗匹配平衡，实现三相 – 两相变换。

分析三相 Y_N，d_{11} 接线牵引变压器不难发现，它之所以造成原边三相电流不对称和容量利用率低，是由于次边存在轻负荷相。为此，可以采取增加轻负荷相匝数，并改变轻负荷相绕组阻抗的办法，使三相磁势平衡，实现原边三相电流对称。Y_N，▽接线阻抗匹配平衡变压器的接线如图 4.13（a）所示。

变压器的原边绕组与三相 Y_N，d_{11} 接线牵引变压器原边绕组的接线完全相同，三相绕组匝数均为 W_1。

次边绕组三角形内三相绕组匝数均为 W_2，且 c 端子与钢轨和地网连接。中相绕组 by 虽匝数与两边绕组 ax、ca 相同；但阻抗却不相同，为边相绕组阻抗 Z 的 λ 倍（λ 称为阻抗匹配系数，$\lambda = \sqrt{3} + 1 \approx 2.732$）。在中相绕组的两端增加了两个对称的外移绕组 da、be，其匝数 W_3 为三角形每相绕组匝数 W_2 的 $\dfrac{\sqrt{3}-1}{2}$ 倍，即 $W_3 = \dfrac{\sqrt{3}-1}{2}W_2 \approx 0.366\,W_2$。d、e 分别接到两条牵引母线上，向两侧的供电臂供电。

按规格化标向将原、次边的电压、电流标注在接线图上，如图 4.13（b）所示。

2. 电压关系

电压相量关系如图 4.13（b）所示，三相绕组电压 $\dot{U}_A$、$\dot{U}_B$、$\dot{U}_C$ 对称；次边三角形三相绕组电压 $\dot{U}_a$、$\dot{U}_b$、$\dot{U}_c$ 构成等边三角形，两个外移绕组 da、be 上的电压 $\dot{U}_1$、$\dot{U}_2$ 与 $\dot{U}_c$ 同相，两侧供电臂的馈线电压为 $\dot{U}_L$、$\dot{U}_R$。

图 4.13（b）中，若取 ax = cz = by = 1，则等边三角形的高 ch $= \dfrac{\sqrt{3}}{2}$，而 da = be $= \dfrac{\sqrt{3}-1}{2}$。

又 dh = he $= \dfrac{\sqrt{3}-1}{2} + \dfrac{1}{2} = \dfrac{\sqrt{3}}{2}$，所以△ dhc、△ hce 均为等腰直角三角形，∠dhc = ∠hce = 45°。

因此，∠dce = 90°，即 $\dot{U}_L$ 与 $\dot{U}_R$ 相互垂直，并且相等。另外，de $= \dfrac{\sqrt{3}-1}{2} + 1 + \dfrac{\sqrt{3}-1}{2} = \sqrt{3}$，

dc = ce $= \dfrac{\sqrt{6}}{2}$。

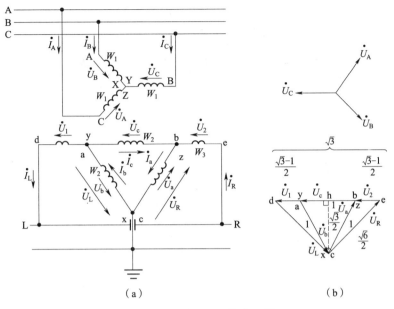

图 4.13　阻抗匹配平衡变压器

（a）接线图；（b）相量图

若牵引变压器的原边额定电压为 110 kV（即 $U_A = U_B = U_C = \dfrac{110}{\sqrt{3}}$ kV），牵引侧馈线电压为 27.5 kV（即 $U_L = U_R = 27.5$ kV），次边三角形内三相绕组电压为

$$U_a = U_b = U_c = \frac{2}{\sqrt{6}} \times 27.5 \text{ kV} = 22.45 \text{ kV}$$

所以，原边绕组匝数 W_1 与次边三角形内三相绕组的匝数 W_2 之比 K 为

$$K = \frac{W_1}{W_2} = \frac{\dfrac{110}{\sqrt{3}}}{\dfrac{2}{\sqrt{6}} \times 27.5} = 2\sqrt{2} = 2.828\ 4$$

两外移绕组上的电压为

$$U_1 = U_2 = \frac{\sqrt{3}-1}{2} \cdot \frac{2}{\sqrt{6}} \times 27.5 \text{ kV} = \frac{\sqrt{3}-1}{\sqrt{6}} \times 27.5 \text{ kV} = 8.22 \text{ kV}$$

牵引变电站（所）两馈线间电压为

$$U_{de} = \sqrt{3} \times \frac{2}{\sqrt{6}} \times 27.5 \text{ kV} = \sqrt{2} \times 27.5 \text{ kV} = 38.89 \text{ kV}$$

3．电流关系

（1）次边绕组电流

与三相 Y_N，d_{11} 接线牵引变压器相似，馈线电流 $\dot{I}_L$、$\dot{I}_R$ 在三角形接线的绕组中，是按绕组并联支路阻抗的反比分配的。但对于 Y_N，$\triangledown$ 接线阻抗匹配平衡变压器，中相绕组 by 的阻抗为边相绕组 ax、cz 阻抗 Z 的 λ 倍（$\lambda = \sqrt{3}+1 \approx 2.732$）。即

$$\begin{cases} Z_{ax} = Z_{cz} = Z \\ Z_{by} = \lambda Z = (\sqrt{3} + 1)\ Z \end{cases}$$

因此，当仅有左臂馈线电流 $\dot{I}_L$ 时，设 $\dot{I}_L$ 在 xa 绕组中的分流为 $\dot{I}_{L1}$，在 cz、by 绕组中的分流为 $\dot{I}_{L2}$，如图 4.14 所示。由于 $\dot{I}_{L1}Z = \dot{I}_{L2}\ (Z + \lambda Z)$，则有

$$\left.\begin{array}{l} \dot{I}_{L1} = \dot{I}_{L2}\ (1 + \lambda) \\ \dot{I}_L = \dot{I}_{L1} + \dot{I}_{L2} \end{array}\right\}$$

由以上两式联立解得

$$\left.\begin{array}{l} \dot{I}_{L1} = \dfrac{1 + \lambda}{2 + \lambda} \dot{I}_L \\ \dot{I}_{L2} = \dfrac{1}{2 + \lambda} \dot{I}_L \end{array}\right\} \tag{4.14}$$

式中 $\dfrac{1 + \lambda}{2 + \lambda}$、$\dfrac{1}{2 + \lambda}$ ——分流比。

同理，当仅有右臂馈线电流 $\dot{I}_R$ 时，设 $\dot{I}_R$ 在 zc 绕组中的分流为 $\dot{I}_{R1}$，在 by、ax 绕组中的分流为 $\dot{I}_{R2}$，如图 4.14 所示。由于 $\dot{I}_{R1}Z = \dot{I}_{R2}\ (\lambda Z + Z)$，则有

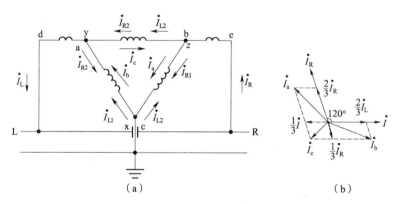

图 4.14　Y_N，▽接线阻抗匹配平衡变压器的绕组电流分配

$$\left.\begin{array}{l} \dot{I}_{R1} = \dot{I}_{R2}\ (\lambda + 1) \\ \dot{I}_R = \dot{I}_{R1} + \dot{I}_{R2} \end{array}\right\}$$

由以上两式联立解得

$$\left.\begin{array}{l} \dot{I}_{R1} = \dfrac{\lambda + 1}{\lambda + 2} \dot{I}_R \\ \dot{I}_{R2} = \dfrac{1}{\lambda + 2} \dot{I}_R \end{array}\right\} \tag{4.15}$$

当两臂馈线电流 $\dot{I}_L$、$\dot{I}_R$ 同时存在时，三角形接线三相绕组 ax、cz、by 的电流即由上述电流叠加而成。所以

$$\left. \begin{array}{l} \dot{I}_{\mathrm{a}} = -\dot{I}_{12} + \dot{I}_{R1} = -\dfrac{1}{\lambda+2}\dot{I}_{\mathrm{L}} + \dfrac{\lambda+1}{\lambda+2}\dot{I}_{\mathrm{R}} \ \ (\mathrm{cz}) \\[3mm] \dot{I}_{\mathrm{b}} = \dot{I}_{\mathrm{L1}} - \dot{I}_{R2} = \dfrac{\lambda+1}{\lambda+2}\dot{I}_{\mathrm{L}} - \dfrac{1}{\lambda+2} + \dot{I}_{\mathrm{R}} \ \ (\mathrm{ax}) \\[3mm] \dot{I}_{\mathrm{c}} = -\dot{I}_{12} - \dot{I}_{R2} = -\dfrac{1}{\lambda+2}\dot{I}_{\mathrm{L}} - \dfrac{1}{\lambda+2}\dot{I}_{\mathrm{R}} \ \ (\mathrm{by}) \end{array} \right\} \tag{4.16}$$

设两臂馈线电流大小相等，即 $I_{\mathrm{L}} = I_{\mathrm{R}} = I$，功率因数均为 $\cos\varphi$，以 $\dot{I}_{\mathrm{L}}$ 为基准相量，即 $\dot{I}_{\mathrm{L}} = I$、$\dot{I}_{\mathrm{R}} = I\angle 90°$、$\lambda = \sqrt{3}+1$，代入上述方程式中，整理得

$$\left. \begin{array}{l} \dot{I}_{\mathrm{a}} = \dfrac{\sqrt{6}}{3}I\angle -75° = 0.816\,5I\angle -75° \\[3mm] \dot{I}_{\mathrm{b}} = \dfrac{\sqrt{6}}{3}I\angle 165° = 0.816\,5I\angle 165° \\[3mm] \dot{I}_{\mathrm{c}} = 0.366 \times \dfrac{\sqrt{6}}{3}I\angle 45° = 0.299I\angle 45° \end{array} \right\} \tag{4.17}$$

所以，Y_N，$\triangledown$ 接线阻抗匹配平衡变压器的三角形接线三相绕组，也有重负荷相、轻负荷相之分。

（2）原边绕组电流

由原、次边三相对应绕组磁势平衡，有

$$\left. \begin{array}{l} \dot{I}_{\mathrm{A}}W_1 + \dot{I}_{\mathrm{a}}W_2 = 0 \\[2mm] \dot{I}_{\mathrm{B}}W_1 + \dot{I}_{\mathrm{b}}W_2 = 0 \\[2mm] \dot{I}_{\mathrm{C}}W_1 + \dot{I}_{\mathrm{c}}W_2 - \dot{I}_{\mathrm{L}}W_3 - \dot{I}_{\mathrm{R}}W_3 = 0 \end{array} \right\} \tag{4.18}$$

将式（4.17）中的 $\dot{I}_{\mathrm{a}}$、$\dot{I}_{\mathrm{b}}$、$\dot{I}_{\mathrm{c}}$ 代入上式，并考虑到要使 $\dot{I}_{\mathrm{A}}$、$\dot{I}_{\mathrm{B}}$、$\dot{I}_{\mathrm{C}}$ 三相电流对称，则 $\dot{I}_{\mathrm{A}} + \dot{I}_{\mathrm{B}} + \dot{I}_{\mathrm{C}} = 0$。解得

$$\left. \begin{array}{l} \dot{I}_{\mathrm{A}} = \dfrac{\sqrt{6}}{3K}I\angle -75° = 0.289I\angle -75° \\[3mm] \dot{I}_{\mathrm{B}} = \dfrac{\sqrt{6}}{3K}I\angle 165° = 0.289I\angle 165° \\[3mm] \dot{I}_{\mathrm{C}} = \dfrac{\sqrt{6}}{3K}I\angle 45° = 0.289I\angle 45° \end{array} \right\} \tag{4.19}$$

式中　$K = \dfrac{W_1}{W_2} = 2\sqrt{2} = 2.828\,4$。

（3）原、次边电流相量图

原、次边电流相量图如图 4.15 所示。

根据以上分析得知，与斯科特接线变压器相同，Y_N，$\triangledown$ 接线阻抗匹配平衡变压器也具有当次边两臂电流相等，且功率因数也相等时，原边三相电流对称的特点。

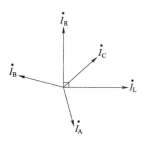

图 4.15　原、次边电流相量图

4. 容量利用率

Y_N，∇接线阻抗匹配平衡变压器的原、次边绕组的额定容量不相同。

由前面的分析可知，当 $I_L = I_R = I$ 时，有 $I_A = I_B = I_C = \dfrac{\sqrt{6}}{3K}I$，令 $U_L = U_R = U$，则 Y_N，∇接线阻抗匹配平衡变压器的原边绕组的额定容量为

$$S_{N1} = 3U_A I_A = 3 \cdot KU_a \cdot \frac{\sqrt{6}}{3K}I = 3 \cdot K \frac{2}{\sqrt{6}}U \cdot \frac{\sqrt{6}}{3K}I = 2UI \tag{4.20}$$

次边绕组的额定容量为三角形接线三相绕组的额定容量以及两外移绕组的额定容量之和。即

$$S_{N2} = 2U_a I_a + U_c I_c + 2U_L I_L$$
$$= 2 \cdot \frac{2}{\sqrt{6}}U \cdot \frac{\sqrt{6}}{3}I + \frac{2}{\sqrt{6}}U \cdot \frac{0.366\sqrt{6}}{3}I + 2 \cdot \frac{\sqrt{3}-1}{\sqrt{6}}U \cdot I \tag{4.21}$$
$$= 2.175UI$$

Y_N，∇接线阻抗匹配平衡变压器的最大输出容量为

$$S_{out} = U_L I_L + U_R I_R = 2UI \tag{4.22}$$

所以，Y_N，∇接线阻抗匹配平衡变压器相对于原边的容量利用率为

$$k_1 = \frac{S_{out}}{S_{N1}} = \frac{2UI}{2UI} = 1$$

相应的次边的容量利用率为

$$k_2 = \frac{S_{out}}{S_{N2}} = \frac{2UI}{2.175UI} = 0.92$$

5. 阻抗匹配平衡变压器的特点

阻抗匹配平衡变压器有如下特点：

1）当两臂负荷相等、功率因数也相等时，电力系统三相负荷对称。即使两臂负荷不相等，仍可显著提高电力系统三相负荷的对称度，使负序影响大为减轻。

2）原边三相制的视在功率完全转化为次边两相制的视在功率，变压器的容量可全部利用。

3）原边仍为 Y_N 接线，中性点引出，与中性点接地的电力系统配合方便。

4）次边仍有三角形接线绕组，三次谐波电流可以流通，使主磁通和电势波形有较好的正弦度。

5）利用逆斯科特接线变压器可获得三相对称电压，供牵引变电站（所）自用电和地区三相电力。

6）牵引网可实行双边供电。

7）变压器制造工艺复杂，造价较高。

8）牵引变电站（所）两侧供电臂馈线间的电压升高，为 $\sqrt{2}$ 倍的牵引网额定电压。因此应加强牵引变电站（所）出口分相绝缘器的绝缘。

任务 4.4 直流牵引变电站（所）

直流牵引变电站（所）从双电源受电经整流机组变压器降压、分相后，按一定整流接线方式由大功率硅整流器把三相交流电变换为与直流牵引网相应电压等级的直流电，向电动车组供电，图 4.16 所示为直流牵引变电站（所）的接线原理。

整流机组是直流牵引变电站（所）的关键设备，为降低整流支流中的脉动分量和整流变压器一次侧的谐波含量，一般应采用 12 相脉动的整流接线方式。现代整流机组的单机功率可达 3 500 kW 以上。

地铁、城市轻轨交通直流牵引变电站（所），有时常与向车站、区间供电的降压变电站（所）合并，形成牵引、降压混合的变电站（所）。此时，主电路结构和电气设备与一般直流牵引所相比有所不同。

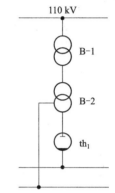

**图 4.16 直流牵引
变电站（所）的接线原理**

在有再生电能需要向交流网返送的情况下，直流牵引变电站（所）必须增设可控硅逆变机组（包括交流侧的自耦变压器），其功能和设备也相应增加，运行、技术都较复杂。直流牵引变电站（所）间距离仅几千米，一般不设分区亭（所）和开闭所。

任务 4.5 电气主接线

变电站（所）的电气主接线是指由变压器、断路器、开关设备、母线等及其连接导线所组成的接收和分配电能的线路。电气主接线反映了变电站（所）的基本结构和功能，在运行时，它能标明电能的输送和分配的关系以及变电站（所）一次设备的运行方式，成为实际运行操作的依据。在设计中主接线的确定对变电站（所）的设备选择、配电装置布置、继电保护配置和计算、自动装置和控制方式选择等都有重大的影响。此外，电气主接线对牵引供电系统运行的可靠性、电能质量、运行灵活性和经济性起着决定性的作用，因此，电气主接线是牵引变电站（所）的主体部分。

4.5.1 对电气主接线的基本要求

电气主接线选择地正确与否对电力系统的安全、经济运行、电力系统的稳定和调度的灵活性，以及对电气设备的选择，配电装置的布置，继电保护及控制方式的拟定等都有重大的影响。在选择电气主接线时，应注意发电厂或变电站（所）在电力系统中的位置、进出线回路数、电压等级、设备特点及负荷性质等条件，并应满足下列基本要求。

1. 保证必要的供电可靠性和电能的质量

保证在各种运行方式下，牵引负荷以及其他动力的供电连续性。牵引负荷是一级负荷，中断供电将造成重大经济损失和社会影响，甚至造成人员伤亡，所以，高质量、连续的供电是对电气主接线的首要要求。因此，应明确下列几点：

1）断路器检修时是否影响供电。

2）设备或线路故障或检修时，停电线路数量的多少和停电时间的长短，以及能否保证对重要用户的供电。

3）有没有使发电厂或变电站（所）全部停止工作的可能性等。

2. 具有一定的运行灵活性

灵活性是指在系统故障或变电站（所）设备故障和检修时，能适应调度的要求，灵活、简便、迅速地改变运行方式，且故障影响的范围最小。这就要求主接线简捷、明了、没有多余的电气设备，投入或切除某些设备和线路的操作方便，避免误操作，灵活性还表现在具有适应发展的可能性。

3. 安全性

保证在一切操作切除时，工作人员和设备的安全以及能在安全条件下进行维护检修工作。

4. 经济性

应使主接线投资与运行费用达到经济、合理。经济性主要取决于母线的结构类型与组数、主变压器容量、结构形式和数量、高压断路器数量、配电装置结构类型和占地面积等因素。经济性与可靠性之间存在着矛盾，要增强主接线的可靠性与灵活性，就需要增加设备和投资，在安全可靠、运行灵活的前提下，尽量使投资和运行费用最省。

此外，随着经济的高速发展，铁路和城市交通的运量相应地迅速增长，牵引变电站（所）增容，增加馈线和其他设备的改建，扩建经常存在，因此，电气主接线的设计应当从长远规划，精心设计，给将来的扩建留有余地。特别是在城市轨道交通变电站（所）设计中，还应注意场地条件的安排和城市规划发展相结合。

变电站（所）的变压器与馈线之间采用什么样的方式连接，以保证工作可靠、灵活是十分重要的问题，解决的措施是采用母线制。应用不同的母线连接方式，可使在变压器数量少的情况下也能向多个用户供电，或者保证用户的馈线能从不同的变压器获得电能。母线又称汇流排，在原理上它是电路中的一个电气节点，它起着集中变压器的电能和给用户的馈电线分配电能的作用，所以，若母线发生故障将使用户供电全部中断。故在主接线的设计中，选择什么样的母线制就显得十分重要。

4.5.2　电气主接线的基本类型

母线是接受和分配电能的装置，是电气主接线和配电装置的重要环节。电气主接线一般按有无母线分类，即分为有母线和无母线两大类。

有母线的主接线形式包括单母线和双母线。单母线又分为单母线无分段、单母线有分段、单母线分段带旁路母线等形式；双母线又分为普通双母线、双母线分段、3/2 断路器

（又叫一台半断路器）、双母线带旁路母线的双母线等多种形式。

无母线的主接线形式主要有单元接线、桥形接线和角形接线等。

从长期的运行实践中，总结归纳出下面几种基本的电气主接线形式。

1. 单母线无分段接线

在主接线中，单母线无分段是比较简单的接线方式，如图 4.17 所示。设有一套母线，电源回路和用电回路通过断路器和隔离开关后分别与母线连接。这种接线的特点是接线简单，设备少，配电装置费用低，经济性好，并能满足一定的可靠性。每个回路由断路器切断负荷电流和故障电流，检修断路器时，可用两侧隔离开关使断路器与电压隔离，保证检修人员的安全。任一用电回路可从任何电源回路取得电能，不会因运行方式的不同而造成相互影响。检修任一回路及其断路器时，仅该回路停电，其他回路不受影响，但检修母线和母线相连接的隔离开关时，将造成全部停电。若母线发生故障，将使全部电源回路断电，待修复后才能恢复供电。这种接线仅用于可靠性不高的 10~35 kV 的地区负荷。

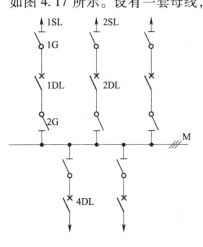

图 4.17 单母线无分段接线

DL—断路器；M—母线；
1G、2G—线路和母线的隔离开关

2. 单母线有分段接线

单母线有分段接线是克服单母线无分段接线的工作可靠性不高、灵活性差的有效方法，如图 4.18 所示。分段断路器 MD 正常时闭合，使两段母线并联运行，电源回路和同一负荷的馈电回路应交错连接在不同的分段母线上，这样，当母线检修时，停电范围缩小一半；当母线故障时，分段断路器 MD 由于保护动作而自动跳闸，将故障段母线断开，而非故障段母线及与其相连接的线路仍照常工作，仅使故障段母线连接的电源线路与馈电回路停电，用隔离开关分段的接线可靠性差一些。当母线发生故障时将短时全部停电，打开分段隔离开关后，非故障段母线即可恢复供电。单母线分段接线广泛应用于 10~35 kV 的地区负荷、各种城市牵引变电站（所）和 110 kV 电源进线回路较少的 110 kV 接线系统。

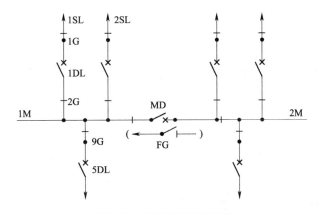

图 4.18 单母线有分段接线

MD—分段断路器；FG—分段隔离开关

3. 带旁路母线的单母线分段接线

单母线有分段接线虽能提高运行的可靠性与灵活性，但线路断路器检修或故障时将使该回路停电。而实际运行中，断路器的故障率较高，检修频繁，是配电装置中的薄弱环节，为克服这一缺点，可采用如图4.19所示的带旁路母线的单母线分段接线。

图中M为工作母线，正常工作时旁路断路器PD断开，旁路母线与各回路相连接的隔离开关PG均打开，当任一线路断路器（例如1DL）需要检修时，可用旁路断路器代替它，为此，需先投入PD（PL两侧隔离开关先合上）和1PG，然后再切断1DL和其两侧隔离开关，这样便完成了由PD代替1DL的转换而使线路1SL不停电。需要指出，由于隔离开关不能带负荷切断和闭合电路，上述操作顺序应严格遵守。如果旁路断路器PD未合闸先合1PG，则当旁路母线PM存在短路故障而事先未被发现时，将1PG投入，在触头断口处因短路电流通过，形成强大的电弧而不能断开以致造成故障。先合PD则可借助继电保护作用，使PD自动跳闸，避免事故的发生。

带旁路母线的单母线分段接线不但解决了断路器的公共备用和检修备用，在调试、更换断路器及内装式电流互感器，整定继电保护时都可不必停电。它广泛应用于牵引负荷和35 kV以上变电所中，特别是负荷较重要、线路断路器多、检修断路器不允许停电的场合。主要缺点是增加一套旁路母线和相应的设备，以及为此而增加配电装置的占地面积。

4. 双母线接线

如图4.20所示，设有两套母线，即工作母线1M和备用母线2M。两套母线通过母线把断路器MD连接起来，每条电源线路和馈电线路经断路器后用两只隔离开关分别与两条母线连接。正常运行时，仅母线1M工作，所有与1M相连接的隔离开关闭合，而与2M连接的隔离开关断开，母线断路器MD打开。

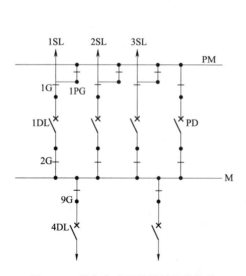

图4.19 具有旁路母线的单母线接线

PD—旁路断路器；PM—旁路母线；PG—旁路隔离开关

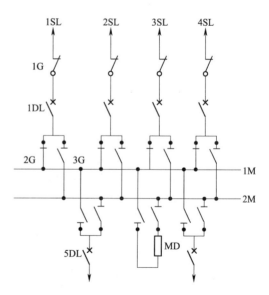

图4.20 双母线接线

双母线接线中，由于它比单母线接线增加了一套备用母线，故当工作母线发生故障时，可将全部回路迅速转换到由备用母线供电，缩短停电时间。检修母线时可倒换到由另一套母线供电而不中断供电；而检修任一回路的隔离开关时，只需使本回路停电。在无备用断路器的情况下，检修任一断路器时，可通过一定的转换操作，用母线断路器代替被检修的断路器，因而停电时间很短，这时电路按带旁路母线的单母线分段接线运行，被检修断路器两侧用电线跨接。

此外，双母线接线方式具有较好的运行灵活性。它还可以按单母线分段的接线方式运行，只需将一部分电源回路和馈电回路接至一套母线，而将其余回路接入另一套母线，通过母联断路器使两套母线连接且并联运行。

双母线的缺点是隔离开关数量较多，配电装置结构复杂，转换步骤较烦琐，且一次费用和占地面积都相应增大。

这种接线适用于牵引变电站（所）电源回路较多（四回路以上），且具有通过母线给其他变电站（所）输送大功率供电回路的场合，对于 110 kV 以上电压的变电站（所）母线，如线路较多且不允许停电，则可采用带旁路母线的双母线接线。

5. 桥形接线

当牵引变电站（所）只有两条电源回路和两台变压器时，可采用如图 4.21 所示的桥形接线。其特点是有一条横跨连接的"桥"，这种接线中，四个连接元件仅需三个断路器，配电装置结构也简单。根据桥接母线的位置不同，分为内桥形和外桥形接线两种。前者的桥接母线连接在靠变压器侧，而后者则连接在靠线路侧，桥接母线上的断路器 QDL 在正常状态下合闸运行。

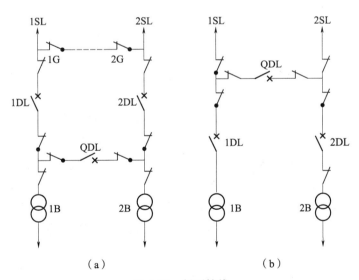

图 4.21 桥形接线

(a) 内桥形；(b) 外桥形

内桥接线的线路断路器 1DL、2DL 分别连接在两电源线路上，改变输电线路的运行方式比较灵活，例如线路 1SL 发生故障时，仅 1DL 自动跳闸，两台变压器仍能正常运行，由线路 2SL 供电，但当变压器回路（例如 B_1）发生故障会检修时，须断开 1DL 和 QDL，经过"倒闸操作"，拉开隔离开关 G，再闭合 1DL、QDL 才能恢复供电。图 4.21 (b) 中的外桥接线的特点与内桥接线相反，当变压器发生故障或运行中需要断开时，只需断开它们前面的断路器，而不影响电源线路的正常运行，但线路故障或检修时，将使与该线路连接的变压器短时中断运行，须经转换操作才能恢复工作。

比较以上两种接线的运行特点可看出内桥接线适用于供电线路长、故障较多、负荷较稳定的场合，而外侨接线适用于电源线路较短、故障少、负荷不稳定、变压器需要经常切换的场合，也可用在有穿越功率通过的与环形电网相连接的变电站（所）中。

6. 简单分支接线

对于某些中间式（或终端式）牵引变电站（所），如采用从输电线路分支连接（又称 T 形连接）的电源线路，且进线线路较短，变电站（所）高压母线无穿越功率通过的情况下，上述桥形接线的桥断路器没有任何作用，但考虑运行的灵活性，可在两电源线路间保留带有隔离开关的跨条，形成如图 4.22 的简单接线或称双 T 行接线。

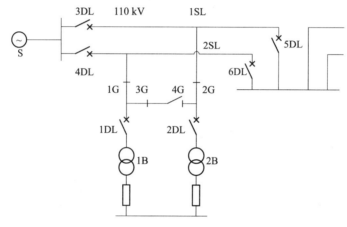

图 4.22　简单分支接线

这种接线与桥形接线相比，需用的高压电器更少，配电装置结构更简单，分支线路进线不设继电保护，任一电源线路故障，由输电线路两侧的继电保护动作，使两端（3DL 与 5DL 或 4DL 与 6DL）跳闸断开。变电站（所）运行方式按电源参数的不同分为下列两种运行情况：

（1）电源线路允许在低压侧并联，则正常时采用两路电源进线同时供电，跨条上隔离开关断开的运行方式，这时两路电源线路应满足相位一致，并联点电压相等的条件。当一路输电线或电源线路故障而断电后，从变电站（所）用隔离开关 1G（或 2G）把故障线路隔断，并将连接在故障电源线路上的主变压器转换到由正常工作电源线路供电（两台变压器并联）。

（2）如果两回路电源线路不存在并联条件，因而不允许在一次侧或低压侧并联工作，则将两路电源线路中的一路作为主电源，为并联运行的两台变压器供电，另一电源线路为备用电源，平时用隔离开关将其断开，当主电源故障中断供电时，则转换到由备用电源对并联运行的变压器供电。

4.5.3 电气主接线图

用规定的设备文字和图形符号将各电气设备，按连接顺序排列，详细表示电气设备的组成和连接关系的接线图，称为电气主接线图。电气主接线图一般画成单线图（即用单相接线表示三相系统）。

4.5.4 交流牵引变电站（所）电气主接线

1. 某中心牵引变电站（所）电气主接线

交流牵引变电站（所）承担着向电气化铁路干线电力机车供电的任务，按其在电力系统和牵引供电系统中的作用区分为中心牵引变电站（所）和中间或终端牵引变电站（所），在此，我们以中心牵引变电站（所）的电气主接线为例，来分析交流牵引变电站（所）电气主接线的特点。图 4.23 所示是一个中心牵引变电站（所）电气主接线。这种牵引变电站（所）一方面要给近区的牵引负荷及其他的地区负荷供电，另一方面通过高压母线还有若干电源线路馈出给其他牵引变电站（所）或地区变电站（所），110 kV 侧断路器数目较多，为增加供电的连续性，实现断路器的不停电检修，110 kV 侧采用具有旁路母线的单母线分段接线，其中，分段断路器兼作旁路断路器。

主变压器采用两台三相三绕组变压器，分别接于两段母线上，如果主变压器采用单相变压器，110 kV 侧的主接线不变，变压器的公共相接钢轨，其他两相分别接入两段牵引母线。牵引母线负荷侧采用单母线接线，母线上可连接一台（或两台）自用电变压器，另设一台由地区负荷（10 kV）母线供电的自用电变压器。地区负荷容量与主变压器容量比值大于15%，并经技术经济比较认为合理条件下，则采用三绕组变压器（110/25/10 kV）方案，同时向牵引负荷和地区负荷供电，若上述比值小于 15%，则在 110 kV 侧单独设置110/10 kV 的三相变压器，或者设置一台 25/10 kV 的三相变压器向地区负荷供电。

牵引负荷侧采用手车式断路器，为了停电检修 110 kV 线路和母线时能方便地进行安全接地，110 kV 侧与母线、线路连接的隔离开关都带接地刀闸，借助于隔离开关本身的机械连锁装置，保证在主刀闸从电路中隔断后接地刀闸才能闭合。

下面着重分析高压侧带旁路母线的单母线接线的运行方式，以及分段断路器兼作旁路断路器的操作程序，正常状态下，两段工作母线 1M、2M 并列运行，分段兼旁路断路器 PD 合闸，隔离开关 3G 打开，这时旁路母线 PM 带电。两段工作母线中的任一段，例如 1M 故障时，由于母线继电保护动作，将 1M 母线所连接的线路断路器和主变压器断路器 1DL、2DL 和 5DL 断开，同时分段断路器 PD 跳闸，通过已打开的隔离开关 3G 把故障母线 1M 隔断，另一母线 2M 及其所连接的线路和主变压器 2B 保持正常运行（2B 由备用变压器自投装置自动投入）。

当任一线路断路器需要进行不停电检修，可用分段断路器 PD 代替被检修的线路断路器的工作，例如线路断路器 2DL 检修时，电路处于正常的状态下，分段断路器 PD 及两侧的隔离开关 1G、2G 已在合闸位置，3G 打开，用 PD 代替 2DL 的转换操作程序（对照简化图4.24）如下：

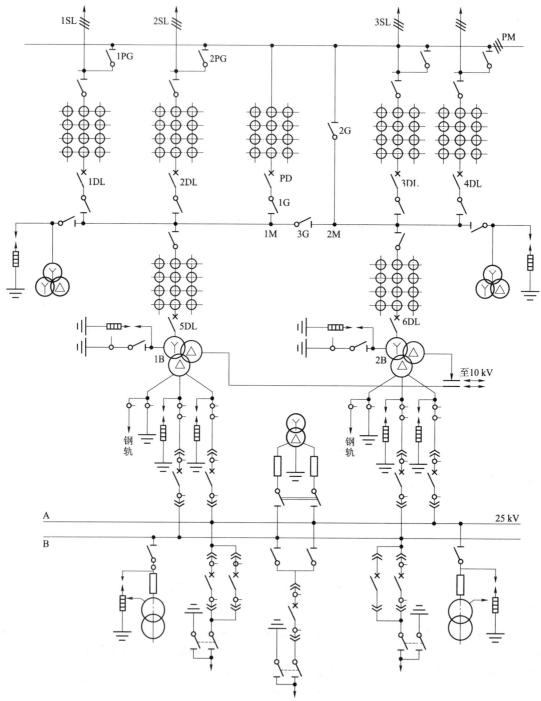

图 4.23　中心牵引变电站（所）电气主接线

（1）首先合分段隔离开关 3G，使 PD 与 3G 并联，然后断开 PD，通过分段隔离开关 3G 将两段母线并列运行。

（2）打开隔离开关 2G，合上线路 2SL 的旁路隔离开关 2PG。

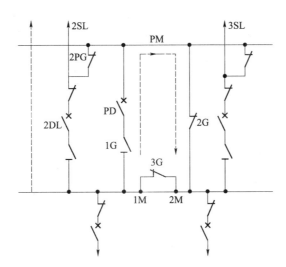

图 4.24 由旁路断路器代替线路断路器工作

（3）将分段兼旁路断路器的继电保护转换为线路保护，合上 PD，断开 2DL，再打开它两侧的隔离开关，则 2DL 退出工作，由旁路断路器代替 2DL 执行线路断路器的作用。

2. 某采用简单接线的三相双线牵引变电站（所）电气主接线

某高压侧采用简单接线的三相双线牵引变电站（所）电气主接线如图 4.25 所示。

该变电站（所）高压侧具有两回电源线路，采用线路分支接线（双 T），不设线路继电保护，为满足高压侧计费和自动装置的需要，进线设置电压互感器（绕组连接组别 $Y_N/Y_N/\Delta$）。两路进线间通过设有隔离开关的跨条连接，以增加运行的灵活性。

主变压器为两台三相 Y_N，d_{11} 型变压器，一备一用；考虑到引入高压配电室的方便，设置室外辅助母线（软母线）A_1'，A_2' 和 $B_1'B_2'$。

牵引负荷侧采用单母线用隔离开关分段带旁路母线的接线，A、B 相牵引侧母线通过隔离开关分别成 A_1、A_2 和 B_1、B_2 两段。正常情况下，分段隔离开关闭合，母线分段并列运行。分段隔离开关采用两台背靠背相连，共同完成分段功能，隔离开关本身也可以轮流检修。每相母线连接有无功补偿并联电容器组，每段母线都设有单相电压互感器和避雷器。

牵引负荷侧采用手车式断路器，馈线断路器以所连接母线的旁路断路器为备用，可实现不间断供电。

3T 为所用电变压器，其一次侧两端分别接于两相牵引负荷母线上，另一端接地可获得三相电源，考虑到可靠性，需再设置一台所用电变压器，由单独的地区（10 kV）电源线路供电。

3. 某采用 Scott 变压器的 AT 牵引变电站（所）电气主接线

某采用 Scott 变压器的 AT 牵引变电站（所）电气主接线如图 4.26 所示。

该变电站（所）高压进线采用简单接线，没有横向跨条，形成线路 - 变压器组形式，一组工作，一组备用，进线设置有电压互感器，可实现备用电源的自动投入，即当工作主变或电源进线故障时，整个备用线路 - 变压器组自动转换取代原来工作的线路 - 变压器组。

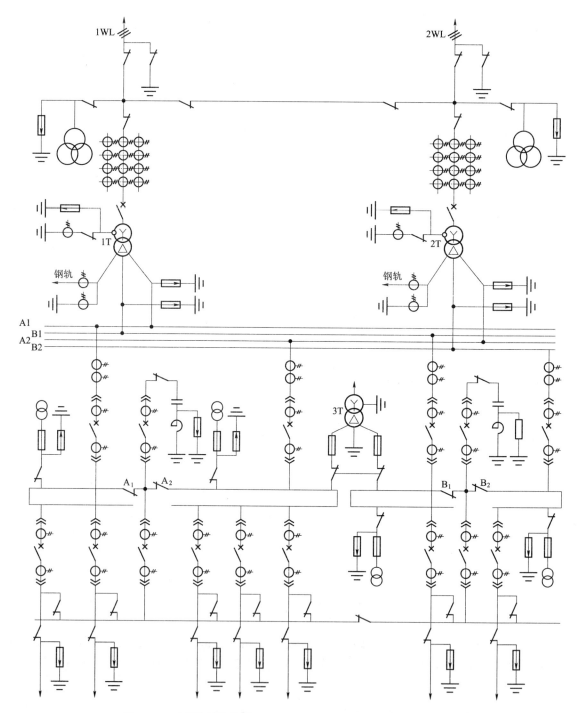

图 4.25　采用简单接线的三相双线牵引变电站（所）电气主接线

　　主变压器为两台 Scott 接线牵引变压器，牵引侧各输出相位差为90°的 55 kV 电压两路，经电动隔离开关分别接入牵引侧母线 T_M、F_M 和 T_T、F_T。T_M、F_M 向双线牵引网左侧供电区的上、下行线路 AT 牵引网供电，而 T_T、F_T 向右侧供电区的上、下行供电。

　　牵引侧母线采用单母线分段接线，每段母线上均设置测量及保护用的电压互感器；馈线在 T、F 线上均装有断路器及其前后侧隔离开关，馈线断路器采用 50% 备用；每路馈线需设置一台与牵引网相同容量的自耦变压器（AT）。自耦变压器中点经 N 线接钢轨并经放电保护装置接地，其中点处设置有电流互感器，可供故障点标定装置之用。

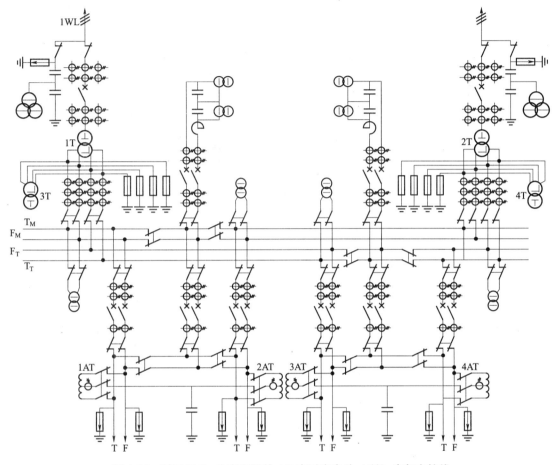

图 4.26 某采用 Scott 变压器的 AT 牵引变电站（所）电气主接线

3T、4T 为所用电变压器，为获得三相电源，采用逆 Scott 接线的变压器。

由于 AT 供电系统的电压为 55 kV，其主接线中的电气设备通常选择户外型，一般为露天安装布置；近年来，2×27.5 kV 侧开关设备通常采用户内全封闭组合电器（GIS）开关柜。

4. 采用单相变压器的 AT 牵引变电站（所）电气主接线

采用单相变压器的 AT 牵引变电站（所）电气主接线如图 4.27 所示。

该变电站（所）采用四台单相牵引变压器，变压器容量较大，能够充分利用绕组容量。牵引变压器一次额定电压为 220 kV；二次绕组额定电压为 55 kV，其中点经中线 N 接钢轨和地，形成对接触网的 AT 供电。正常运行时，1T、2T 和 3T、4T 分成两组，一用一备；每组两台变压器分别从三相电源的 CA 相间和 AB 相间取电4，分别输出于牵引侧母线 T_1、F_1 和 T_2、F_2。

高压进线采用带有横向跨条的简单接线，能偶实现备用电源的自动投入和电源线路与主变压器的交叉运行；牵引侧采用单母线用隔离开关分段形式；牵引馈线未采用专门备用断路器，在同侧供电区上、下行牵引馈线间通过隔离开关横向联系，提高供电的灵活性，必要时可两条线路并列供电。

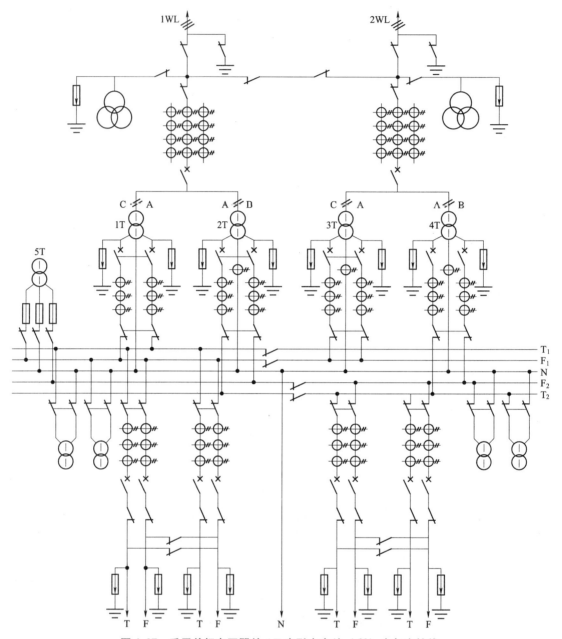

图 4.27　采用单相变压器的 AT 牵引变电站（所）电气主接线

4.5.5　直流牵引变电站（所）电气主接线

1. 直流牵引变电站（所）电气主接线的基本特点

　　地铁、轻轨交通供电系统，根据实际需要，可以专设地铁（轻轨）高压主变电站（所），由发电厂或区域变电站（所）对其供电，经主变电站（所）降压后，分别以不同的电压等级对牵引和降压变电站（所）供电，这种供电方式被称为集中式供电方式，上海地铁一号线就是采用这种方式，在人民广场和万体馆设置两个主变电站（所）负责整个一号线的牵引动力负荷。在地铁（或轻轨）供电系统中，也可不设主变电站（所），由城市电网中的区域变电站（所）直接对地铁（或轻轨）牵引变电站（所）或降压变电站（所）供电，这种供电方式被称为分散式供电方式，北京、天津地铁就采用这种方式。

对于地铁、轻轨交通直流牵引变电站（所）主接线的设计，除应满足本节对主接线的要求和原则外，因该类变电站（所）一般设在地下（如上海地铁）或地面的城市闹市区街道两侧（轻轨系统），受环境条件限制及安全保障的需要，列车牵引、通信信号电源、站厅事故照明和必要的安全环卫设施（通风、排水、防灾、消防和自动扶梯）等都属于二、三级动力和照明负荷。全部负荷都有同一专用的环形供电系统网络所属的直流牵引变电站（所）、降压变电站（所）（动力用电）和牵引、降压混合变电站（所）供电，各变电站（所）间设有互联网络，如图4.28所示。以上特点使直流牵引变电站（所）电气主接线的结构和运行，增加了复杂性；同时，为节约占地面积，节省昂贵的土建造价和满足防火、防灾需要，主接线变配电设备的选择也有其特殊性，应使用干式、高效率的成套设备，这对主接线和配电装置的结构有直接影响。

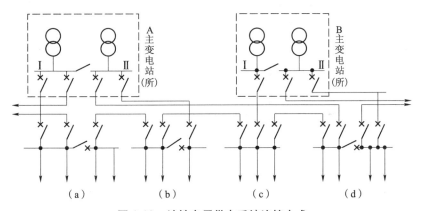

图4.28 地铁专用供电系统连接方式

此外，还应考虑整流机组类型（整流、可控整流或整流－逆变型）及其整流（逆变）接线方式，对主接线的结构和运行的重大影响。

下面分别介绍主变电站（所）、牵引变电站（所）、牵引/降压混合变电站（所）、降压变电站（所）的主接线。

2. 主变电站（所）

主变电站（所）的作用是将城市电网的高压（110 kV或220 kV）电能降压后以相应的电压等级（35 kV或10 kV）分别供给牵引变电站（所）和降压变电站（所）。为保证供电的可靠性，一般设置两座或两座以上主变电站（所），主变电站（所）由两路独立的电源进线供电，内部设置两台相同的主变压器。根据牵引负荷容量和动力负荷容量的大小情况不同，主变压器可采用三相三绕组的有载调压变压器，也可采用双绕组的变压器，使35 kV电压和10 kV电压来自不同的变压器。采用有载调压变压器使得电源进线电压波动是二次侧电压维持在正常值范围内。

采用三绕组主变压器的主变电站（所）电气主接线如图4.29所示，110 kV侧一般采用单母线分段的内桥接线，也可用隔离开关，正常运行时分段开关打开，一路电源进线故障时，通过倒闸，两台变压器即可从正常一路电源进线取得电能。35 kV 侧和 10 kV 侧均采用单母线分段接线。在有两个变电站（所）时，为了确保牵引变电站（所）的可靠供电，可从 35 kV 的两段母线上各引一路送到专设在其他合适地点的线路联络开关处，以供故障时联络之用。当某一主变电站（所）停电时，由该所母线供电的牵引变电站（所）可通过线路联络开关从另一主变电站（所）35 kV 侧获得电能，任一主变电站（所）停电并且另一主变电站（所）一路电源失压时，可切除二三级负荷，以保证牵引变电站（所）的不间断供电，使电动列车仍能继续运行。

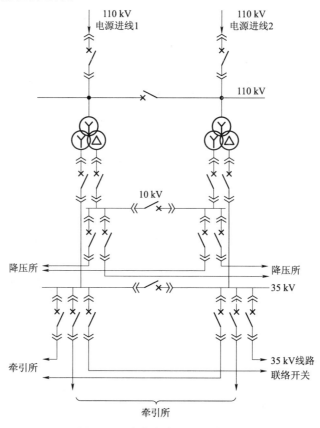

图 4.29　主变电站（所）主接线

3. 直流牵引变电站（所）

　　流牵引变电站（所）的功能是将城市电网区域变电站（所）或地铁主变电站（所）送来的 35 kV 电能经过降压和整流变成牵引所用的直流电能，其主接线包括高压（35 kV）受、配系统和直流（0.75～1.5 kV）受馈电系统两部分，整流机组（整流变压器—整流器组）则是作为交、直流系统变换的重要环节设置的。牵引变电站（所）的容量和设置的距离是根据牵引供电计算的结果，并作经济技术比较后确定的，一般设置在沿线若干车站及车辆段附近，变电站（所）间隔一般为 2～4 km，牵引变电站（所）按其所需总容量设置两组整流机组并列运行，沿线任一牵引变电站（所）发生故障，由两侧相邻的牵引变电站（所）承担其供电任务。

　　牵引变电站（所）的主接线如图 4.30 所示，两路 35 kV 进线电源来自城市电网区域变电站（所）或地铁主变电站（所），两组整流机组均由相同的牵引降压变压和整流器组成，它们的直流侧并联工作，为使并联时的直流电压相等且负荷分配均衡，35 kV 侧采用不分段母线，牵引变压器一般采用三绕组变压器，两个二次绕组和整流器组成多相整流，整流器输出的直流电的正极（＋）经直流高速空气开关接到直流侧的正母线上，直流电的负极（－）经开关接到负母线上，通过直流馈线将电能送到接触网，负母线通过开关、回流线与走行轨相连，这样通过电动列车的受电器与接触网的接触滑行，就构成一个完整的直流牵引大家受电回路。

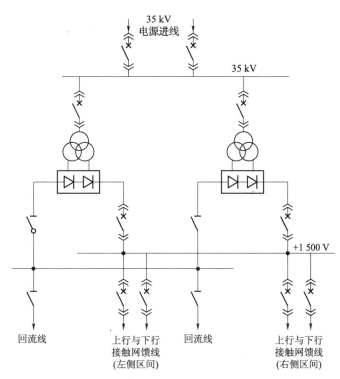

图 4.30 直流牵引变电站（所）主接线

4. 牵引、降压混合变电站（所）

集中式供电方式的牵引、降压混合变电站（所）典型主接线如图 4.31 所示。

交流侧电源进线设有两回路互为备用的独立电源电缆线，其中一路进线由专用供电系统主变电站（所）A 的低压母线Ⅰ段馈出（见图 4.28），另一电源进线则由该车站另一端设置的降压变电站（所）高压母线所高压母线引入，此高压母线的电源进线，是由主变电站（所）A（或 B）降压变压器的低压Ⅱ段母线馈出（母线分段断路器处于断开运行），每路电源进线容量应满足车站两个变电站（所）（牵引、降压混合所和降压所）全部一、二级负荷的要求。此外，高压母线的馈出线是相邻变电站（所）电源进线所需要的。正常运行时两路进线同时为两段母线连接的负荷供电，进线断路器均合闸，母线分段断路器（或电动刀闸）断开。任一电源进线发生故障而短路时，则由自动装置动作使母线分段断路器合闸，全变电站（所）负荷由另一电源进线供电。高压汇流母线采用断路器或电动刀闸分段，有利于母线维修和任一电源进线故障时电路转换的灵活性。

交流高压配电回路设有两台并联工作的整流机组 RCT，两台动力变压器 SB_1、SB_2 分别连接于分段回流母线的两段上，每台动力变压器容量应满足一、二级动力与照明负荷的需要。当整个供电系统环网只有一路电源时，允许二、三级负荷部分或全部切除。高压断路器柜采用手车式真空断路器、金属全封闭开关柜。单纯的直流牵引变电站（所）高压母线可不必分段。

直流侧系统主接线，包括从整流机组的直流输出至直流正母线的电路、回流线、负母线和整流器阳极连接电路，以及从直流母线馈出的馈线电路等（见图4.31）。每台整流机组的直流输出通过直流快速开关1GDL、2GDL与正母线相连，其作用是当任一整流机组和母线之间发生短路故障时，由快速开关动作跳闸以保护机组，并使全部馈线快速开关联锁跳闸，切断相邻牵引变电站（所）通过接触轨（网）向故障点馈出故障电流的电路。从正母线馈出的馈电线也设有快速开关GDL作为接触网短路的保护。直流快速开关为手车式结构，装于直流开关柜内。

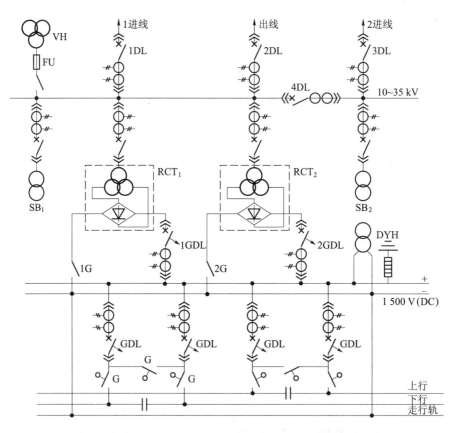

图4.31 牵引、降压混合变电站（所）典型主接线

RCT—整流机组；GDL—快速开关；DYH—直流电压互感器；SB—动力变压器

直流快速开关故障和检修时的后备方式，可在供电管理部门增加备用直流开关柜或快速开关手车若干台做后备，统一调配使用。另一种具有备用正母线和备用快速开关的直流侧系统主接线电路如图4.32所示。备用快速开关借助于备用母线PM（＋）作为整流机组输出和馈出线任一快速整流机组输出和馈出线任一快速开关发生股占时的后备，用备用开关PGD和备用母线代替故障快速开关时的电路转换与旁路母线系统电路转换过程相同。图4.31直流母线上连接的直流电压互感器，是为仪表测量所需的，它利用磁放大器原理而获得低电压输出。

直流负母线通过负极开关柜的隔离开关与整流器阳极相连接，同时它经回流线电缆和走行轨或专用的回流轨（有的轻轨系统）相连。轻轨交通牵引变电站（所）直流母线，为防止雷电浪涌过电压和操作过电压对设备造成损坏，一般在正、负母线上都应安装避雷器。

5. 降压变电站（所）

地铁、轻轨交通降压变电站（所）是为车站与线路区间的动力、照明负荷和通信信号电源供电而设置的，可与直流牵引变电站（所）合并，形成前述的牵引、降压混合变电站（所）。多数是单设置的，其主接线特点和对其基本要求如下：

（1）降压变电站（所）对供电电源的要求，应按一级负荷考虑，由环形电网或二路电源供电，进线电压侧采用整流单母线分段系统，如图4.28及图4.31所示。一般设

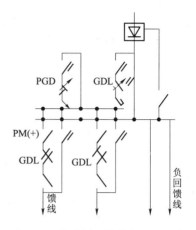

图 4.32 直流侧系统带备用正母线和备用开关的主接线

PGD—备用快速开关；GDL—快速开关；
PM（+）—备用正母线

有两台动力、照明变压器，每台变压器应满足一、二级负荷所需的容量。正常情况下，由两台变压器分别供电。

动力、照明的一级负荷，包括排烟事故风机、消防泵、事故照明、通信信号、防灾报警系统、售检票系统、防淹门等。这类负荷如中断供电，将导致地下车站及其通信、信号设备不能工作，引起列车运行秩序混乱，并在发生事故时不能报警和消防。二级负荷包括车站、线路区间和作业场所的工作照明，地下车站风机、排水、排污泵、自动扶梯、人防工程等，这类负荷一旦断电，将对正常运营造成困难。除上述一、二级负荷以外，还有维修、清扫机械、空调等动力和其他照明为三级负荷。

（2）动力照明负荷配电系统采用380 V/220 V电压，中性点直接接地的三相四线制。配电母线为单母线自动开关分段，动力变压器低压侧通过自动开关与每段母线连接，动力与照明的一、二级负荷应有两路低压电源供电，且前者应为专用电缆。此外，设有联络电缆与相邻变电站（所）的低压电源连接，作为事故备用电源，也可采用备用发电机组、蓄电池组电源作为事故备用电源。

任务4.6 二次接线概述

4.6.1 二次接线的概念、功能与分类

变电站（所）的电气设备可分为一次设备和二次设备两大类。一次设备是指直接生产、输送和分配电能的设备，主电路中的变压器、高压断路器、隔离开关、电抗器、并联补偿电力电容器、电力电缆、送电线路以及母线等设备都属于一次设备。对一次设备的工作状态进行监视、测量、控制和保护的辅助电气设备称为二次设备。二次设备通常由电流互感器、电

压互感器、测量仪表、继电保护装置、远动装置、蓄电池组成，采用低压电源供电。它们相互间所连接的电路称为二次回路或二次接线。

供配电系统的二次回路功能如图4.33所示。

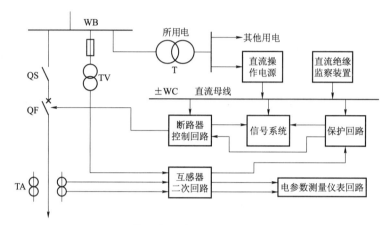

图4.33 供配电系统的二次回路功能示意图

二次回路按照功能可分为控制回路、合闸回路、信号回路、测量回路、保护回路以及远动装置回路等；按照电路类别分为直流回路、交流回路和电压回路。

4.6.2 二次接线图

1. 二次接线图的类型

反映二次接线间关系的图称为二次接线图。二次回路的接线图按用途可分为原理接线图、展开接线图和安装接线图三种形式。

（1）原理接线图

原理接线图用来表示继电保护、监视测量和自动装置等二次设备或系统的工作原理，它以元件的整体形式表示各二次设备间的电气连接关系。通常在二次回路的接线原理图上还将相应的一次设备画出，构成整个回路，便于了解各设备间的相互工作关系和工作原理。图4.34（a）所示为6～10 kV高压线路电气测量仪表原理接线与展开接线图。

从图中可以看出，原理图概括地反映了过电流保护装置，测量仪表的接线原理及相互关系，但不注明设备内部接线盒具体的外部接线，对于复杂的回路难以分析和找出问题。因而仅有原理图是不能对二次回路进行检查维修和安装配线的。

（2）展开接线图

展开图按二次接线使用的而电源分别画出各自的交流电电流回路、交流电压回路、操作电源回路中各元件的线圈和触电。所以，属于同一个设备或元件的电流线圈、控制触点分别画在不同的回路里。为了避免混淆，对同一设备的不同线圈和触点应用相同的文字标号，但各支路需要标上不同的数字回路标号，如图4.34（a）所示。

二次接线展开图中所有开关电器和继电器触头都是按开关断开时的位置和继电器线圈中无电流时的状态绘制的。由图4.34（b）可见，展开图接线清晰，回路次序明显，易于阅读，便于了解整套装置的动作程序和工作原理，对于复杂线路的工作原理的分析更为方便。

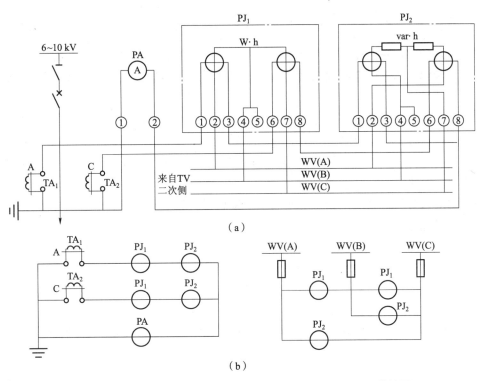

图4.34　6～10 kV高压线路电气测量仪表原理接线和展开接线图

（3）安装接线图

安装接线图是进行现场施工不可缺少的图纸，是制作和向厂家加工订货的依据。它反映的是二次回路中各电气元件的安装位置，内部接线及元件间的线路关系。

二次接线安装图包括屏面元件布置图、屏背面接线图和端子板接线图等几个部分。平面元件布置图是按照一定的比例尺寸将屏面上各个元件和仪表的排列位置及其相互间的距离尺寸表示在图样上。而外形尺寸应尽量参照国家标准的屏柜尺寸，以便和其他控制屏并列时美观整齐。

2．二次接线图中的标志方法

为便于安装施工和投入运行后的检修维护，在展开图中应对回路进行编号，在安装图中对设备进行标志。

（1）展开图中回路的编号

对展开图进行编号可以方便维修人员进行检查以及正确地连接，根据展开图中回路的不同，如电流、电压、交流、直流等，回路的编号也进行相应地分类。具体进行编号的原则如下：

1）回路的编号由3个或3个以内的数字构成。对交流回路要加注A、B、C、N符号区分，对不同用途的回路都规定了编号的数字范围，各回路的编号要在相应数字范围内。

2）二次回路的编号应根据等电势原则进行。即在电气回路中，连接在一起的导线属于同一电势，应采用同一编号。如果回路经继电器线圈或开关触点等隔离开，应视为两端不再是等电势，要进行不同的编号。

3）展开图中小母线用粗线条表示，并按规定标注文字符号或数字符号。

（2）安装图中设备的标志符号

二次回路中的设备都是属于某些一次设备或一次线路的，为对不同回路的二次设备加以区别，避免混淆，所有的二次设备必须标以规定的项目种类代号。例如，某高压线路的测量仪表，本身的种类代号为 P。现有有功功率表、无功功率表和电流表，它们的代号分别为 P1、P2、P3。而这些仪表又从属于某一线路，线路的种类代号为 W6，设无功功率表 P3 是属于线路 W6 上使用的，因此无功功率表的项目种类代号全称为"－W6－P3"。这里的"－"是种类的前缀符号。又设这条线路 W6 又是 8 号开关柜内的线路，而开关柜的种类代号规定为 A，因此该无功功率表的项目种类代号全称为"＝A8－W6－P3"。这里的"＝"号是高层的前缀符号，高层是指系统或设备中较高层次的项目。

（3）接线端子的标志方法

端子排是由专门的接线端子板组合而成的，是连接配电柜之间或配电柜与外部设备的。接线端子分为普通端子、连接端子、试验端子和终端端子等形式。

试验端子用来在不断开二次回路的情况下，对仪表、继电器进行试验。终端端子板则用来固定或分隔不同安装项目的端子排。

在接线图中，端子排中各种类型端子板的符号如图 4.35 所示。端子板的文字代号为 X，端子的前缀符号为"："。按规定，接线图上端子的代号应与设备上端子标记一致。

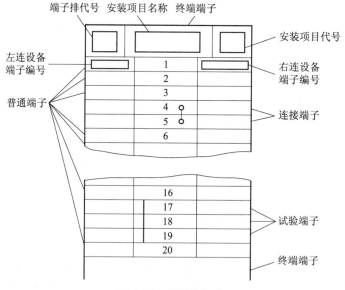

图 4.35　端子排标志

（4）连接导线的表示方法

安装接线图由于既要表示各设备的安装位置，又要表示各设备间的连接，如果直接绘出这些连接线，将使图纸上的线条难以辨认，因此一般在安装图上表示导线的连接关系时，只在各设备的端子处标明导线的去向。标志的方法是在两个设备连接的端子出线处互相标以对方的端子号，这种标注方法称为"相对标号法"。如 P_1、P_2 两台设备，现 P_1 设备的 3 号端子要与 P_2 设备的 1 号端子相连，标志方法如图 4.36 所示。

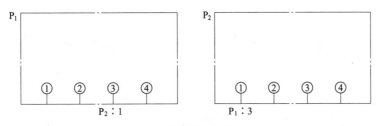

图 4.36　连接导线的表示方法

3．二次回路的阅读方法

二次回路在绘制时遵循一定的规律，看图时首先应清楚电路图的工作原理、功能以及图纸上所标符号代表的设备名称，然后再看图纸。

（1）看图的基本要领

1）先交流，后直流。

2）交流看电源，直流找线圈。

3）查找继电器的线圈和相应触点，分析其逻辑关系。

4）先上后下，先左后右，针对端子排图和屏后安装图看图。

（2）阅读展开图的基本要领

1）直流母线或交流电压母线用粗线条表示，以区别于其他回路的联络线。

2）继电器和每一个小的逻辑回路的作用都在展开图的右侧注明。

3）展开图中各元件用国家统一的标准图形符号和文字符号表示，继电器和各种电气元件的文字符号与相应原理图中的方案符号应一致。

4）继电器的触点和电气元件之间的连接线段都有数字编号（回路编号），便于了解该回路的用途和性质，以及根据标号能进行正确的连接，以便安装、施工、运行和检修。

5）同一个继电器的文字符号与其本身触点的文字符号相同。

6）各种小母线和辅助小母线都有标号，便于了解该回路的性质。

7）对于展开图中个别继电器，或该继电器的触点在另一张图中表示，或在其他安装单位中有表示，都在图上说明去向，并用虚线将其框起来，对任何引进触点或回路也要说明来处。

8）直流正极按奇数顺序标号，负极回路按偶数顺序标号。回路经过元件，其标号也随之改变。

9）常用的回路都是按固定编号，如断路器的跳闸回路是 33 等，合闸回路是 3 等。

10）交流回路的标号除用三位数外，前面要加注文字符号。交流电流回路使用的数字范围是 400～599，电压回路为 600～799；其中个位数字表示不同的回路；十位数字表示互感器的组数。回路使用的标号组，要与互感器文字符号前的"数字序号"相对应。

任务 4.7　牵引变电站（所）的控制电路和信号电路

4.7.1　控制电路和信号电路概述

1. 控制电路

变电站（所）在运行时，由于负荷的变化或系统运行方式的改变，经常需要操作切换断路器和隔离开关等设备。断路器的操作是通过它的操作机构来完成的，而控制电路就是用来控制操作机构动作的电气回路。

控制电路按照控制地点的不同，可分为就地控制电路和控制室集中控制电路两种类型。车间变电站（所）和容量较小的总降压变电站（所）的 6~10 kV 断路器的操作，一般多在配电装置旁手动进行，也就是就地控制。总降压变电站（所）的主变压器和电压为 35 kV 以上的进出线断路器以及出现回路较多的 6~10 kV 断路器，采用就地控制很不安全，容易引起误操作，故可采用由控制室集中控制。

按照对控制电路监视方式的不同，有灯光监视控制和音响监视控制电路之分。由控制室集中控制和就地控制的断路器，一般多采用灯光监视控制电路，只在重要情况下才采用音响监视控制电路。

控制电路需要达到以下的基本要求：

1) 由于断路器操作机构的合闸与跳闸线圈都是按短时通过电流进行设计的，因此控制电路在操作过程中只允许短时通电，操作停止后即自动断电。

2) 能够准确指示断路器的分、合闸位置。

3) 断路器不仅能用控制开关及控制电路进行跳闸及合闸操作，而且能用继电器保护及自动装置实现跳闸及合闸操作。

4) 能够对控制电源及控制电路进行实时监视。

5) 断路器操作机构的控制电路要有机械"防跳"装置或电气"防跳"措施。

上述的五点基本要求是设计控制电路的基本依据。

2. 信号电路

在变电站（所）运行的各种电气设备，随时都可能发生不正常的工作状态，在变电站（所）装设的中央信号装置，主要用来警示和显示电气设备的工作状态，以便运行人员及时了解，采取措施。

中央信号装置按形式分为灯光信号和音响信号。灯光信号表明不正常工作状态的性质地点，而音响信号在于引起运行人员的注意。灯光信号通过装设在各控制屏上的信号灯和光字牌，表明各种电气设备的情况，音响信号则通过蜂鸣器和警铃的声响来实现，设置在控制室内。由全所共用的音响信号，称为中央音响信号装置。

中央信号装置按用途分为事故信号、预告信号和位置信号。

事故信号表示供电系统在运行中发生了某种故障而使继电保护动作。如高压断路器因线路发生短路而自动跳闸后给出的信号即为事故信号。

预告信号表示供电系统运行中发生了某种异常情况，但并不要求系统中断运行，只要求给出指示信号，通知值班人员及时处理即可。如变压器保护装置发出的变压器过负荷信号即为预告信号。

位置信号用以指示电气设备的工作状态。如断路器的合闸指示灯、跳闸指示灯均为位置信号。

4.7.2　高压断路器的控制回路和信号回路

表4.1所示为LW2-Z型控制开关触点表，它有六种操作位置。图4.37所示为常用的断路器的控制回路和信号回路，其动作原理如下。

表4.1　LW2-Z型控制开关触点表

在"跳闸后"位置的手柄(正面)样式和触点盒(背面)接线图			1 2 4 3		5 6 8 7		9 10 12 11			13 14 16 15			17 18 20 19			21 22 24 23		
手柄和触点盒形式		Fa	1a		4		6a			40			20			20		
触点号		—	1-3	2-4	5-8	6-7	9-10	9-12	10-11	13-14	14-15	13-16	17-19	17-18	18-20	21-23	21-22	22-24
位置	跳闸后	▯▮	—	×	—	—	—	—	×	—	×	—	—	—	×	—	—	×
	预备合闸	▯	×	—	—	—	×	—	—	—	—	×	—	—	×	—	×	—
	合闸	◣	—	—	×	—	×	—	—	—	×	×	—	×	—	—	×	—
	合闸后	▯	×	—	—	—	×	—	—	—	—	×	×	—	—	×	—	—
	预备跳闸	▯▮	×	—	—	—	×	—	—	×	—	—	×	—	—	×	—	—
	跳闸	◪	—	—	—	×	—	×	—	×	—	—	—	—	×	—	—	×

注：×表示触点接通；—表示触点断开。

（1）手动合闸

合闸前，断路器处于"跳闸后"的位置，断路器的辅助触点 QF_2 闭合。由表4.1的控制开关触点表知 SA10-11 闭合，绿灯 GN 回路接通发亮。但由于限流电阻 R_1 的限流，不足以使合闸接触器 KO 动作，绿灯 GN 亮表示断路器处于跳闸位置，而且控制电源和合闸回路完好。

当控制开关扳到"预备合闸"位置，再把开关再旋至"合闸"位置时，触点 SA5-8 接通，合闸接触器 KO 动作使合闸线圈 YO 通电，断路器合闸。合闸完成后，辅助触点 QF_2 断开，切断合闸电源，同时 QF_1 闭合。

当操作人员将手柄放开后，在弹簧的作用下，开关回到"合闸后"的位置，触点 SA13-16 闭合，红灯 RD 电路接通。红灯 RD 亮表示断路器在合闸状态。

（2）自动合闸

控制开关在"跳闸后"位置，若自动装置的中间继电器接点 KM 闭合，将使合闸接触

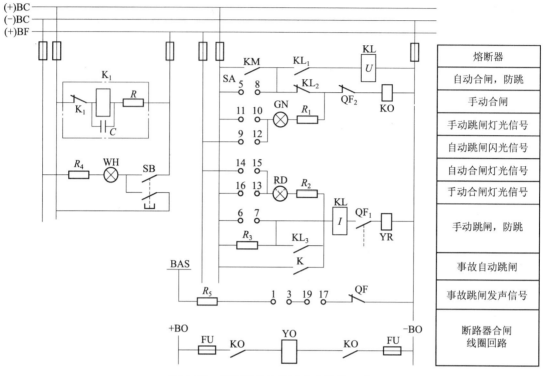

图 4.37　断路器的控制回路和信号回路

器 KO 动作合闸。自动合闸后，信号回路控制开关中 SA14 - 15、红灯 RD、辅助触点 QF₁ 与闪光母线接通，红灯 RD 发出红色闪光，表示断路器是自动合闸的，只有当运行人员将手柄扳到"合闸后"位置，红灯 RD 才发出平光。

（3）手动跳闸

首先将开关扳到"预备跳闸"位置，SA13 - 14 接通，红灯 RD 发出闪光。再将手柄扳到"跳闸"位置。SA6 - 7 接通，使断路器跳闸。松手后，开关又自动弹回到"跳闸后"位置。跳闸完成后，辅助触点 QF₁ 断开，红灯 RD 熄灭，QF₂ 闭合，通过触点 SA10 - 11 使绿灯发出闪光。

（4）自动跳闸

如果由于故障，继电保护装置动作，使触点 K 闭合，引起断路器合闸。由于"合闸后"位置 SA9 - 10 已接通，于是绿灯 GN 发出闪光。

在事故情况下，除用闪光信号外，控制电路还备有音响信号。在图 4.37 中，开关触点 SA1 - 3 和 SA19 - 17 与触点 QF 串联，接在事故音响母线 BAS 上。当断路器因事故跳闸而出现"不对应"（即手柄处于合闸位置，而断路器处于跳闸位置）关系时，音响信号回路的触点全部接通而发出声响。

（5）闪光电源装置

闪光电源装置由 DX - 3 型闪光继电器 K₁、附加电阻 R 和电容 C 等组成。当断路器发生事故跳闸后，断路器处于跳闸状态，而控制开关，仍留在"合闸后"位置，这种情况称为"不对应"关系。在此情况下，触点 SA9 - 10 与断路器辅助触点 QF₂ 仍接通，电容器 C 开始充电，电压升高，当电压升高到闪光继电器 K_1 的动作值时，继电器动作，从而断开通电回路，上述循环不断重复，继电器 K_1 的触点也不断地开闭，闪光母线（+）BF 上便出现断续正电压，使绿灯 GN 闪光。

（6）防跳装置

断路器的所谓"跳跃"，是指运行人员在发生故障时手动合闸断路器，断路器又被继电保护动作跳闸，又由于控制开关位于"合闸"，则会引起断路器重新合闸。为了防止这一现象，断路器控制回路设有防止跳跃的电气连锁装置。

图 4.37 中的 KL 为防跳闭锁继电器，它具有电流和电压两个线圈，电流线圈接在跳闸线圈 YR 之前，电压线圈则经过其本身的常开触点 KL_1 与合闸接触器线圈 KO 并联。当继电器保护装置动作，即触点 K 闭合使断路器跳闸线圈 YR 接通时，同时也接通了 KL 的电流线圈并使之启动。于是，防跳继电器的常闭触点 KL_2 断开，将 KO 回路断开，避免了断路器再次合闸；同时常开触点 KL_1 闭合，通过 SA5 – 8 或自动装置触点 KM 使 KL 的电压线圈接通并自锁，从而防止了断路器的"跳跃"。触点 KL_3 与继电器触点 K 并联，用来保护后者，使其不致断开超过其触点容量的跳闸线圈电流。

4.7.3　隔离开关的控制回路和信号回路

电动操作的隔离开关的控制回路和信号回路如图 4.38 所示。

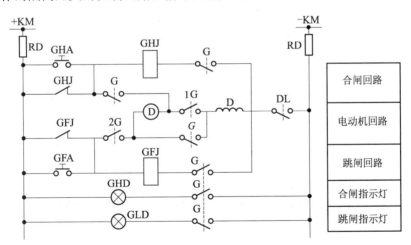

图 4.38　电动操作的隔离开关的控制、信号回路

1. 电路的特点

电动操作的隔离开关的控制回路和信号回路的特点如下：

1）其电动操作机构由直流串激电动机 D 带动储能弹簧装置，靠弹簧释放过程的能量驱动隔离开关合、分闸。

2）合、分闸操作电动机的转向相反，由隔离开关的联动辅助正、反接（触点）来改变电动机转子绕组的受电极性和电动机的转向。

3）合、分闸的控制操作由合闸按钮 GHA 或分闸按钮 GFA 使相应的合闸继电器 GHJ 或分闸继电器 GFJ 受电动作并保持，以实现对直流串激电动机的供电。

4）合、分闸操作过程完成后，依靠隔离开关的联动辅助触点 G 的转换，自动切断电动机受电回路。

5）隔离开关与断路器的状态连锁，由断路器的位置联动辅助反连接 DL 串接入隔离开关的控制电路中构成。断路器处于分闸状态时，该联动辅助反接点 DL 闭合，这是允许对隔离开关分、合闸操作。若断路器处于合闸状态时，则隔离开关的控制电路被该联动辅助反接点的开断而闭合了。

6）隔离开关的合、分闸状态，分别由红、绿色两只信号灯 GHD、GLD 显示。信号灯的受电回路由隔离开关位置联动辅助正反接点 G 的相应闭合来接通。

2. 隔离开关的操作控制过程

（1）合闸操作

当合闸操作时，隔离开关处在分闸状态，按动合闸按钮 GHA，若断路器处于分闸状态，则 + KM 经 GHA、GHJ 线圈、辅助反接点 G 和辅助反接点 DL 至 – KM 电力接通。

故隔离开关的合闸继电器 GHJ 受电动作，其正接点闭合，将合闸按钮 GHA 的接点旁路接通，并实现本身的自保持动作。此后即使 GHA 接点返回，仍有将 + KM 经 GHA 接点、辅助反接点 G、电动机 D 转子绕组、G 辅助反接点、电动机 D 激励绕组、DL 辅助反接点至 – KM 电路保持畅通。

这时直流串励电动机受电旋转，首先牵引弹簧储能，然后引导储能弹簧释放能量推动隔离开关动作合闸。当合闸操作完成后联动辅助反接点由原闭合转为开断，而联动辅助正接点由开断转为闭合，这时操作直流电动机的受电通路被联动反接点 G 的开断而自动断路失电。同时由于联动正接点 G 闭合，将合闸位置信号灯 GHD 的电源回路接通而发光，显示隔离开关运行与合闸状态。

（2）分闸操作

分闸操作时的电路工作过程与上述相似，但应注意的是，分闸时隔离开关的两对联动分闸接点 1G、2G 闭合，使直流串激电动机受电回路接通，而其激磁绕组的受电极性未变，仅电动机转子绕组的受电极性改变。故该电动机转动方向与合闸时相反，分闸动作过程完成后，操作电动机自动断电，分闸位置信号灯 GLD 受电显示。

4.7.4 断路器与隔离开关联动的控制回路和信号回路

通常可以采取使断路器与相应的隔离开关联动操作控制，这时两者的控制电路应能保证自动实现正确的操作顺序，即合闸时应先操作隔离开关合闸，然后再操作断路器合闸；而分闸时应先操作断路器分闸，再操作隔离开关分闸。这种联动操作控制电路的原理如图 4.39 所示。

图 4.39 中 1WK 为分、合闸控制开关，2WK 为实现联动操作控制或分别操作控制的转换开关。由图可见，当联动操作控制合闸时，由于在断路器合闸回路中串入了隔离开关位置继电器 GWJ 的正接点，所以只有在隔离开关合闸完毕，GWJ 受电动作其正接点闭合后，才能连通断路器的合闸回路。这就保证了先合隔离开关，再闭合断路器的合闸程序要求，当联动操作分闸时，由于断路器的分闸动作时限远比隔离开关分闸过程时限短，故无须采取附加措施已能保证分闸操作顺序的要求。

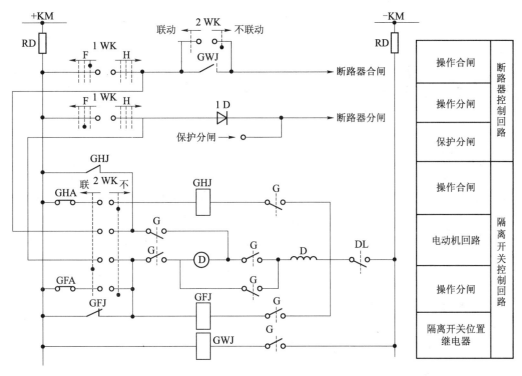

图 4.39　断路器与隔离开关联动控制电路

应该指出，因系统故障，保护动作导致断路器分闸时，不应使联动开关随之分闸。为此在操作分闸与保护分闸电路间串一二极管 1D 加以隔离，故当保护动作使断路器分闸时不会引起隔离开关相继分闸。

复习思考题

1．纯单相牵引变压器接线有何优缺点？适用于哪些地区？

2．三相 V，v 接线比单相 V，v 接线牵引变压器有何优点？

3．Y_N，d_{11} 接线的优点有哪些？

4．当两供电臂负荷电流相等，且功率因数相同时，三相 Y_N，d_{11} 接线牵引变压器的绕组电流如何分配？

5．三相 Y_N，d_{11} 接线牵引变压器的容量利用率为什么不高？

6．三相不等容量 Y_N，d_{11} 接线牵引变压器的主要优点是什么？其三相绕组容量如何分配？

7．画图简要说明斯科特接线两输出电压的关系。

8．说明 Y_N，$\bigtriangledown$ 接线阻抗匹配平衡变压器中两个外移绕组的作用。

9．简述牵引变电站（所）的主要功能。

10．牵引变电站（所）有哪几种接线形式？

11．牵引变电站（所）换接相序的目的是什么？

12．请比较各种接线形式的容量利用率。

13．斯科特变压器的设计原理是什么？其主要优点是什么？

项目 5　牵引变电站（所）的主要电气设备

【项目描述】

牵引变电站（所）是城市轨道交通供电系统的心脏。它既能变电，又供电。它将主变电站（所）或城市电网中的中压交流电源，变为直流1 500 V，经馈电线送至接触网，再经受电弓进入城轨电动车组，作为驱动电动车组牵引电动机的电源。一旦牵引变电站（所）发生故障，将中断区间和车站的行车工作，影响全线的运输秩序。为了保证牵引变电站（所）安全供电和城市轨道交通系统的正常运行，牵引变电站（所）需要配备哪些类型的电气设备？这些电气设备的结构和原理是怎样的？能够实现什么样的功能？使用的时候要注意哪些问题？本单元将回答这些问题。

【学习目标】

1. 了解牵引变电站（所）的类型和原理。
2. 了解牵引变电站（所）的设备类型。
3. 掌握整流机组的结构原理。
4. 了解各种高压开关设备的结构、原理及使用注意事项。
5. 互感器的结构、原理及使用注意事项。
6. 高压成套设备装置的结构。

【技能目标】

1. 能画出直流牵引变电站（所）的接线原理图，并复述其原理。
2. 能辨别牵引变电站（所）的各种设备并说明其作用和原理。
3. 能画出整流机组的原理示意图并复述其原理。
4. 能拆装几种常见的高压开关电器，复述其结构和原理。
5. 会判断互感器的极性和使用互感器。
6. 能看懂各种电气设备的型号。

任务 5.1　概　　述

5.1.1　牵引变电站（所）的类型和原理

牵引变电站（所）是城市轨道交通牵引供电系统的核心，它担负对电动列车直流电能的供应。它的站位设置、容量大小，需根据所采用的车辆形式、车流密度、列车编组，经过牵引供电计算和多方案比选确定。牵引变电站（所）有户内型变电站（所）和户外型箱式变电站（所）两种，前者适宜地下线路，后者适宜地面线路。

直流牵引变电站（所）从双电源受电，经整流机组变压器降压，分相后，按一定整流接线方式由大功率硅整流器把三相交流电变换为与直流牵引网相应电压等级的直流电，向电动车组供电，图 5.1 所示为直流牵引变电站（所）接线原理。

地铁、轻轨交通直流牵引变电站（所），有时常与向车站、区间供电的降压变电站（所）合并，形成牵引、降压混合变电站（所）。此时，主电路结构和电气设备与一般直流牵引所相比有所不同。

在有再生电能需向交流网返送的情况下，直流牵引变电站（所）必须增设可控硅逆变机组（包括交流侧的自耦变压器），其功能和设备也应增加，运行、技术都较复杂。直流牵引变电站（所）间距离仅几千米，一般不设分区亭（所）和开闭所。

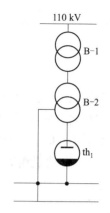

图 5.1　直流牵引变电站（所）接线原理

5.1.2　直流牵引变电站（所）的设备分类

为了实现牵引变电站（所）的受电、变电和配电的功能，必须把各种电气设备按一定的接线方案连接起来，组成一个完整的供配电系统。在这个系统中担负输送、变换和分配电能任务的电路称为主电路，也叫一次电路；用来控制、指示、监测和保护主电路及其主电路中设备运行的电路称为二次电路（二次回路）。相应地，牵引变电站（所）中的电气设备也分成两大类：一次电路中的所有电气设备；称为一次设备或一次元件；二次电路中的所有电气设备，称为二次设备或二次元件。

一次设备按其在一次电路中的功用又可分为变换设备、控制设备、保护设备、补偿设备和成套设备等。

1. 变换设备

变换设备是用以变换电能电压或电流的设备，如电力变压器、整流器、电压互感器、电流互感器等。

2. 控制设备

控制设备是用以控制电路通断的设备，如高低压设备。

3. 保护设备

保护设备是用以防止电路过电流或过电压的设备，如高低压熔断器、高低压断路器、继电保护设备和避雷器等。

4. 补偿设备

补偿设备是用以补偿电路的无功功率以提高功率因数的设备，如高低压电容器、静止无功补偿装置等。

5. 成套设备

成套设备是按一定线路方案将有关一次、二次设备组合而成的设备，如高压开关柜、低压配电屏、高低压电容器柜和成套变电站（所）等。

任务5.2 整流机组

整流机组由变压器和整流器构成。变压器接受中压开关设备提供的中压电压，经过降压，为整流器提供适合的低压交流电源；整流器则将交流电源整流为电动车组所需的直流电源。

整流机组是牵引变电站（所）的核心设备，是列车高速、安全、可靠、经济、节电运行的保证。整流机组需要变压器和整流器两种完全不同的设备相互匹配，才能实现良好的整体性能。

5.2.1 变压器

1. 变压器的作用和原理

变压器（文字符号为T或W）是牵引变电站（所）中实现电能输送、电压变换，满足不同电压等级负荷要求的核心设备之一，使用最多的是三相油浸式电力变压器和环氧树脂浇筑式干式变压器。

一个单相变压器的工作原理如图5.2所示。它是一种按电磁感应原理工作的电气设备。一个单相变压器的原边、副边两个线圈在一个铁芯上，副边开路、原边施加交流电压 u_1，则原边线圈中流过电流 i_1，在铁芯中产生磁通。磁通穿过副边线圈在铁芯中闭合，在副边感应一个电动势 e_2。当变压器副边接上电源后，在电势的作用下将有副边电流 i_2 通过，这样负载两端会有一个电压降 u_2，电压降 u_2 约等于 e_2，所以

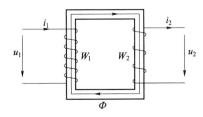

图5.2 单相变压器的工作原理

$$\frac{u_1}{u_2} = \frac{e_1}{e_2} = \frac{W_1}{W_2} = K \tag{5.1}$$

式中　u_1、u_2——一、二次线圈的端电压；

　　　W_1、W_2——一、二次线圈的匝数；

　　　K——变压器的变比。

由上式可以看出，由于变压器原、副边匝数不同，因而起到变换电压的作用。变压器的电压变比是绕组的匝数比，电流变比是绕组匝数比的倒数。根据上述原理可以制造出单相、三相等各种变压器。

2. 变压器的构造

电力变压器根据容量、电压等级、线圈匝数的不同，外形和附件不完全相同，但主要部件基本上是相同的。变压器的外形和结构如图5.3所示。

变压器的主要部件及其功能如下。

（1）铁芯

铁芯是用导磁性能良好的硅钢片叠装组成的，它形成一个磁通闭合回路，变压器的一、二次绕组都绕在铁芯上。

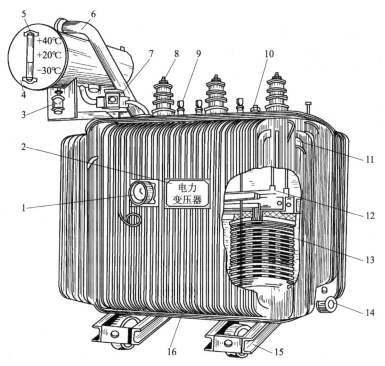

图5.3　油浸式三相变压器的外形和结构

1—信号温度计；2—铭牌；3—呼吸器；4—油枕；5—油标；6—安全气道；
7—气体继电器；8—高压套管；9—低压套管；10—分接开关；11—油箱；
12—铁芯；13—绕组；14—放油阀；15—小车；16—接地端子

（2）线圈

线圈又称为绕组，是变压器的导电回路。线圈用铜线或铝线绕成多层圆筒形。线圈绕在铁芯柱上，导线外边包有绝缘材料，形成导线之间及导线对地的绝缘。

（3）油箱

油箱由箱体、箱盖、散热装置、放油阀组成，其主要作用是把变压器连成一个整体及进行散热。内部是绕组、铁芯和变压器油。变压器油既有循环冷却和散热作用，又有绝缘作用。绕组与箱体（箱壁、箱底）有一定的距离，通过油箱内的油绝缘。油箱一般采用散热管油箱。散热管的管内两端与箱体内相通，油受热后，经散热管上端口流入管体，冷却后经下端口流回箱内，形成循环，用于 1 600 kVA 及以下的变压器。带有散热器的油箱，用于 2 000 kVA 以上的变压器。

（4）油枕

油枕也称油柜。变压器油因温度变化会发生热胀冷缩现象，油面也将随温度的变化而上升或下降。油枕的作用是储油与补油，使变压器油箱内保证充满油，同时油枕缩小了变压器与空气的接触面，减少了油的老化速度。油枕侧面装有油位计，可以监视油的变化。

（5）呼吸器

呼吸器由一根铁管和玻璃容器组成，内装干燥剂（如硅胶）。当油枕内的空气随变压器油的体积膨胀或缩小时，排出或吸入的空气都经过吸湿器，吸湿器内的干燥剂吸收空气中的水分，对空气起过滤作用，从而保持油的清洁。

（6）防爆装置

防爆装置有防爆管和压力释放装置两种。防爆装置是安装在变压器顶盖上的，当变压器内部发生故障，变压器油剧烈分解产生大量气体，使油箱内压力剧增时，防爆装置将油及气体排出，防止变压器油箱爆炸或变形。

（7）散热器

散热器装在油箱壁上，上、下有管道与油箱相通，变压器上部油温与下部油温有温差时，通过散热器形成油的对流，经散热器冷却后流回油箱，起到降低变压器油温度的作用。为了提高冷却效果，可以采用自冷、强迫风冷和强迫水冷等措施。

（8）绝缘套管

变压器绕组的引出线采用绝缘管套，以便与箱体绝缘。绝缘管有纯瓷、冲油和电容等不同形式。套管内有导体，用于变压器一、二次绕组接入和引出端的固定和绝缘。

（9）瓦斯继电器

瓦斯继电器又称气体继电器，是变压器内部故障的主保护装置，它装在油箱和油枕的连接管上，当变压器内部发生严重故障时，瓦斯继电器接通断路器跳闸回路；当变压器内部发生不严重故障时，瓦斯继电器接通故障信号回路。

（10）温度计

温度计用来测量油箱里的上层油温，监视变压器是否正常。

（11）调压装置

调压装置是为了保证变压器二次侧电压而设置的。当电源电压变动时，利用调压装置调节变压器的二次电压。

3．变压器的主要技术参数

（1）额定电压 U_N

额定电压包括变压器一次侧和二次侧的额定电压 U_{N1} 和 U_{N2}。变压器的二次侧额定电压 U_{N2} 是指变压器空载状态下当一次线圈加其额定电压 U_{N1} 时，获得的二次侧线圈端电压。

（1）额定电流 I_N

额定电流是指线圈的额定电流。

（2）额定容量 S_N

额定容量是指变压器在额定电压和额定电流的条件下，连续运行时输送的容量。单相变压器的额定容量为 $S_N = U_N I_N$；三相变压器的额定容量为 $S_N = \sqrt{3} U_N I_N$。这里的 U_N 和 I_N 为相应变压器的额定线电压和额定线电流。

（4）变比 K

变比是指变压器一次绕组额定电压和二次绕组额定电压之比，也是变压器一次绕组和二次绕组线圈匝数之比。

（5）铜损 ΔS_0

铜损是指变压器一次、二次额定电流流过绕组时产生的能量损耗。

（6）铁损 ΔS_k

铁损是指变压器在额定电压条件下，在铁芯中产生的能量损耗。

（7）阻抗电压降 U_0（%）

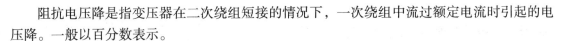

阻抗电压降是指变压器在二次绕组短接的情况下，一次绕组中流过额定电流时引起的电压降。一般以百分数表示。

（8）空载电流 I_k（%）

空载电流是指变压器在额定电压下空载运行时，一次绕组中流过的电流。一般以百分数表示。

（9）连接组别

连接组别是指三相变压器一次绕组与二次绕组连接的方式，如星形（Y）连接，三角形（△）连接。

4．变压器的分类

变压器的分类方法很多，主要有以下几种：

1）按变压器的应用方式，可分为升压变压器和降压变压器。

2）按变压器的相数，可分为单相变压器、三相变压器和多相变压器。

3）按线圈形式，可分为单线圈变压器（自耦变压器）、双线圈变压器和三线圈变压器。

4）按变压器铁芯和线圈相对位置，可分为心式变压器和壳式变压器。心式变压器的线圈包在铁芯的外围，壳式变压器的铁芯包在线圈的外围。

5）按变压器绝缘和冷却方式，可分为油浸式、干式和充气式。

油浸式变压器的铁芯和线圈都浸在盛满变压器油的油箱中，用油绝缘。冷却方式有自冷、强迫风冷、水冷或强迫油循环冷却等形式。

充气式变压器的器身放在一个密封的铁箱内，箱内充以特种气体，箱内的气体通过热交换器冷却。

城市轨道交通电力牵引变电站（所）如采用地下式（地铁用），为了防止油箱爆炸引起的严重后果，多应用干式变压器。

6）按调压装置的种类，可分为有载调压变压器和无载调压变压器。有载调压可以在变压器带负载的状态下进行电压调节，而无载调压装置的调压必须在不带负载时才能进行操作。

5.2.2　整流器

1．整流器的作用和原理

整流器的作用是将交流电变成直流电供电动车辆的牵引电动机用。为了提高直流电的质量，降低直流电源的脉动量。通常采用多相整流的方法，它可以是六相、十二相整流，还可以增加到二十四相整流。

最基本的整流工作原理如下：

（1）三相半波整流电路

整流变压器的二次侧三相绕组接成星形连接，三相交流电压的波形如图5.4所示。在任何时刻，相电压最高的一相的整流管导通，此时整流电压即为该相的瞬时电压。

这种线路的特点为：

1）变压器副边每相绕组只导通1/3周期，即相差120°电角度，利用率较差。

2）整流管承受的反向电压高。当一个整流管导通时，另外两个整流管必承受反向电压，其值为副边绕组的线电压。

3）变压器绕组总是通过单方向电流，引起直流磁化，造成铁芯饱和，必然要求加大铁芯尺寸，且漏抗增大，损耗增大。

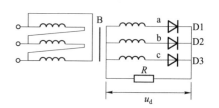

以上电路属共阴极接线，即三相整流管的阴极连在一起。

要改善以上整流电路，首先可以设想有两组负荷相近的整流电路，但是一组为共阳极接线，另一组为共阴极接线，此时，整流电路的工作情况就有所改善。

如图 5.5 所示，两组整流器共用一组三相副边绕组，对每相绕组其通过的电流方向依次相反，各占 1/3 周期，这样就提高了各绕组的通电时间，提高了利用率，而且先后的电流是相反的，又消除了直流磁化的问题。

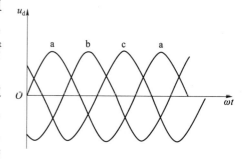

图 5.4　三相半波整流电路的交流电压波形

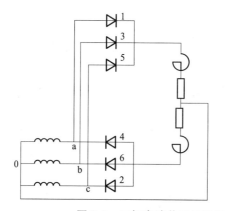

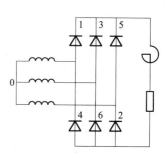

图 5.5　三相半波共阴极组与共阳极组串联电路

（2）三相桥式整流电路

以上接线中两组半波整流的负荷电流数值相等，如将两组负荷叠加一个，则成为三相桥式整流电路。

桥式整流电路对同样变压器绕组来说，其整流电压升高一倍，反之，如整流电压保持一定，则变压器绕组电压可以降低，因而整流元件承受的反电压可以低些。三相桥式整流变压器无直流磁化问题。整流电压的波形为六相脉动波形，如图 5.6 所示。

2. 整流器构造

整流器由大功率二极管及其散热器、保护器件、故障显示器件、通信接口等组成。整流器要求可靠性高，噪声、谐波污染小，维修少。

由于城市轨道交通直流牵引供电系统的整流器直流电压不太高，而电流很大，为了避免整流支路的整流元件并联数目不致太多，而造成元件之间电流分布不均的问题，故采用两组整流器并联工作的方法，同时可以使两组整流器相互之间有相位移，以求得更多相整流，减少整流电压脉动的目的。

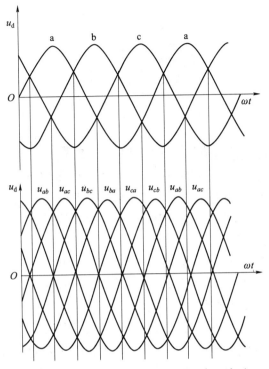

图 5.6　三相桥式整流电路的整流电压波形

由于整流器的主要部件二极管是由不到 1 mm 厚的硅单晶片制成，其热容量很小，对电流、电压非常敏感，因此整流器的过电流、过电压保护十分重要。

整流器柜一般采用无焊接全螺栓结构，以便故障时拆卸更换。屏柜门板及外骨架采用喷塑防护，绝缘材料阻燃。为防止潮湿产生凝露，可设置防凝露控制器。

国内整流器设备的外形尺寸有差异，其中因素与散热器选型有关。若采用陶瓷散热器，整流器柜外形尺寸较大，如 2 500 A 规格的尺寸一般为 2 000 mm×1 250 mm。若采用铝合金散热器，整流器柜外形尺寸较小，同等规格下为 1 200 mm×1 200 mm。目前国内一般采用铝合金散热器或陶瓷散热器。

5.2.3　等效 24 脉波整流机组

为了提高功率因数，降低牵引变压器网侧电压波形畸变，以减少对电网的干扰，以及降低输出直流电压的纹波系数，城轨供电系统牵引变电站（所）中的整流机组采用等效 24 脉波整流电路。

单台整流器由两个三相 6 脉冲全波整流桥组成。图 5.7 所示为两组三相桥式并联组成的十二相桥式整流电路。

图中整流变压器原边三相绕组为三角形接线，相应端点为 A、B、C，两个副边绕组，其一为"星形"接线，端点为 a、b、c；另一个绕组为"三角形"接线，端点为 a′、b′、c′。"星形"接线副边绕组连接到第 Ⅰ 组三相整流桥上，"三角形"接线副边绕组连接到第 Ⅱ 组三相整流桥上。这样就构成了两个三相整流桥连接的并联工作电路。

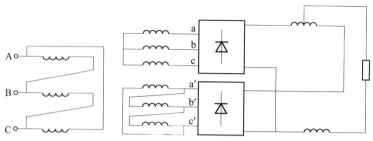

图 5.7　十二相桥式整流电路

　　但实际上两组整流电路要达到真正地并联工作，必须两个电源的情况完全相同。在图 5.4 所示电路中，虽然两组整流电压的平均值相等，但是它们的脉动波相差 60°，其瞬时值不同。为了解决这个问题，在两组整流电路的中心点之间接入了一个平衡电抗器，平衡电抗器分为两半，两组整流电路各占一半。平衡电抗器的作用有两方面，既起到限制电流中的环流作用，又能在两组中点之间产生感应电动势以补偿两个整流电路瞬时电压的差异，使两组整流电路加到负荷上的电压相等，即两组整流电路真正地并联工作。

　　等效 24 脉波整流由两台整流器构成，它们可以并联工作，也可以串联工作。两台变压器的网侧绕组采用延边三角形移相的方法，相对于交流线电压，一台变压器网侧星形绕组移相 +7.5°，另一台移相 -7.5°，则两台变压器网侧电压相位差为 15°，而合成后其次边星形和三角形绕组的线电压差为 15°，经整流后输出 24 脉波电压。两台整流机组并联运行后输出的 24 脉波直流波形如图 5.8 所示。

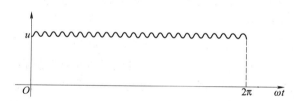

图 5.8　两台整流机组并联运行后输出的 24 脉波直流波形

任务 5.3　高压开关设备

　　高压开关设备的作用是在正常工作情况下可靠地接通；在改变运行方式时进行切换操作；当系统中发生故障时迅速切除故障部分，以保证非故障部分的正常运行；在设备检修时隔离带电部分，保证工作人员的安全。

5.3.1　高压断路器

1. 高压断路器的作用

　　高压断路器（文字符号为 QF）是牵引变电站（所）高压电器设备中最重要的设备，是一次电力系统中控制和保护电路的关键设备。它主要有两个作用：一是控制作用，即根据需要将部分电气设备或线路投入或退出运行；二是保护作用，即在电气设备或电力线路发生故障时，继电保护装置发生跳闸信号，启动断路器，将故障部分设备或线路从电网中迅速切除，确保电网中无故障部分的正常运行。

2. 高压断路器的结构

高压断路器的基本结构如图 5.9 所示。其中开断元件是核心，开关设备的控制、保护及安全隔离等方面的任务都由它来完成。其他组成部分是配合开断元件完成任务而设置的。

3. 高压断路器的分类和型号

高压断路器有很多种类型。

按其采用的灭弧介质分，有油断路器、六氟化硫（SF_6）断路器、真空断路器等。其中油断路器按其油的多少和油的作用，又分为多油式和少油式。多油式断路器的油，既作灭弧介质，又作绝缘介质，利用油作其相对地（外壳）甚至相与相之间的绝缘，因此油量多。少油式断路器，只有灭弧介质，因此油量少，比较安全。图 5.10 所示为 ZW8 – 12 真空断路器的外形，图 5.11 所示为少油断路器的外形。

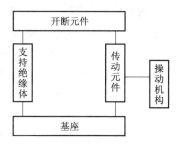

图 5.9　高压断路器的基本结构

图 5.10　ZW8 – 12 真空断路器的外形

图 5.11　SN10 – 10 高压少油断路器的外形

按其安装地点分，有产内式和产外式两种。

其中，油断路器的结构简单，价格便宜，但油在灭弧过程中容易碳化，所以检修周期短，维护工作量大；再加上油对环境的污染大又容易引发火灾，故断路器的发展趋势为无油化，即被六氟化硫和真空断路器取代。

高压断路器的型号规格如图 5.12 所示。

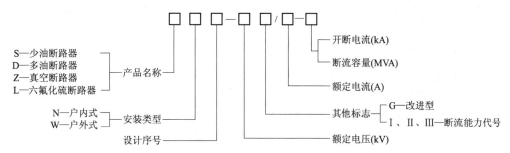

图 5.12　高压断路器的型号规格

|

下面主要介绍真空断路器。

真空断路器利用真空度约为10^{-4}Pa的高真空作为内绝缘和灭弧介质。当灭弧室内被抽成10^{-4}Pa高真空时，其绝缘强度要比绝缘油、一个大气压力下的六氟化硫和空气的绝缘强度高很多。所以，真空击穿产生电弧，是由触头蒸发出来的金属蒸气帮助形成的。

随着冶金技术的不断提高，真空断路器的制造水平不断提高，在20世纪60年代制成能开断20 kA的真空断路器，20世纪70年代制造出开断能力达60～80 kA、电压等级为10～35 kV的真空断路器，使真空断路器在35 kV及以下电压等级中处于优势地位。

真空断路器由真空灭弧室、绝缘支撑、传动机构、操动机构、机座（框架）等组成，如图5.13所示。导电回路由导电夹、软连接、出线板通过灭弧室两端组成。真空断路器的固定方式不受安装角度的限制，既可以水平安装，又可以垂直安装，还可以任意角度安装。

按真空灭弧室的布置方式可分为落地式和悬挂式两种基本形式，以及这两种方式相结合的综合式和接地箱式。图5.13所示为落地式真空断路器，它将真空灭弧室安装在上方，用绝缘子支持，操动机构设置在底座的下方，上、下两部分由传动机构通过绝缘杆连接起来。下面详细介绍它的基本结构。

（1）真空灭弧室

真空灭弧室是真空断路器最重要的组成部件。真空灭弧室的结构如图5.14所示，外壳是由绝缘筒、两端的金属盖板和波纹管所组成的密封容器。灭弧室内有一对触头，静触头焊接在静导电杆上，动触头焊接在动导电杆上，动导电杆在中部与波纹管的一个断口焊在一起，波纹管的另一端口与动端盖的中孔焊接，动导电杆从中孔穿出外壳。由于波纹管可以在轴向上自由伸缩，故这种结构既能实现在灭弧室外带动动触头做分合运动，又能保证真空外壳的密封性。

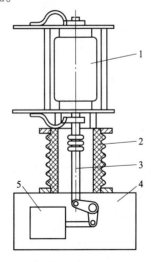

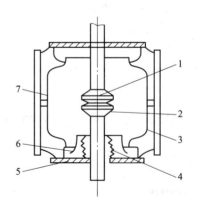

图5.13　落地式真空断路器的基本结构

1—真空灭弧室；2—绝缘筒；3—传动机构；
4—基座；5—操动机构

图5.14　真空灭弧室的结构

1—静触头；2—动触头；3—屏蔽罩；
4—波纹管；5—与外壳封接的金属法兰盘；
6—波纹管屏蔽罩；7—绝缘外壳

1）外壳。整个外壳通常由绝缘材料和金属组成。对外壳的要求首先是气密封要好；其次是要有一定的机械强度；再者是具有良好的绝缘性能。

2）波纹管。波纹管既要保证灭弧室完全密封，又要在灭弧室外壁操动时使触头作分合运动，允许伸缩量决定了灭弧室所能获得的触头的最大开距。

3）屏蔽罩。触头周围的屏蔽罩主要是用来吸附燃弧时触头上蒸发的金属蒸气，防止绝缘外壳因金属蒸气的污染而引起绝缘强度降低和绝缘破坏，同时，也有利于熄弧后弧隙介质强度的迅速恢复。在波纹管外面用屏蔽罩，可使波纹管免遭金属蒸气的烧损。屏蔽罩的导热性能越好，其表面冷却电弧的能力也就越好。因此，制造屏蔽罩常用的材料为无氧铜、不锈钢和玻璃，铜是最常用的。

4）触头。触头是真空灭弧室内最重要的元件，灭弧室的开断能力和电气寿命主要由触头状况来决定。根据触头开断时灭弧基本原理的不同，可分为非磁吹触头和磁吹触头两大类。

非磁吹圆柱状触头最简单，机械强度好，易加工，但开断电流较小，一般只适用于真空接触器和真空负荷开关中。

磁吹触头又分为横向磁吹触头和纵向磁吹触头两类，而横向磁吹触头又包括螺旋槽触头和杯状触头两种。图 5.15 所示为横向磁吹触头。

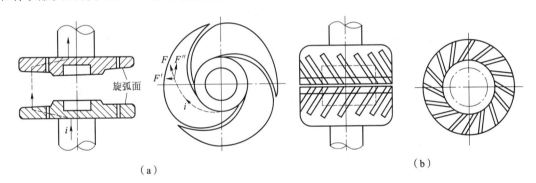

图 5.15　横向磁吹触头

（a）螺旋槽触头；（b）杯状触头

（2）操动机构

操动机构是带动高压断路器传动机构进行合闸和分闸的机构。依断路器合闸时所用能量型式的不同，操动机构可分为以下几种：

1）手动机构（CS 型）。手动机构指用人力进行合闸的操动机构。

2）电磁机构（CD 型）。电磁机构指用电磁铁合闸的操动机构。

3）弹簧机构（CT 型）。弹簧机构指事先用人力或电动机使弹簧储能实现合闸的弹簧合闸操动机构。

4）电动机机构（CJ 型）。电动机机构指用电动机合闸与分闸的操动机构。

5）液压机构（CY 型）。液压机构指用高压油推动活塞实现合闸与分闸的操动机构。

6）气动机构（CQ 型）。气动机构指用压缩空气推动活塞实现合闸与分闸的操动机构。

弹簧操动机构由储能机构、电磁系统、机械系统等主要部件组成。主要有 CT6、CT8、CT8G、CT9、CT10 等多种形式。

下面以 CT10 型操动机构为例介绍弹簧操动机构。

如图 5.16 所示为 CT10 型操动机构的实物图。

CT10 型操动机构有电机储能和人力储能两种储能方式。其合闸操作有合闸电磁铁操作和手动按钮操作，而分闸操作也有分闸电磁铁操作和手动按钮操作。

1) 储能。图 5.17 所示为 CT10 型操纵机构的储能部分动作示意图。其中图 5.17 (a) 所示为合闸弹簧处于未储能位置，图 5.17 (b) 所示为合闸弹簧处于已储能位置。由电动机带动偏心轮转动，通过紧靠在偏心轮表面的滚轮推动操作块作上下摆动，带动驱动棘爪作上下运动，推动棘轮转动。在转动过程中，当固定在几轮上的销与固定在储能轴上的驱动板顶住以后，棘轮就通过驱动板带动储能轴转动，从而将合闸弹簧拉长。当储能轴转到将挂簧拐臂达到最高位置时，只要再向前转一点，固定在与储能轴连为一体的凸轮上的滚轮就近靠在定位件上，将合闸弹簧维持在储能状态，完成了储能动作。

图 5.16　CT10 型操动机构的实物图

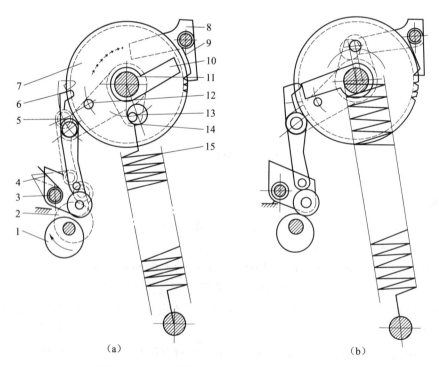

（a）　　　　　　　　　　　　　　　（b）

图 5.17　CT10 型操纵机构的储能部分动作示意图

（a）合闸弹簧未储能；（b）合闸弹簧已储能

1—偏心轮；2—滚轮；3—操动块；4—操动块复位弹簧；5—驱动棘爪；6—靠板；7—棘轮；8—定位件；
9—保持棘爪；10—驱动板；11—储能轴；12—销；13—滚轮；14—挂簧拐臂；15—合闸弹簧

2）合闸操作。

① 合闸电磁铁操作。接到合闸命令后，合闸电磁铁的动铁芯被吸向下运动，拉动导板也向下运动，使杠杆向反时针方向转动，并带动固定在定位件上的滚轮运动，推动定位件作顺时针转动将储能维持解除，完成合闸操作。

② 手动按钮操作。按动安装在面板上的合闸按钮，使其推动脱扣板，通过调节螺杆推动定位件作顺时针转动，完成合闸操作。

3）分闸操作。

① 分闸电磁铁操作。当机构处于合闸状态时，一旦脱扣器接到分闸信号，过流脱扣电磁铁或分闸电磁铁向上吸动，将带动顶杆推动脱扣板作顺时针移动，从而带动锁扣作逆时针转动，使锁扣与锁扣之间的搭接解除。解除后的锁扣在储能弹簧的带动下作逆时针转动，通过杠杆推动半轴作顺时针转动，从而完成分闸操作。

② 手动按钮分闸操作。当用手动按钮推动分闸连杆时，带动了固定在半轴上的脱扣板向上运动，从而带动半轴转动，解除扇形板与半轴的扣接，使扇形板转动，完成分闸动作。

5.3.2 高压隔离开关

1. 高压隔离开关的作用

高压隔离开关（文字符号为 QS）又称隔离刀闸，是一种结构比较简单的高压开关电器。在合闸状态下能可靠地通过额定电流和短路电流，但因为没有专门的灭弧装置，所以不能用来切断负荷电流和短路电流。使用时应与断路器配合，但因为没有专门的灭弧装置，不能用来切断负荷电流和短路电流。使用时应与断路器配合，只有在断路器断开时才能进行操作。隔离开关在分闸时，动静触头间形成明显可见的断口，绝缘可靠。高压隔离开关具有以下作用：

1）隔离高压电源，保证其他设备的检修安全。

2）倒闸操作：当合闸时，先合隔离开关，后合断路器；分闸时，先分断路器，后分隔离开关；这种操作通常称为倒闸操作。为了保证安全，一般要装有和断路器之间的连锁装置，以防止误操作。

3）接通和断开小电流电路。

2. 高压隔离开关的分类和型号

按照不同的分类方式，隔离开关有多种类型。

1）按装设地点的不同，可分为户内式和户外式两种。

2）按绝缘支柱数目，可分为单柱式、双柱式和三柱式三种。

3）按动触头运动方式，可分为水平旋转式、垂直旋转式、摆动式和插入式等。

4）按有无接地闸刀，可分为无接地闸刀、一侧有接地闸刀、两侧有接地闸刀三种。

5）按操动机构的不同，可分为手动式、电动式、气动式和液压式等。

6）按极数，可分为单极、双极、三极三种。

7）按安装方式，可分为平装式和套管式等。

高压隔离开关的型号规格如图 5.18 所示。

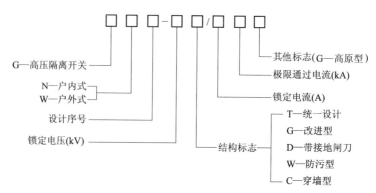

图 5.18　高压隔离开关的型号规格

10 kV 高压隔离开关型号较多，常用的户内系列有 GN8、GN19、GN24、GN28 和 GN30 等。图 5.19 所示为户内使用的 GN8 – 10/600 型隔离开关的外形，它的三相闸刀安装在同一底座上，闸刀均采用垂直回转运动方式。

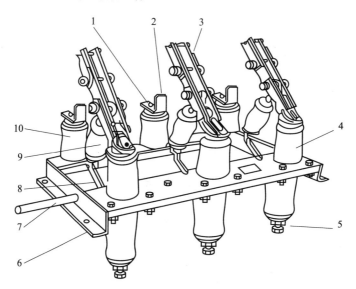

图 5.19　GN8 – 10/600 型隔离开关

1—上接线端子；2—静触头；3—闸刀；4—套管绝缘子；5—下接线端子；
6—框架；7—转轴；8—拐臂；9—升降绝缘子；10—支柱绝缘子

导电回路主要由闸刀（动触头）、静触头和接线端等组成。静触头固定在支柱绝缘子上。动触头是每相两条铜制闸刀片，合闸时用弹簧紧紧地夹在静触头两边形成线接触，以保证触头间的接触压力和压缩行程。对额定电流大的隔离开关普遍采用磁锁装置来加强动、静触头间通过短路电流时的接触压力。所谓磁锁装置，就是由装在两闸刀外侧的两片钢片组成，当短路电流沿闸刀流向静触头时，闸刀外侧的两片钢片受磁力的作用互相吸引，增加了两闸刀对静触头的接触压力，从而保证触头对短路电流的稳定性。

户内式高压隔离开关一般采用手动操作机构进行操作。操动机构通过连杆转动转轴，再通过拐臂与拉杆瓷瓶使各相闸刀作垂直旋转，从而达到分、合闸的目的。这两种隔离开关安装使用方便，既可垂直、水平安装，又可以倾斜甚至在天花板上安装。

户外式高压隔离开关常用的有 GW4、GW5 和 GW1 系列。图 5.20 所示为户外使用的 GW4 – 35 型高压隔离开关的外形。为了熄灭小电流电弧，该隔离开关安装有灭弧角条，采用的是三柱式结构。

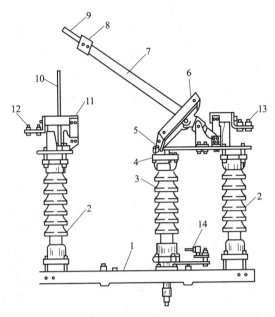

图 5.20　GW4 – 35 型隔离开关

1—角钢架；2—支柱瓷瓶；3—旋转瓷瓶；4—曲柄；5—轴套；6—传动装置；7—管形闸刀；
8—工作动触头；9，10—灭弧角条；11—插座；12，13—接线端子；14—曲柄传动机构

把带有接地开关的隔离开关称接地隔离开关，它是用来进行电气设备的短接、连锁和隔离。一般的隔离开关是用来将退出运行的电气设备和成套设备部分接地和短接，而接地开关是用于将回路接地的一种机械式开关装置。在异常条件下（如短路下），可在规定时间内承载规定的异常电流；在正常回路条件下，不要求承载电流。大多与隔离开关构成一个整体，并且在接地开关和隔离开关之间有相互连锁装置。

3. 高压隔离开关操作注意事项

为了保证安全，一般要装有和断路器之间的连锁装置，以防止误操作。停电时先拉线路侧隔离开关，送电时先合母线侧隔离开关。而且在操作隔离开关前，先注意检查断路器确实在断开位置，才能操作隔离开关。

（1）合上隔离开关时的操作

无论用手动传动装置或用绝缘操作杆操作，均须迅速而果断，但在合闸终了时用力不可过猛，以免损坏设备，使机构变形，瓷瓶破裂等。

隔离开关操作完毕后，应检查是否合上。合好后应使隔离开关完全进入固定触头，并检查接触的严密性。

（2）拉开隔离开关时的操作

开始时应慢而谨慎，当刀片刚要离开固定触头时应迅速，特别是切断变压器的空载电流、架空线路和电缆的充电电流、架空线路小负荷电流以及环路电流时，拉开隔离开关时更应迅速果断，以便能迅速消弧。

拉开隔离开关后，应检查隔离开关每相确实已在断开位置并应使刀片尽量拉到头。

（3）在操作中误拉、误合隔离开关时的操作

误合隔离开关时，即使合错，甚至在合闸时发生电弧，也不准将隔离开关再拉开。因为带负荷拉开隔离开关，将造成三相弧光短路事故。

误拉隔离开关时，在刀片刚要离开固定触头时，便发生电弧，这时应立即合上，可以消灭电弧，避免事故。如果隔离开关已经全部拉开，则绝不允许将误拉的隔离开关再合上。

如果是单极隔离开关，操作一相后发现误拉，对其他两相不允许继续操作。

5.3.3 熔断器

1. 熔断器的作用和特点

熔断器（文字符号为 FU）是一种保护电器，其外形如图 5.21 所示。它串联在电路中，当电路发生短路或过负荷时，熔体熔断，切断故障电路使电气设备免遭损坏，并维持电力系统其余部分的正常工作。

其优点是：结构简单，体积小，布置紧凑，使用方便；动作直接，不需要继电保护和二次回路相配合；价格低。其缺点是：每次熔断后须停电更换熔件才能再次使用，增加了停电时间；保护特性不稳定，可靠性低；保护选择性不易配合。

图 5.21　熔断器外形

2. 熔断器的分类和型号

1）按安装地点，可分为户内式（N）和户外式（W）两种。

2）按使用电压高低，可分为高压熔断器和低压熔断器两种。

3）按灭弧方法，可分为瓷插式（C）、封闭产气式（M）、封闭填料式（T）和产气纵吹式。

4）按限流特性，可分为限流式和非限流式两种。

高压熔断器的型号规格如图 5.22 所示。

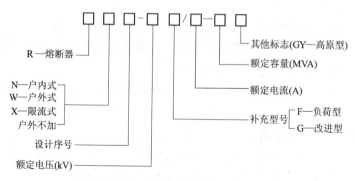

图 5.22　高压熔断器的型号规格

3. 熔断器的结构和工作原理

图5.23所示的熔断器主要由金属熔件（熔体）、支持熔件的触头、灭弧装置和绝缘底座等部分组成。其中决定其工作特性的主要是熔体和灭弧装置。

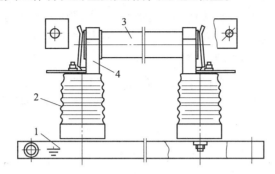

图5.23　RN1型熔断器

1—底架；2—支柱绝缘子；3—熔管；4—接触座

熔体是熔断器的主要部件。熔体应具备材料熔点低，导电性能好，不易氧化和易于加工等特点。一般选用铅、铅锡合金、锌、铜、银等金属材料。

熔断器必须采取措施熄灭熔体熔断时产生的电弧，否则，会引起事故的扩大。熔断器的灭弧措施可分为两类：一类是在熔断器内装有特殊的灭弧介质，如产气纤维管、石英砂等，它利用了吹弧、冷却等灭弧原理；另一类是采用特殊形状的熔体，如焊有小锡（铅）球的熔体、变截面的熔体、网孔状的熔体等，其目的是减小熔断后的金属蒸气量，或者把电弧分成若干串并联的小电弧，并与石英砂等灭弧介质紧密接触，提高灭弧效果。

熔断器串联在电路中使用，安装在被保护设备或线路的电源侧。当电路中发生过负荷或短路时，熔体被过负荷或短路电流加热，并在被保护设备的温度未达到破坏其绝缘之前熔断，使电路断开，设备得到了保护。熔体熔化时间的长短，取决于熔体熔点的高低和所通过的电流的大小。熔体材料的熔点越高，熔体熔化就越慢，熔断时间就越长。熔体熔断电流和熔断时间之间呈反时限特性，即电流越大，熔断时间就越短，其关系曲线称为熔断器的保护特性，也称安秒特性。

5.3.4　高压负荷开关

1. 高压负荷开关的作用

高压负荷开关（文字符号为QL）是在高压隔离开关的基础上加入简单灭弧装置而成的，具有一定开断和关合能力的开关电器。它具有一定的分合闸速度，能通过一定的短路电流，也能开断正常的负荷电流和过负荷电流，但不能开断短路电流。因此，高压负荷开关可用于控制供电线路的负荷电流，也可用来控制空载线路、空载变压器及电容器等。

高压负荷开关在分闸时有明显的断口，可起到隔离开关的作用，与高压熔断器串联使用，前者作为操作电器投切电路的正常负荷电流，而后者作为保护电器开断电路的短路电流及过负荷电流。

2．高压负荷开关的分类和型号

（1）按使用地点，可分为户内式和户外式两种。

（2）按灭弧方式的不同，可分为产气式、压气式、压缩空气式、油浸式、真空式、六氟化硫式等。近年来，真空式发展很快，在配电网中得到了广泛的应用。

（3）按是否带熔断器，可分为带熔断器和不带熔断器两种。

高压负荷开关的型号规格如图5.24所示。

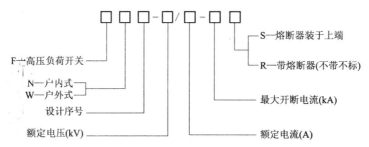

图5.24　高压负荷开关的型号规格

3．高压负荷开关的结构

图5.25所示为高压负荷开关的结构示意图。负荷开关上端的绝缘子是一个简单的灭弧室，它不仅起到支持绝缘子的作用，而且其内部是一个气缸，装有操动机构主轴传动的活塞，绝缘子上部装有绝缘喷嘴和弧静触头。当负荷开关分闸时，闸刀一端的弧动触头与弧静触头之间产生电弧，同时分闸时主轴转动而带动活塞，压缩气缸内的空气，从喷嘴向外吹弧，使电弧迅速熄灭。同时，其外形与户内式隔离开关相似，也具有明显的断开间隙，因此，它同时具有隔离开关的作用。

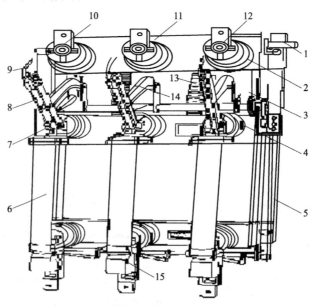

图5.25　高压负荷开关的结构示意图

1—主轴；2—上绝缘子兼气缸；3—连杆；4—下绝缘子；5—框架；6—RNI型高压熔断器；

7—下触座；8—闸刀；9—弧动触头；10—绝缘喷嘴；11—主静触头；

12—上触座；13—分闸弹簧；14—绝缘拉杆；15—热脱扣器

图 5.26 所示为西门子公司 12 kV 的真空负荷开关的剖面图。它是利用真空灭弧原理来工作的，因而能可靠完成开断工作。其特点是可频繁操作，配用手动操作机构或电动操作机构，灭弧性能好，使用寿命长。但必须和熔断器相配合，才能开断短路电流。而且开断时，不形成隔离间断，不能作隔离开关用。一般用于 220 kV 及以下电网中。

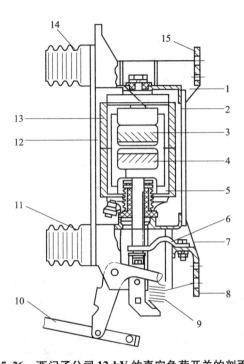

图 5.26 西门子公司 12 kV 的真空负荷开关的剖面图

1—上支架；2—前支撑杆；3—静触头；4—动触头；5—波纹管；
6—软连接；7—下支架；8—下接线端子；9—接触压力弹簧和分闸弹簧；
10—操作杆；11—下支持绝缘子；12—后支撑杆；13—陶瓷外壳；
14—上支持绝缘子；15—上接线端子

六氟化硫负荷开关（如 FW11 - 10 型）、油浸式负荷开关（如 FE2、FW4 型）的基本结构都为三相共箱式，其中六氟化硫负荷开关利用六氟化硫气体作为灭弧和绝缘介质，而油浸式负荷开关是利用绝缘油作为灭弧和绝缘介质，它们的灭弧能力强，容量大，但都必须与熔断器串联使用才能断开短路电流，而且断开后无可见间隙，不能作隔离开关用。适用于 35 kV 及以下的户外电网。

任务 5.4　互　感　器

互感器是电压、电流变换设备。供电系统中的高电压、大电流参数无法直接测量，供电设备的运行状态也无法直接从主回路上取得参数，因此，需要将高电压、大电流变成低电压和小电流，以供继电保护和电气测量使用。

互感器是一种特殊的变压器，又称仪用变压器。其功能主要体现在以下三个方面。

1. 变压/流

互感器将一次侧的高电压、大电流变成二次侧标准的低电压（100 V 或 100 $\sqrt{3}$ V）和小电流（5 A 或 1 A），用以分别向测量仪表、继电器的电压线圈和电流线圈供电，使二次电路正确反映一次系统的正常运行和故障情况。

2. 隔离高压，安全绝缘

采用互感器作为一次与二次电路之间的中间元件，既可避免一次电路的高电压直接引入仪表，继电器保护设备等二次设备，又可避免二次电路的故障影响一次侧电路，提高了两方面工作的安全性和可靠性，特别是保障了人身安全。

3. 扩大仪表的范围

采用互感器以后，相当于扩大了仪表、继电器的使用范围。由于使用了互感器，所以使二次仪表、继电器等的电流、电压规格统一，有利于大规模标准化生产。

5.4.1　电流互感器

1. 电流互感器的外形结构

电流互感器的结构与外形如图 5.27 所示。

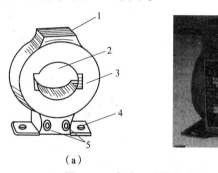

（a）　　　　　　　　　　（b）

图 5.27　电流互感器的结构与外形

（a）结构；（b）外形

1—铭牌；2——次母线穿孔；3—铁芯（外绕二次绕组，环氧树脂浇注）；4—安装板；5—二次接线端子

2. 电流互感器的分类和型号

按不同的分类方法，有多种不同形式的电流互感器。

1）按安装地点，可分为户内式和户外式。

2）按安装方式，可分为穿墙式、支持式和装入式。穿墙式装在墙壁或金属结构的孔中，可节约穿墙套管；支持式安装在平面或支柱上；装入式是套装在 35 kV 及以上的变压器或多油断路器油箱内的套管上，故也称为套管式。

3）按绝缘方式，可分为干式、浇注式、油浸式等。干式用绝缘胶浸渍，用于户内低压电流互感器；浇注式以环氧树脂作绝缘，目前仅用于 35 kV 及以下的户内电流互感器；油浸式多为户外式。

4）按一次绕组匝数，可分为单匝式和多匝式。单匝式又分为贯穿式和母线式两种。

5）按电流互感器的工作原理，可分为电磁式、电容式、光电式和无线电式。

电流互感器的型号规格如图 5.28 所示。

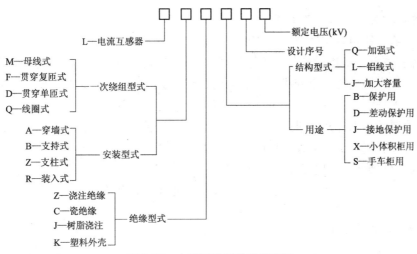

图 5.28 电流互感器的型号规格

3. 电流互感器的工作原理

电流互感器的工作原理与图形符号如图 5.29 所示。在理想的电流互感器中，如果假定空载电流 $I_0 = 0$，则总磁动势 $I_0 \times W_0 = 0$，根据能量守恒定律，一次绕组磁动势等于二次绕组磁动势，即

$$I_1 \times N_1 = -I_2 \times N_2 \tag{5.2}$$

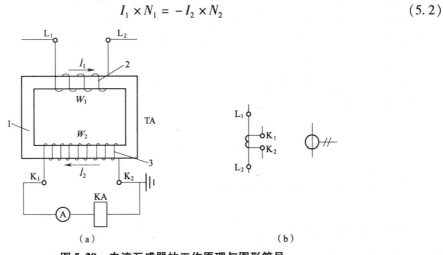

图 5.29 电流互感器的工作原理与图形符号

（a）工作原理；（b）图形符号

1—铁芯；2——次绕组；3—二次绕组

由式（5.2）可知，电流互感器的电流与它的匝数成反比，一次电流对二次电流的比值 I_1/I_2 称为电流互感器的变流比。当知道二次电流时，乘上变流比就可以求出一次电流，这时二次电流的相量与一次电流的相量相差 $180°$。

变流比通常又表示为额定一次电流和二次电流之比，即 $K_I = I_{N_1}/I_{N_2}$，例如 100 A/50 A。

电流互感器的一次绕组匝数很少，导体相当粗。而二次绕组匝数很多，导体较细。其一次绕组串联接入一次电路，二次绕组与仪表、继电器等的电流线圈串联，形成一个闭合回路。由于二次仪表、继电器等的电流线圈阻抗很小，所以其工作时二次回路接近于短路状态。二次绕组的额定电流一般为 5 A。

4. 电流互感器的使用注意事项

电流互感器在使用时应注意以下事项：

1）电流互感器在工作时其二次侧不得开路。这是因为电流互感器二次侧开路时，二次电流等于零，一次侧电流完全变成了励磁电流，在二次线圈上产生很高的电势，其峰值可达几千伏，威胁人身安全，或造成仪表、保护装置、电流互感器二次绝缘损坏。另一方面，原边绕组磁化力使铁芯磁通密度过度增大，可能造成铁芯强烈过热而损坏。为此，电流互感器在安装时，其二次侧一定不能安装熔断器和开关。

2）电流互感器的二次侧必须有一端接地，以防止其一、二次绕组间绝缘击穿时，一次侧的高压串入二次侧，危及人身安全和测量仪表、继电器等设备的安全。电流互感器在运行中，二次绕组应与铁芯同时接地运行。

3）电流互感器在连接时，要注意其端子的极性。L_1 与 K_1、L_2 与 K_2 是同极性端，不能接反。例如，在两相电流和接线中，如果电流互感器的 K_1、K_2 端子接错，则公共线中的电流就不是相电流，而是相电流的 $\sqrt{3}$ 倍，可能使电流表损坏。

5. 电流互感器的操作与维护

电流互感器的操作与维护方法如下：

1）电流互感器的运行和停用，通常是在被测量电路的断路器断开后进行的，以防止电流互感器的二次线圈开路。但在被测电路中断路器不允许断开时，只能在带电情况下进行。

2）在停电时，停用电流互感器应将纵向连接端子板取下，将标有"进"侧的端子横向短接。在启用电流互感器时，应将横向短接端子板取下，并用取下的端子板将电流互感器纵向端子接通。

3）在电流互感器启、停用时，应注意在取下端子板时是否出现火花。如果发现火花，应立即把端子板装上并拧紧，然后查明原因。工作中，操作员应站在绝缘垫上，身体不得碰到接地物体。

电流互感器在运行中，值班人员应定期检查下列项目：互感器是否有异音及焦味；互感器接头是否有过热现象；互感器油位是否正常，有无漏油、渗油现象；互感器瓷质部分是否清洁，有无裂痕、放电现象；互感器的绝缘状况。

电流互感器的二次侧开路是最主要的事故。在运行中造成开路的原因有：端子排上导线端子的螺钉因受震动而脱扣；保护屏上的压板未与铜片接触而压在胶木上，造成保护回路开路；可读三相电流值的电流表的切换开关经切换而接触不良，机械外力使互感器二次线断线等。

在运行中，如果电流互感器二次开路，则会引起电流保护的不正确动作，铁芯发出异常声音，在二次绕组的端子处会出现放电火花。此时，应先将一次电流减少或降至零，然后将电流互感器所带保护退出运行。采取安全措施后，将故障互感器的端子短路，如果电流互感器有焦味或冒烟，应立即停用互感器。

5.4.2 电压互感器

1. 电压互感器的外形结构

电压互感器的外形结构如图 5.30 所示。

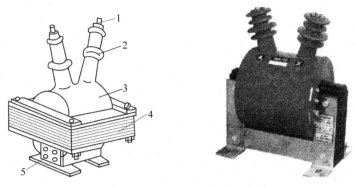

图 5.30　JDZJ – 10 型电压互感器

1——一次接线端子；2——高压绝缘套管；3——二次绕组；4——铁芯；5——二次接线端子

2. 电压互感器的分类和型号

电磁式电压互感器可按以下几种方式分类。

1）按安装地点，可分为户内式和户外式两种。

2）按相数，可分为单相式和三相式两种。

3）按每相绕组数，可分为双绕组式和三绕组式两种。三绕组电压互感器有两个二次侧绕组，即基本二次绕组和辅助二次绕组。辅助二次绕组供接地保护用。

4）按绝缘，可分为干式、浇注式、油浸式和电容式等。干式多用于低压；浇注式用于 3 ~ 35 kV；油浸式主要用于 35 kV 及以上的电压互感器。电容式电压互感器可在高压和超高压电力系统中用于电压和功率测量、电能计量、继电保护、自动控制等方面，并可兼作耦合电容器用于电力线载波通信系统。

电压互感器的型号规格如图 5.31 所示。

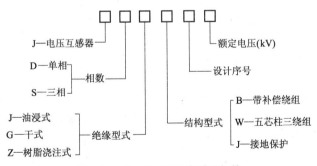

图 5.31　电压互感器的型号规格

3. 电压互感器的工作原理

电压互感器的工作原理如图 5.32 所示。它与普通变压器相同，结构原理和接线也相似。电压互感器的一次电压 U_1 与其二次电压 U_2 之间有下列关系

$$U_1 \approx \left(\frac{W_1}{W_2}\right)U_2 = K_U U_2 \qquad (5.3)$$

式中　W_1、W_2——电压互感器一次和二次绕组匝数；

　　　K_U——电压互感器的变压比，一般表示为其额定一、二次电压比，即 $K_U = U_{W_1}/U_{W_2}$，
　　　　　例如 10 000 V/100 V。

电压互感器的特点是：

1）一次绕组匝数很多，二次绕组匝数很少，相当于一个降压变压器。

2）工作时一次绕组并联在一次电路中，二次绕组并联在仪表、继电器的电压线圈回路中，二次绕组负载阻抗很大，接近于开路状态。

3）一次绕组导线细，二次绕组导线较粗，二次侧额定电压一般为 100 V，用于接地保护的电压互感器的二次侧额定电压为 $100\sqrt{3}$ V，开口三角形侧为 100/3 V。

4. 电压互感器的使用注意事项

电压互感器在使用时应注意以下事项：

1）电压互感器的一、二次侧必须加熔断器保护，不得短路。这是因为互感器是并联在线路上，而且本身阻抗很小，如发生短路将产生很大的短路电流，有可能烧毁电压互感器，甚至危及一次系统的安全运行。

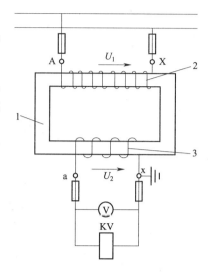

图 5.32　电压互感器的工作原理
1—铁芯；2——次绕组；3—二次绕组

当发现电压互感器的一次侧熔丝熔断后，首先应将电压互感器的隔离开关打开，并取下二次侧熔丝，检查是否熔断。在排除电压互感器本身的故障后，可重新更换合格熔丝后将电压互感器投入运行。若二次侧熔断器一相熔断时，应立即更换；若再次熔断，则不应再次更换，待查明原因后处理。

2）电压互感器的二次侧必须有一端接地，以防止电压互感器一、二次绕组绝缘击穿时，一次侧的高压窜入二次侧，危及人身和设备安全。

3）电压互感器在连接时，要注意其端子的极性，防止因接线错误而引起事故。单相电压互感器的端子分别为 A、X 和 a、x。三相电压互感器的端子分别为 A、B、C、N 和 a、b、c、n。

5. 电压互感器的运行和维护

电压互感器在额定容量下允许长期运行，但不允许超过最大容量运行。电压互感器在运行中不能短路。在运行中，值班员必须注意检查二次回路是否有短路现象，并及时消除。当电压互感器二次回路短路时，一般情况下高压熔断器不会熔断，但此时电压互感器内部有异声，将二次熔断器取下后异声停止，其他现象与断线情况相同。

任务 5.5　避　雷　装　置

避雷装置属于变电站（所）中保护设备的一种，作用是防止电气设备的雷电过电压。

所谓过电压，一般指在电气设备或线路上出现的超过正常工作需要的电压。而雷电过电压，也叫大气过电压，是由于电力设备或者建筑物遭受直接雷击或雷电感应而发生的过电压。雷电过电压所产生的雷电冲击波，其电压幅值可达 100 MV，电流幅值可达几百千安，对电气设备的正常运行危害极大，必须采取措施加以防护。

一个完整的避雷装置一般由接闪器、避雷器、引下线与接地装置三个部分组成。

5.5.1　接闪器

雷电发生时，由于电气设备本身安装的方法或安装位置不当，受雷电在空间分布的电场、磁场影响而损坏，称为直击雷损坏。接闪器就是专门用来接受直接雷闪的金属物体，如图 5.33 所示。

接闪器的金属杆称为避雷针。避雷针是防止直击雷的有效措施。

当雷云放电时使地面电场发生畸变，在避雷针顶端形成局部场强集中的空间以影响雷电先导放电的发展方向，使雷电对避雷针放电，再经过接地装置将雷电流引入大地从而使被保护物体免遭雷击。

避雷线是用来保护架空电力线路和露天配电装置免受直击雷的装置。它由悬挂在空中的接地导线、接地引下线和接地体组成，因而也称为"架空地线"。它的作用和避雷针一样，将雷电引向自身，并安全导入大地，使其保护范围内的导线或设备免遭直击雷。

图 5.33　接闪器

避雷带和避雷网加装在建筑物的边缘及凸出部分上，通过引下线和接地装置很好地连接，对建筑物进行保护。

所有接闪器都必须经过引下线与接地装置相连。

5.5.2　避雷器

雷电发生时，雷电脉冲还可以沿着与设备相连的信号线、电源线或其他金属管线侵入而使设备受损。

避雷器有管型避雷器、阀型避雷器、金属氧化物避雷器等多种类型。图 5.34 所示为各种避雷器的外形。

（a）　　　　　　　　　　　　　　　（b）

图 5.34　各种避雷器的外形
（a）管型避雷器；（b）阀型避雷器

管型避雷器又称排气式避雷器，主要用于变配电所的进线保护和线路绝缘弱点的保护，性能较好的管型避雷器还可用于保护配电变压器。

阀型避雷器由火花间隙和阀片组成，装在密封的磁套管内。阀型避雷器的火花间隙组是由多个单间隙串联组成的。

阀型避雷器的工作原理如图 5.35 所示。正常运行时，间隙介质处于绝缘状态，仅有极小的泄漏电流通过阀片。当系统出现雷电过电压时，火花间隙很快被击穿，使雷电冲击电

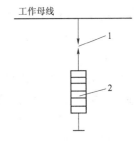

图 5.35　阀型避雷器的工作原理
1—间隙；2—电阻阀片

流很容易通过阀性电阻而引入大地，释放过电压负荷，阀片在大的冲击电流下电阻由高变低，所以冲击电流在其上产生的压降（残压）较低，此时，作用在被保护设备上的电压只是避雷器的残压，从而使电气设备得到了保护。

任务 5.6　成 套 设 备

成套设备是制造厂成套供应的设备。成套设备是按电气主接线的要求，把开关设备、保护测量电器、母线和必要的辅助设备组合在一起，装配在一个或两个全封闭或半封闭的金属柜中，用来接受、分配和控制电能的总体装置。制造厂可生产各种不同一次线路方案的开关柜供用户选用。

5.6.1　成套设备的分类

成套设备有如下分类方法：

1）按电气设备安装的地点，可分为户内成套设备和户外成套设备。为了节约用地，一般 35 kV 及以下成套设备宜采用户内式。

2）按电压等级，可分为高压成套设备和低压成套设备。

3）按结构形式，可分为固定式和移开式（抽屉式）。

4）按开关柜隔离构成形式，可分为铠装式、间隔式、箱形、环网柜等。

5）一次线路安装的主要元器件和用途，可分为油断路器柜、负荷开关柜、熔断器柜、电压互感器柜、隔离开关柜、避雷器柜等。

一般牵引变电站（所）中常用到的成套配电装置有高压成套设备（也称高压开关柜）和低压成套设备，低压成套设备只有户内式一种，高压开关柜则有户内式和户外式两种。另外还有一些成套设备，如高、低压无功功率补偿成套装置，高压综合启动柜，低压动力配电箱及照明配电箱等。

5.6.2　高压成套配电装置（高压开关柜）

高压成套配电装置就是按不同用途的接线方案，将所需的高压设备和相关的一、二次设备按一定的线路方案组装而成的一种装置，在牵引变电站（所）中作为控制和保护发电机、变压器和高压线路之用，也可作为大型高压交流电动机的启动和保护之用，对供、配电系统进行控制、监测和保护，其中安装有开关设备、保护电器、监测仪表和母线、绝缘子等，也称高压开关柜。

高压开关柜有固定式和手车式（移开式）两大类型。固定式高压开关柜柜内所有电器部件都固定在不能移动的台架上，构造简单，也较为经济。我国现在大量生产和广泛应用的固定式高压开关柜主要为 GG-1A（F）型。这种防误型开关柜装设了防止电气误操作和保障人身安全的闭锁装置，即所谓的"五防"：①防止误分、误合断路器；②防止带负荷误拉、误合隔离开关；③防止带电误挂地线；④防止带接地线误合隔离开关；⑤防止人员误入带电间隔。

固定式高压开关柜的外形如图5.36所示。

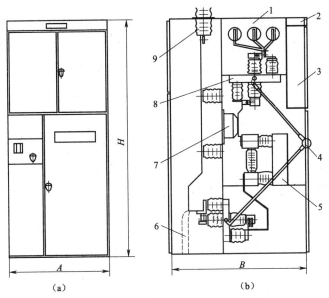

图5.36　GG－1FQ箱式固定柜的外形

1—母线室；2—小母线通道；3—仪表室；4—操作及连锁机构；5—整体式真空断路器；

6—电缆出线；7—电流互感器；8—隔离开关；9—架空出线；A、B、H—开关柜尺寸

手车式（或移开式）高压开关柜是一部分电器部件固定在可移动的手车上，另一部分电器部件装置在固定的台架上。当高压断路器出现故障需要检修时，可随时将其手车拉出，然后推入同类备用小车，即可恢复供电。因此采用手车式开关柜检修方便安全，恢复供电快，可靠性高，但价格较贵。

图5.37所示为GC－10（F）型手车式高压开关柜的外形。

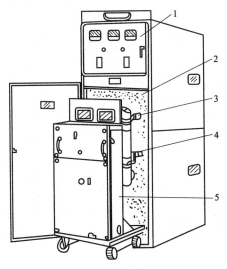

图5.37　GC－10（F）型手车式高压开关柜的外形

1—仪表屏；2—手车室；3—上触头；4—下触头（兼起隔离开关作用）；

5—SN10－10型断路器手车

高压开关柜在6~10 kV电压等级的工厂变配电所户内配电装置中应用很广泛，35 kV高压开关柜目前国内仅生产户内式的。

高压开关柜的型号规格如图5.38所示。

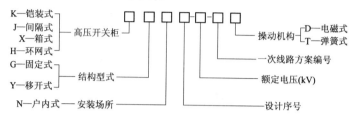

图5.38　高压开关柜的型号规格

5.6.3　六氟化硫全封闭组合电器

六氟化硫全封闭组合电器是将变电站（所）一次接线中的高压电器元件——断路器、母线、隔离开关、接地开关、电流互感器、电压互感器、避雷器、出线套管、电缆终端等全部封闭于接地的金属桶体内，充以一定压力的六氟化硫气体，形成以六氟化硫为绝缘介质的金属封闭式开关设备，并通过电缆终端、进出线套管或封闭母线与外界相连。

全封闭组合电器（Gas Insulated Switcher，GIS）是一种新型的组合式电气设备，它是在六氟化硫断路器的基础上进一步发展形成的，把各种控制和保护电器全部进行封闭的组合电气设备。由于六氟化硫气体绝缘性能优越，所以组合电器体积小，能节省变电站（所）占地面积，使变电站（所）建设成本降低。

在地铁变电站（所）中，由于空间相对较小，对设备之间的安全距离、设备检修等方面有较高的要求，十分适合采用全封闭组合电器，如图5.39所示。

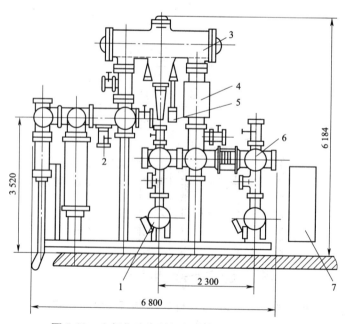

图5.39　六氟化硫全封闭组合电器（尺寸：mm）

1—母线柜；2—接地开关；3—断路器；4—电流互感器；5—液压操动机构；6—隔离开关；7—控制箱

全封闭组合电器具有很大的优越性。由于六氟化硫气体具有很高的绝缘强度，采用全封闭组合电器可缩小各元件之间的绝缘距离，从而使整套配电装置的占地面积和空间体积缩小，且现场的施工工作量大大减小。电气设备进行封装以后，避免了各种恶劣环境的影响，减少了设备故障的可能性，提高了人身安全和设备检修周期。

复习思考题

1. 城轨交通牵引变电站（所）的有哪些类型？
2. 城轨交通牵引变电站（所）中有哪些类型的设备？
3. 简述整流机组的结构原理。
4. 高压断路器的作用是什么？
5. 简述高压断路器的结构及各部分的功能。
6. 高压隔离开关在线路中的主要作用是什么？
7. 隔离开关配合断路器进行停、送电操作时，应遵守的安全操作规定是什么？
8. 高压负荷开关、高压熔断器的作用是什么？
9. 互感器在电力系统中有什么作用？
10. 为什么运行中电流互感器不允许开路，而电压互感器不允许短路？高压开关柜的"五防"是指什么？
11. 互感器在使用中要注意什么？
12. 什么是 GIS 组合电器？它在应用中有哪些优点？

项目6　牵引供电远动技术

【项目描述】

由于现代化生产过程的集约化、自动化程度不断提高，人们从事生产的领域也越来越广泛，所以人们不断谋求对生产过程中处于分散状态（或远程、危险）的生产设备的运行实施集中监视、控制和统计管理。经过长期生产实践的积累，配合科学技术的发展水平，远动技术逐渐成为一门相对独立的应用学科。

远动技术是建立在自动控制理论、检测技术、计算机技术和现代通信技术基础上的一门多学科应用技术。远动技术集控制、通信、计算机技术于一体，在工业、电力、运输、航空航天、气象和原子能开发利用等领域得到广泛的应用，并发挥着越来越重要的作用。远动系统根据应用场合和完成其特定任务等方面的不同，有着繁多的种类，且各自有着不同的特征。较为简单的远动系统可能是完成一个很简单的对单一对象的控制，而较复杂的远动系统可能是一个很大的对多个被控对象的集群控制。

【学习目标】

1. 了解远动系统的基本任务、基本结构、性能指标。
2. 了解远动系统的功能。
3. 了解远动系统的硬件结构。
4. 了解远动系统的软件。

【技能目标】

能够运用远动系统进行监控与操作。

任务6.1　远动概述

6.1.1　什么是远动技术

随着我国铁路事业的发展，电气化铁路在整个铁路网中所占的比例越来越大。我国现有电气化铁路一万多千米，并以每年500~800 km的速度发展。电气化铁路的牵引供电系统有其特殊性，各个牵引变电站（所）（分区亭（所）、开闭所）沿铁路沿线分步，彼此之间的距离长达数十千米，不易集中控制，并且接触网设备属露天设备，无备用，运行条件恶劣，事故频发，"天窗"时间短。随着列车运行速度的不断提高，留作接触网停电检修的时间越来越短。

在电气化铁路运行初期，牵引供电系统的运行是靠电力调度所通过电话来进行调度的。

这时，一个信息的上报、计划、下达命令到确认、执行、消令，往往需要数十分钟的时间。这样根本不能保证牵引供电系统的高质量运行，迫切需要形成这样一个格局：一个电力调度中心，统一指挥，集中监事控制各个牵引变电站（所）（分区亭（所）、开闭所）。这就是实现远动化的格局。

在电气化铁道牵引供电系统中应用远动技术后，设立在中心城市的电力调度所即可通过远动系统完成对铁路沿线数百千米（甚至上千千米）范围内的各个牵引变电站（所）（分区亭（所）、开闭所）信息交互与传输，实现对牵引变电站（所）（分区亭（所）、开闭所）中的电气设备运行状态进行实时控制与监视，其示意图如图6.1所示。一方面，根据调度工作的需要，牵引变电站（所）将断路器等电气设备的位置信号、事故信号及主要运行参数等信息能迅速、正确、可靠地反映给调度所；另一方面，调度所在了解到各被控对象的电气设备运行情况并进行判断处理后，即可对牵引变电站（所）（分区亭（所）、开闭所）下达命令，直接操作某些设备（对象），完成实时控制的任务。

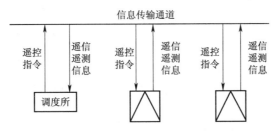

图6.1　电气化铁道远动系统示意图

一般来讲，远动系统应该具备遥控、遥测、遥信和遥调方面的"四遥"功能，这样远动技术也可定义为：一种实现对远距离生产过程或设备进行控制、测量与监视的综合技术，即调度所与各被控对象之间实现遥控、遥测、遥信和遥调技术的总称。

6.1.2　遥控、遥测、遥信和遥调的定义

远动系统中的遥控、遥测、遥信和遥调的"四遥"功能有其特定的范围和含义，一般情况下，其功能定义如下。

1. 遥控（YK）

遥控就是指从控制端（调度所）向远距离的被控对象发送位置状态变更的操作命令，实行远距离控制操作。在远动技术的应用中，这种命令只取有限个离散值，通常较多情况下只取两种状态指令，例如电力系统中各个变电站（所）中的开关电器设备的"合闸"、"分闸"指令；某个物体位置的"升位"、"降位"指令；某个机械设备上电磁阀门的"开启"、"关闭"指令等。

2. 遥测（YC）

遥测就是指从控制端（调度所）对远距离的牵引变电站（所）被测对象的某些参数进行测量，被控对象实时将工作运行参数传送给控制端（调度所）。例如电气化铁道牵引变电站（所）中的馈线负载电流、母线的工作电压、系统的有功功率和无功功率等电气参数及接触网故障点位置等非电气参数。

牵引供电系统的主要遥测对象有进线电压、进线电流、主变功率、27.5 kV 母线电压、主变压器一次侧有功电度、无功电度、馈线电流、馈线故障点参数（馈线号、阻抗值、公里标）和电容补偿装置电流。

3. 遥信（YX）

遥信是指从控制端（调度所）对远距离的被控对象的工作状态信号进行监视，被控对象实时将设备状态信号传送给控制端（调度所），例如在电力系统中变电站（所）的开关电器设备所处的"分闸"或"合闸"位置信号、设备运行的报警信号或继电保护装置的动作信号等。

遥信可分为以下几大类：

1）位置遥信——开关对象的状态信号。

2）非位置遥信——初开关对象位置信号外的其他故障状态信息。如预告遥信（指轻故障信号）和事故遥信（指事故信号）。

3）软遥信——非常规节点遥信，由变电站（所）综合自动化系统软件判定后给出。

对牵引供电系统涉及的遥信量包括遥控对象位置信号、中央信号（包括事故总信号、预告总信号，自动装置动作、控制回路断线，控制方式、所内监视、交流回路故障、直流电源故障、压互回路断线等）、进线有压/失压，自投投入/撤除信号、牵引变压器的各类故障信号（含保护动作信号）、电容补偿装置的各类故障信号（含保护动作信号）、动力变压器的各类故障信号（含保护动作信号）、馈电线的各类故障信号（含保护动作信号）、各开关操作机构的工作状态信号、远动装置、远动通道运行状态。

4. 遥调（YT）

遥调是指从控制端（调度所）对远距离的被控对象的工作状态或参数进行调整，例如调节牵引变电站（所）变压器的二次输出电压，或调节某一设备中驱动电动机的转速，或调节主变压器的输出电压。

目前，我国电气化铁道牵引供电系统中需要进行设备工作状态或参数调整的对象不多，所以其远动系统一般主要要求具备遥控、遥测、遥信功能。

实际上，以上四种功能不是各自独立的，而是相辅相成的。遥信和遥测信息是遥控和遥调的依据，而遥控和遥调又需要遥信和遥测信息来检查和证实。这样就决定了远动技术有"实时性"的特征。

所谓"实时性"，针对牵引供电系统来讲，就是指开关变化信息和状态信息，电气量的变化信息必须及时反映到调度所；而调度所的控制、调整命令必须及时下达到被控对象。这是因为电力系统运行的变化过程十分短暂，迟到的信息，其价值迅速降低，有时甚至完全失去意义。

采用远动技术进行监视、控制，其优越性表现为：一是集中监视，提高安全经济运行水平。在正常状态下实现合理的系统运行方式；事故时能及时了解事故的发生和范围，加快事故处理。二是集中控制，提高劳动生产率，实现无人化或少人化，并提高运行操作质量。改善运行人员的劳动条件。三是经济效益显著，减少运行维修费用。

电气化铁道供电系统采用远动技术，其可靠性和经济性是十分明显的。现有电气化铁路使用远动装置的，已经超过 4 000 km。目前我国的铁路教学、科研部门在远动技术的科研、生产方面已经成熟。可预计，我国的电气化铁路将逐步采用远动技术，有电气化铁路就有远动装置。所以学好远动技术，是对一个供电技术人员的基本要求。

6.1.3　远动技术的发展与应用

1. 远动技术的发展

远动技术的出现起于 19 世纪，人们在劳动生产过程中远离危险物体，但又需要对危险物体实施操作，如用遥控的方式点燃爆炸物等，这就是早期远动技术的例子。

远动技术的发展集中体现在 20 世纪。自 20 世纪 30 年代开始，随着社会生产力的发展，远动技术被应用于电力、铁路运输、军事、矿山和化工生产过程中，这一时期的远动技术侧重于遥控、遥测技术的发展，用于实现对远程物体的控制和参数测量。

到 20 世纪 50 年代后，全球科学技术得到飞速发展，人们的活动领域不断扩大，如宇航、卫星、原子能发电、深海作业等，远动技术也就被更广泛地应用于气象、航空航天、机器人、核能工业、海洋作业、环境保护等领域。而且，在这一时期，计算机及计算机网络技术、微电子技术、控制技术和通信技术得到迅速发展及应用，使远动技术得到革命性的改革与创新，出现了计算机远动技术。

从远动装置的技术装备角度来看，远动系统前后经历了继电器、晶体管（分立元件）、集成电路和计算机远动系统等四个阶段，相应的远动系统也被称为第一代、第二代、第三代和第四代远动系统。第一代、第二代、第三代远动系统统称为布线逻辑远动系统、第四代即为计算机远动系统。目前，电气化铁道远动系统均为计算机远动系统。

电气化铁道远动技术的发展趋势集中在计算机高可用性技术的应用、基于 IEC61970 系列标准的数据结构和数据交换的应用、远动系统专用 Internet 网络的使用等方面，即电气化铁道远动技术迎来了网络化时代。由于它简单可靠并且充分利用了广域网技术，因此发展潜力巨大。目前，中国电力科学研究院电网所科东公司、东方电子和南京自动化研究所在这方面处于国内领先地位。

2. 远动技术在国内的应用

我国电力系统由东北、华北、华东、华中、华南、西北、山东 7 个大电网组成，国家电力管理调度体系分为国家级总调度、大电网级网调度、省级电网省调、地区电网地调和县级电网调度等五级。庞大的电网区域与复杂的管理体系，必须依靠现代化的管理手段，才能实现电力系统的安全、优质和经济运行。

我国电网调度自动化的研制工作开始于 20 世纪 50 年代，实际应用开始于 20 世纪 70 年代中期。1978 年我国第一套电网在线监控与调度系统在京津唐电网投入运行；1985 年后，能源管理/安全监控与数据采集（EMS/SCADA）系统陆续在华北、华中、东北、华南四大电网投入建设并运行。到目前为止，我国电网调度自动化有了较大的发展，基本实现了五级调度自动化。

我国电气化铁道牵引供电远动系统自 20 世纪 60 年代开始研制，20 世纪 80 年代开始得到广泛应用。20 世纪 60—70 年代，铁道科学院与唐山铁道学院联合研制的第一套晶体管元件布线逻辑使远动装置在宝鸡到凤州铁路的 3 个牵引变电站（所）、2 个分区亭（所）进行了试运行；20 世纪 70 年代末，第一套晶体管问答式通信方式远动装置在西安铁路局宝鸡开闭所投入运行；20世纪80年代开始，随着我国电气化铁道建设的快速发展，计算机远动装置被大量采用，前后在京秦线、陇海线、京广线、兰武线、贵昆线、成渝线、宝中线、西康线等投入运行。

目前，我国电气化铁道远动系统的计数装备已经达到较为先进的水平，南京自动化研究所、许昌继电器集团公司、西南交通大学等单位形成了集电气化铁道远动技术研究、开发、生产、服务于一体的技术团队。

6.1.4　牵引供电系统应用远动技术的意义

远动系统在电气化铁道供电系统中的应用，其主要目标是解决牵引供电系统的运行与调度管理工作。实现对电气化铁道供电系统远动化具有以下实际的意义：

1）实现对铁路沿线供电设备的集中监视、提高安全经济运行水平。在正常状态时，实现合理的系统运行方式；在事故时，及时了解事故的发生和范围，加快事故的处理。

2）实现对铁路沿线设备的集中控制，提高劳动生产率。调度人员可以借助远动装置进行遥控或遥调，在牵引变电站（所）、分区亭（所）、开闭所实现无人化或少人化值班，并提高运行操作质量，改善运行人员的劳动条件。

3）实现对牵引供电系统运行的统一调度，提高系统运行的管理水平，从而保证供电质量，提高供电可靠性，合理使用电能。

4）建立一个良好的通信网络平台，有利于实现牵引变电站（所）综合自动化技术的运用。目前，变电站（所）综合自动化技术得到飞速发展，除提高设备运行自动化外，同时提高了防火、防盗等安全防护功能。

任务6.2　远动系统的基本构成与分类

6.2.1　远动系统的基本构成

远动系统的基本作用就是实现调度端对被控端设备的监视与控制操作，所以远动系统的组成应包括调度端（或控制端）、通信信道和执行端（或被控端）三部分，如图6.2所示。

远动系统包括命令的产生、传送与接收三个部分。

远动系统的发送端设备即命令的产生部分，接收端设备即命令的接收部分，而命令的传送部分则成为远动系统的信道。

由于距离较远，加上通道的存在，因此远动系统易受外来的干扰，为此要采取一系列的措施来保证系统的正常运行。图6.3所示为远动系统的原理框图。

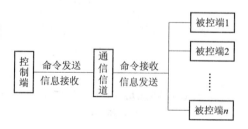

图6.2　远动系统的组成示意图

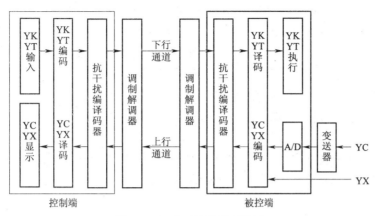

图 6.3 远动系统的原理框图

电气化铁道计算机远动系统的基本结构主要由三大部分组成，即装设于调度所（中心）的调度端、装设于铁路沿线牵引变电站（所）（分区亭（所）、开闭所等）的远方执行端（RTU 装置、被控站）及铁路通信系统中分离出来的远动通道。调度端和执行端以远动通道为桥梁有机配合，共同实现对牵引供电设备的遥控、遥信、遥测、遥调及数据报表统计、记录事故分析等远动及调度功能。

1. 调度端

（1）调度端的基本结构

调度端是计算机远动系统乃至牵引供电系统的调度指挥中心，其配备的调度管理自动化系统为实现牵引供电系统调度管理意图提供了强有力的技术支持。调度端的基本结构包括主机服务器、调度员操作工作站、数据维护工作站、通信前置处理机、打印设备、模拟屏、数据终端通信控制器、工程师终端和电源系统，如图 6.4 所示。

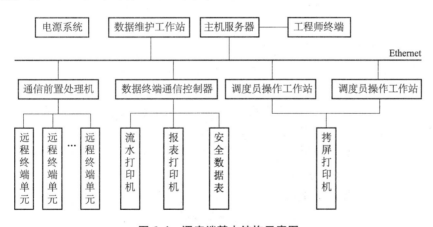

图 6.4 调度端基本结构示意图

1）主机服务器（MC）。主机服务器主要用于数据和网络服务，定时任务管理，一般应用双机冗余配置，以提高设备运行的可靠性。冗余的设备可有冷备用和热备用两种备用工作方式。所谓冷备用，是指作为备用的服务器设备不运行指定的应用软件或干脆关电待命。带主服务器设备故障或根据需要切换时再投入运行；所谓热备用，是指作为备用的服务器设备运行指定的应用软件监视主服务器设备，一旦发现主服务器设备故障，即自动切换运行主用程序，接替主服务器设备工作，或收到双机切换命令后自动切换为主服务器设备工作方式，原主服务器设备切换为备用服务器工作方式，或退出运行。

2）调度员操作工作站（OW）。调度员操作工作站主要用于操作人员实施调度作业，一般以人机界面对话的方式进行，操作直观、方便、可靠，易实现调度意图和效果。

3）数据维护工作站（DW）。数据维护工作站主要用于实现远动系统基础数据库（静态数据库）的人机接口，操作直观、方便，易实现数据的生成与管理，并监视调度端系统设备状态。

4）通信前置处理机（CC）。通信前置处理机主要用于将调度端设备与远动通道线路连接，是调度端与执行端的信息纽带。一般配备两套通信前置处理机，互为备用，以提高运行的可靠性。

5）打印设备。调度端一般配有流水打印机（LP）、报表打印机（RP）、拷屏打印机（CP）等打印设备，用于数据及相关信息资料（如事故记录、操作记录）的打印。

6）模拟屏（MNP）。模拟屏主要用于显示供电系统中各个执行端所有被控对象设备（断路器、隔离开关等）的接线电路、运行状态、运行参数及时钟、安全运行天数等，配备灯光、音响警告装置，对值班工作人员处理远动信息具有非常实际的意义。

7）数据终端通信控制器（DTC）。数据终端通信控制器主要用于实现打印设备、模拟屏等设备与主机服务器的网络连接，一般采用串口通信方式进行。

8）工程师终端（ET）。工程师终端是主机系统的一部分，用于主机应用软件的开发。在主机系统运行过程中，可通过工程师终端命令观察开发人员或维护人员所关心的运行进度、通信数据、部分处理结果提示及一些异常信息提示。

9）电源系统（UPS）。电源系统主要用于为调度端所有设备提供不间断工作电源。以现代计算机网络通信技术为基础的调度端调度管理自动化系统以主机服务器为核心，通过以太网（Ethernet）与调度员操作工作站、数据维护工作站、通信前置处理机、数据终端通信控制器等设备进行数据交换，并对各设备的工作状态进行监视管理；流水记录打印机、报表打印机、模拟屏等慢速设备与数据终端通信控制器（DTC）进行串口通信，由 DTC 统一管理，通过 DTC 上网与主机服务器互联；调度员操作工作站通过打印共享器共享拷屏打印机资源。

主机服务器、数据维护工作站，调度员操作工作站，通信前置处理机配以相应操作系统（如主机的 UNIX 操作系统、工作站及通信机的 Windows NT 系统等）及监控应用软件，充分利用外围设备及数据资源，实现遥控、遥信、遥测、遥调"四遥"功能及数据报表统计、事故记录分析等调度自动化管理功能。

计算机远动调度端数据源于调度台调度员的操作命令及被控站（RTU）采集到的被控对象的有关数据上送信息。调度员的远动操作命令亦称下行命令，被控站采集到的上送有效信息亦称上行信息。整个调度端主机系统围绕下行命令和上行信息展开处理工作。操作工作站作为主要的人机交互界面，接受和初步处理调度操作命令，是下行命令的第一受理者；通信前置处理机通过远动通道查询获取被控站的有关信息，预处理后通过网络传送给主机处理，因此可以说通信机是上行信息的第一接待站。同时，也可以形象地说，通信机也是下行命令的出口，操作工作站又是上行信息的终点站。下行命令和上行信息的处理流程图如图 6.5 所示。

（2）调度端的功能

计算机远动系统的多功能化、智能化发展方向，除计算机及网络技术的发展支持外，其各项功能的实现主要依靠软件支持。计算机远动系统调度端的主要功能如下：

1）数据收集功能。调度端收集各执行端RTU 发送来的数据，如模拟量、数字量、状态量、脉冲量。

2）数据处理功能。在调度端上对各执行端RTU 送来的数据进行处理、运算、判断，如有功功率、无功功率、电量累加、越限告警、连续模拟量输出记录（如电压曲线、负荷曲线）等。

3）控制与调节功能。通过人机对话界面，生成并下发命令到各个 RTU，实现对被控对象（如断路器、隔离开关等）的遥控操作、系统接

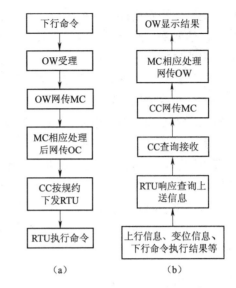

图 6.5　下行命令和上行信息的处理流程图

（a）下行命令；（b）上行信息

地故障查找、开关事故变位、事故画面优先显示、声光告警、事件顺序记录、事故追忆、调节功率因数等功能。

4）人机对话功能。在调度端收集整理与处理 RTU 上送数据；显示有关数据、变电站（所）实时电气主接线图、实时数据、负荷曲线、电压棒形图、电流棒形图；实现数据库实时修改，图形报表修改；发送遥控、遥测命令及校对命令；完成制表打印，定点打印供电系统负荷、电能、运行报表、召唤记录、操作报表、异常及事故等方面的资料。

随着电气化铁道牵引变电站（所）综合自动化技术的发展和应用，计算机远动调度端的功能也越来越强大。它不仅能够获得更多的信息，准确掌握供电系统的运行状况，而且不断提高供电系统的可控性，从而逐步实现牵引变电站（所）无人值班。

2. 通信信道

远动系统中信道的主要功能是承担控制端与被控端之间的信息数据、命令的传输。

通常，把从控制端向被控端发送的数据称为"下行"数据；反之把从被控端向控制端发送的数据称为"上行"数据。

从结构上讲，远动系统与一般自动化系统之间最大的区别就在于信道的存在。远动系统由于调度端与执行端之间距离较远，信道存在易受外来干扰的弱点，从而降低了命令的准确性和整个系统的可靠性。当所需传送的命令越多，系统越复杂时，信道的结构也就越复杂，这个弱点也就越突出，并且信道的成本也越高。因此，需要有一系列的措施来保证系统正常、可靠和经济地运行。一般情况下，远动系统中会采取将被传达的命令转换成适合于在信道中传送的最好信息形式进行传输，如模拟信号数字化技术、纠错编码技术、数字加密技术、基带传输技术、同步技术等。这种形式往往与一般自动化系统中命令的形式有很大的区别，因此在远动系统中就需要一些特殊的转换设备来转换命令。例如，设在调度中心的控制端要将遥控、遥调命令送到被控端去执行时，首先要将遥控或遥调命令经看干扰编码编成数字信号，以防止信号在传输过程中受到各种干扰而发生差错，提高传输的可靠性。其次，除光纤数据传输外，如果利用电话线路作为信号传输的通道时，由于数字脉冲信号易受到线路

电感、电容的影响而使脉冲信号产生很大的衰减和变形，所以要用通信设备部分的调制器把数字脉冲信号变成适合于传输的信号，如变成正弦信号传输，则相应地要求在执行端通信设备中用解调器把正弦信号还原成原来的数字信号，再经抗干扰译码进行检错，检查出错误的码组就拒绝执行，正确时则遥控、遥调译码后分别执行。

在电气化铁道供电远动系统中，由于系统分布距离远而使通信部分的投资费用增大，而控制端调度中心和牵引变电站（所）等被控端之间需要传送的信息又较多，为了使同一信道传送更多的信息，充分发挥信道的作用，就需要在信息传输中采用信道多次复用的办法。目前有两种制式，简称为频分制和时分制。在频分制中，各种远动信号是用不同频率的信号来传送的，例如用频率 f_1，f_2，$\cdots$，f_n 分别代表 n 种不同的信号，这些不同频率的信号可以在同一信道中同时传送；而且，为了使传送的各种远动信号互不干扰，在发送端和接收端都设有通道频率滤波器。在时分制中，待传的远动信号是按规定的时间先后顺序，依次在信道中逐个传送，如有几个断路器位置状态信号需要传送，可以先送第一个断路器位置状态信号，再依次送第二个、第三个，等等。

近年来，随着计算机网络通信技术的不断发展，特别是网络通信设备技术的标准化与规范化，以及光纤通信技术的应用，远动系统中通信信道的许多问题得到了解决和改善，为计算机技术的应用与发展打下了坚实的基础。

3. 执行端

执行端是电气化铁道计算机远动系统的重要组成部分，主要负责对牵引供电系统的数据采集和操作命令的执行。执行端远动设备装设于铁路沿线牵引变电站（所）、分区亭（所）或开闭所内。

（1）执行端的基本结构

远动系统执行端的主要设备包括远程终端装置（RTU）、CTR 显示器、打印机等。

RTU 设备是执行端的核心设备，从外观上看，主要包括控制柜、变送器柜和连接电缆三大部分。控制柜和变送器柜采用直立式结构、钢柜架、双开门且具有足够的机械强度确保设备安装后无晃动、盘架无变形，同时可装备检测照明灯。柜内端子排的设计应确保运行、检修、调试方便，与电缆连接可靠。

RTU 设备的内部硬件主要以工业控制计算机为核心，配备数据存储器及各种接口电路。其基本结构主要包括以下几部分。

1）控制处理子系统。RTU 中的计算机一般采用字长不低于 16 位的工业控制用微处理器，并配有足够的内存容量及实时数据采集、管理软件和相应的数据库，以实现对各 I/O 模块的实时管理及数据处理。

2）遥控输出子系统。遥控输出子系统接收调度端送来的遥控命令信息，并通过遥控出口继电器执行，直接与执行端被控对象的配电盘接口；输出接口界面采取光电隔离措施，并对遥控输出接口进行监测。

3）遥信输入子系统。遥信输入子系统通过信息采集接口电路与配电盘直接接口，采集来自现场被控对象的实时状态信息，包括位置遥信和非位置遥信；遥信输入采用无源接点方式，输入接口界面采取光电隔离措施及防止被控对象接点抖动的干扰。

4）模拟量输入接口。模拟量输入接口用于实现遥测数据信息的采集，接收来自模拟量变送器设备的信息，核心设备 A/D 转换板可采用智能板；模拟量输入可采用电流型或电压

型，输入接口界面采取一定的抗干扰及隔离措施。

5）电度量输入接口。电度量输入接口接收来自电度量变送器设备的信息，用于电度测量，输入接口界面也要采取一定的抗干扰及隔离措施。

6）故障点参数接口。故障点参数接口接收来自接触网故障点标定设备（故测仪）的信息，以及向该设备传送有关控制信息；接口方式一般采用 RS232 串行接口或并行数据接口。

7）通信接口子系统。通信接口子系统采用冗余结构双重接口配置方式，采取抗干扰编码等措施确保可靠通信；主要用于完成远动数据的发送和接收。

8）电源子系统。电源子系统为 RTU 内各模块及 RTU 附属设备提供不间断工作电源；一般可接入交流电或直流电两种外部电源，对设备过电压保护，确保 RTU 设备的安全。

（2）执行端的功能

远动系统的执行端主要功能体现在其核心设备 RTU 上，RTU 以微计算机为核心，配合各种功能性接口电路，用来完成遥控接收，输出执行、遥测、遥信量的数据采集及发送的功能。其主要功能有以下几个方面。

1）状态量信息采集功能。通过遥信输入子系统的接口电路，把变电站（所）中被控对象（如断路器、隔离开关等）的状态转变为二进制数据，存储在计算机的某个内存区。

2）模拟量测量值采集功能。通过模拟量输入接口、电度量输入接口把变电站（所）的一些电流量、电压、功率等模拟量，经互感器、变送器、A/D 转换器变成二进制数据，存储在计算机的某一内存区。

3）与调度端通信功能。RTU 把采集到的各种数据组成一帧一帧的报文通过信道送往调度端，同时可以接收调度端送来的命令报文。RTU 与调度端的通信规约一般有应答式（polling）、循环式（CDT）、对等式（DNP）等 10 余种，每个 RTU 必须具有其中的一种。同时，RTU 应具备通信速率的选择功能，还应有支持光端机、微波、无线电台等信道通信转换功能。通信中有一个重要的工作就是对发送的数据进行抗干扰编码。对接收到的数据则要进行抗干扰译码，如果发现有误则不执行命令。

4）被测量越死区传达功能。所谓被测量越死区传达，就是指 RTU 自动将每次采集到的模拟量与上一次采集到的模拟量旧值进行比较，若差值超过一定限度（死区）则将新数据送往调度端，否则认为采集数据无变化，不传送新数据信息。RTU 的这种功能可以大大地减少数据信息的传输量，减轻远动通信信道的负担。

5）事件顺序记录功能。事件顺序记录（Sequence of Events，SOE）指对某个开关（被控对象）状态发生变位的开关设备编号，位置状态、变位时间等进行实时记录。事件顺序记录有助于调度人员及时掌握被控对象发生事故时各开关和保护动作的状况及动作时间，以区分事件顺序，做出运行对策和事故分析。

时间分辨率是事件顺序记录的重要指标。在事件顺序记录中，时间分辨率是指顺序发生多个事件后，两件事件之间能够辨认的最小时间，一般分为 RTU 内与 RTU 之间两种。

① SOE 的 RTU 内的时间分辨率。RTU 内时间分辨率是指同一 RTU 内，顺序发生多个事件后，两件事件之间能够辨认的最小时间。在计算机远动（调度自动化）系统中，SOE 的站内时间分辨率一般要求小于 5ms，其大小由 RTU 的时钟精度及获取事件的方法决定。

② SOE 的 RTU 之间的时间分辨率。SOE 的 RTU 之间的时间分辨率，即站间分辨率，是指各个 RTU 之间顺序发生多个事件后，两件事件之间能够辨认的最小时间，它取决于远动

系统时钟的误差、通道通信延时的误差和主机系统的处理延时等。SOE 的 RTU 之间的时间分辨率一般要求小于 10 ms。RTU 之间的时间分辨率是整个远动系统的一项重要的性能指标。

6）遥控命令执行功能。RTU 具有接收调度端遥控命令、校对命令信息、进行遥控操作的功能。遥控命令的执行是通过遥控输出子系统的接口电路来完成的，可以对变电站（所）中的单个或多个断路器、隔离开关进行"合闸"或"分闸"操作。

7）系统对时功能。由于 SOE 的 RTU 站间的时间分辨率是一项重要的性能指标，因此它严格要求各 RTU 的时钟与调度端主机服务器的时钟严格同步，这就要求执行端具备系统对时功能。

要实现系统对时功能，一般采用的时钟同步的措施有以下两种。

① 采用全球定位系统（GPS）。在远动系统的调度端与执行端设备的安装所在地配备 GPS 接收机、天线、放大器等 GPS 信号装置，并通过接口与主机服务器、RTU 相连，利用全球定位系统（GPS）提供的时间频率进行同步对时。这种对时方法精确度高，SOE 站间时间分辨率指标有保障，但设备投入费用会提升。

② 采用系统自带软件对时。一般来说，通信中的 CDT、DNP、Modbus 等规约中均提供了软件对时手段，RTU 可以利用这些通信规约的支持采用软件对时。采用软件对时的方法简单、方便，不需要增加硬件设备，但由于受到通信速率的影响，对时精确度较小，需要采取修正措施。

8）自恢复和自检测功能。RTU 作为远动系统的数据采集单元，必须保证不间断地完成与调度端的通信，但由于 RTU 安装在变电站（所）内，极易受到强大的电磁干扰，从而发生程序受干扰或通信瞬时中断等异常情况；有时，RTU 也会因工作电源瞬时掉电而造成死机，使调度端无法收到执行端的信息。因此，要求 RTU 具有自恢复和自检测功能，保证 RTU 在遇到上述情况时能够在最短时间内自动恢复，并重新开始运行程序。

9）人机交互与管理功能。人机交互与管理功能包括以下两个方面。

① 通过 RTU 上安装的键盘、LED（或 LCD）显示器实现人机交互，使 RTU 采集的信息在当地就可以进行浏览显示，同时还可以通过键盘操作完成输入遥测量的转换系数和修改保护整定值等管理功能。

② 通过在 RTU 上外挂 CRT 与打印机，可以赋予变电站（所）值班人员浏览与打印 RTU 信息的权限，提高工作效率。

6.2.2 远动系统的分类

远动系统在整体归类上一般按照不同的信息传送方式、不同的工作方式、控制对象的不同分布形式、具有不同功能等方面进行分类。

1. 按照远动系统中信息传送方式的不同分类

在远动系统中，各种信息、命令从一端传送到另一端去控制执行、显示或记录。目前，远动技术的信息传送方式分为两大类：循环传送方式和查询传送方式。循环传送方式是以被控端的远动装置为主，周期性地采集数据，并且周期性地以循环方式向调度端发送数据，即由被控端传送遥测、遥信量到调度端；查询传送方式是以调度端为主，由调度端发出查询命令，被控端按发来的命令工作，被查询的站向调度端传送数据或状态信息。

2. 按照远动系统工作方式的不同分类

远动装置按照工作方式不同一般可以分为以下3类。

1）1:1 工作方式。1:1 工作方式是指在被控端装一台远动装置，在调度端对应地也装一台远动装置。

2）1:n 工作方式。1:n 工作方式是指调度端的一台远动装置对应着被控端的 n 台远动装置。

3）$m:n$ 工作方式。$m:n$ 工作方式是指调度端的 m 台装置对应被控端的 n 台装置。

3. 按照远动系统所采用信道的不同分类

1）按照信道的性质分类。远动系统按照传送信号的信道是利用有线信道还是无线信道，可分为有线远动系统和无线远动系统。无线远动系统多应用于航空航天、军事领域，而在工业、运输、电力等领域更广泛使用的是有线远动系统。

2）按照信道的数量分类。远动系统可以按照信道的数量是随着控制对象的数量而增加还是与被控对象数量的多少无关来分类，一般可分为少信道远动系统和多信道远动系统。

4. 按照远动系统所控制对象分布的不同分类

远动系统可以根据被控对象的分布状态来分类，可分为分散型远动系统和集中型远动系统、固定目标远动系统和移动目标远动系统、链式远动系统和辐射式远动系统等。

5. 按照远动系统所采用的元件、功能的不同分类

远动系统可以根据装置采用的元件是有接点还是无接点分为有接点远动系统和无接点远动系统；远动系统按照远动功能是用硬件实现还是用软件实现，可分为布线逻辑式远动系统和软件化远动系统；远动系统还可以按照是否有一个远程自动调节系统而分为开式远动系统和闭式远动系统等。

6.2.3 布线逻辑式远动装置与计算机远动装置

在远动系统中，布线逻辑式远动系统的功能主要是依靠硬件设备来实现的，而计算机远动系统的功能主体是依靠软件来实现的，其功能实现示意图如图6.6所示。

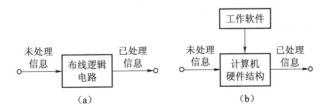

图6.6 远动功能实现示意图

（a）布线逻辑式远动系统；（b）计算机远动系统

布线逻辑式远动系统功能的实现是通过装置中逻辑电路的时序电路，由它控制具有远动功能的逻辑电路按一定的时序要求进行工作，将等待处理的遥信、遥测信息或要发生的遥控、遥调命令经各功能逻辑电路的处理变换为适合于显示遥信、遥测信息和适合于发送的遥控、遥调指令。由于处理过程完全由逻辑电路来实现，所以其投入运行的远动装置如果需要

实现功能的变更，则必须更改逻辑电路设计，这也就限制了布线逻辑式远动系统功能应用的灵活性。在这一点上，计算机远动系统具有明显的优势。

计算机远动系统功能的实现是基于硬件设备的基础之上，应用软件系统引导并控制处理信息。当需要改变处理要求时，只需对软件程序进行修订。即使需要增加硬件，由于各部分电路是通过数据总线相互连接的，扩展也很方便。因此，计算机远动装置更具有灵活性和可扩展性。目前，随着微型计算机技术的发展和普及，电气化铁道牵引供电远动装置广泛采用计算机远动装置。

计算机远动系统以微型计算机为工作主机，以完成常规"四遥"功能为目标的监视控制和数据采集系统简称为微机远动系统。其基本构成包括主计算机、人机对话设备、工程师终端、模拟屏、UPS 电源、被控端 RTU 等，如图 6-7 所示。

1. 主计算机

主计算机是微机远动装置的核心，其工作方式由软件进行控制，具有很强的功能适应性。其主要功能除完成远动系统的"四遥"功能外，还能进行许多运算处理工作，例如对遥信信号进行变位判别、事故顺序记录、程序控制等。同时，它还能进行信息的加工处理和转发，即调度端远动装置技能接收遥测、遥信信号，又能发送遥测、遥调信号，与传统的概念略有区别。这种转发功能是布线逻辑式远动装置难以实现的。

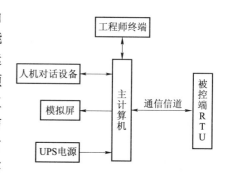

图 6.7　微机远动系统示意图

除此之外，微机远动装置还可以进行一些实时计算，如对多个牵引变电站（所）的功率进行总和统计、输电线线损计算、误码率统计及各种图形报表的显示、打印等。

2. 人机对话设备

人机对话设备包括键盘、鼠标器、打印机等，工作人员通过这些设备实现对遥信、遥测等信息的浏览，发送遥控、遥调命令，编制打印各种不同的图形、报表等。同时，也可以通过复示终端提供操作人员的在线培训，防误操作及辅助决策等功能。

3. 工程师终端

工程师终端用于实现对远动系统的调试、诊断与功能修改等功能，用工程师终端，可以完成对远动系统运行参数的校核和修订。

4. 模拟屏

在电气化铁道牵引供电远动系统中，模拟屏作为辅助设备，用于显示各个被控端牵引变电站（所）电气设备运行状态的遥信信息和牵引供电系统运行参数（如电流、电压、功率等）的遥测信息。

5. UPS 电源

UPS 电源用于为主计算机提供不间断工作的电源。

6. 被控端 RTU

牵引供电远动系统中的 RTU 一般设在铁路沿线的各变电站（所）、开闭所或分区亭（所）内，它们与调度端主计算机之间的信息通过远动通道来传输。RTU 的主要功能则是采集变电站（所）内各开关量的状态、电气量的参数并及时上送调度中心，以及执行控制中心发来的各种操作命令等。

随着我国电气化铁道的迅速发展，供电系统的运行、调度、管理工作日益复杂，要做到安全、经济、降低损耗，就需要建立一个能对牵引供电系统主要设备进行监视、测量、调整、控制、管理及与其他系统（如行车调度自动化系统、红外轴温监控系统等）联网以实现数据共享的调度自动化综合监控系统，这是电气化铁道微机远动系统的发展方向。

6.2.4　电气化铁道远动系统的特点

电气化铁道牵引供电系统是电力系统的一个特殊用户，它的特殊性决定了电气化铁道的远动系统与电力系统中的远动系统既有共性，也有区别。它们的基本功能和作用是一样的，但系统结构、网络拓扑及一些具体技术和要求又不尽相同。

1. 牵引负荷的特殊性

牵引供电系统的负荷——电力机车，目前大多采用整流型的交－直流传动。由于采用晶闸管整流，因而在整流过程中不可避免地会产生谐波成分。这些谐波对接触网相距不远的远动通道有相当严重的谐波干扰。因此，在设计电气化铁道远动系统时，必须采用强有效的措施来克服这种通信干扰（包括硬件干扰措施和软件干扰措施）。

同时，电力机车是一个移动冲击性负荷，与电力系统的静止负荷相比，电气量变化幅度大，更容易造成牵引供电网故障，也要求电气化铁道远动系统具有更高的可靠性和实时性，以便及时、准确地将故障信息送到控制中心进行处理，并及时进行相应的操作控制，以缩短事故的影响时间。

2. 牵引供电系统布局的特殊性

在电力系统中，由于各变电站（所）、发电厂（站）的地理布局大多为辐射状的分散布局，因此其相应的电力远动系统的通道结构也多为辐射状结构。在牵引供电系统中。各变电站（所）、分区亭（所）、开闭所则是沿铁路线分布，其通信线路呈相应的分布。因此，电气化铁道远动通道为适应这种特点，大多采用链形结构、环形结构、总线型结构，有时也要包含星形结构。对于链形、环形结构，必须考虑到信号的中继转发、实时性及误码累积等问题，这在星形结构中是不需要特别考虑的。

3. 远动系统功能和容量的特殊性

电气化铁道牵引供电远动系统与电力系统也有所不同。在电力系统中，侧重的是对遥测量的采集和监视，要求遥测数量大、采集精度高而对遥控开关的控制数量少、操作频率低。在牵引供电系统中，由于每天都需要对接触网进行停车检修，因此对变电站（所）开关的操作频繁，开关数量多，且可靠性要求极高，以确保行车安全和检修人员的人身安全。

4. 远动系统通信信道的特殊性

从通信媒介上看，电力系统多采用电力线载波作为远动通道，而电气化铁道远动系统多采用音频实回线、载波电缆或光纤作为远动通道，这是因为电气化铁道的电力线（接触网）存在大量的谐波，这些谐波的存在严重影响到用电力线作为传输通道的通信质量，从而影响到远动系统的可靠性。

同时，电气化铁道远动系统的管辖范围内常包括多个变电站（所）、分区亭（所）等，电力线是分段不同相供电的。在不同相的交汇处，电力线是不连通的，载波无法有效地在这些交汇处传输。因此，电气化铁道远动系统都不采用电力线载波的方式。

任务 6.3　远动系统的技术要求与性能指标

远动系统在社会生产、军事、航空航天领域中的应用已经成为日常工作的关键性要素，其系统运行的性能指标的优劣直接影响到系统应用的效率。对不同领域应用的远动系统来讲，其性能指标会有所不同，有一定的差异性，但一般来说，任何一种远动系统在设计、选项时，为保证系统具备良好的工作可靠性，应该考虑以下几个方面的技术要求。

1）系统应该具备较低的信息传输差错率。远动系统在信息传输过程中，会因为受到设备自身或外界干扰源的干扰而出现信息传输错误。信息传输过程中的这种不可靠性通常用信息的差错率来表示，即

$$差错率 = \frac{信息出现差错的数量}{传输信息的总数量} \times 100\% \tag{6.1}$$

信息传输中的差错率包括误比特率、误码率和误字节率，且常用误码率表示。在通常情况下，差错率要求在信噪比大于 15dB 时，误码率小于 10^{-5}。

2）系统应具备较稳定的硬件设备工作状态。要保证远动系统设备的工作稳定性，就必须做到其硬件设备在技术要求所规定的工作条件下，能够保证实现其技术指标的能力。远动系统的工作稳定性直接与装置本身的可靠性有关，装置设备的一次误动或是失效都有可能引起严重的后果，造成生命和财产的损失。

系统设备的可靠性一般用平均故障间隔时间，即两次偶然故障的平均间隔时间来表示。通常用可用率来表示，即

$$可用率 = \frac{运行时间}{运行时间 + 停用时间} \times 100\% \tag{6.2}$$

要提高远动系统运行的可用率，就要注意保证做到以下几个方面：

① 针对系统应用的不同领域，制定合理的设计方案，应尽可能简化设备硬件，模块电路力求简单，并充分利用好软件的功能，提高系统运行的综合性能。

② 远动装置由许许多多的组件所构成，包括通信设备、计算机设备、检测电路模块等，只有选用高质量的硬件产品，提高产品的加工技术水平，才能保证远动装置设备自身的产品质量。

③ 远动装置的工程安装与调试质量也影响到设备运行工作的可靠性，要注重加强对远动系统涉及安装施工过程的质量管理与控制，提高工程质量。

④ 远动系统设备工作运行的温度、湿度和卫生环境条件必须得到满足，并为其提高可靠地工作电源。

⑤ 要定期对系统设备进行巡视、维护与检修，保证预防设备故障的出现。

目前。我国自行设计生产的远动装置一般平均故障间隔时间要求控制端达到 5 000 h 以上，被控端达到 8 000 h 以上。

3）系统要具备一定的容量及功能，并保证信息传输的实时性。远动装置的容量是指遥控、遥测、遥信及遥调功能所实现的对象数量。远动装置在设计初期就必须了解实际用户对

系统容量的要求，同时应考虑到遥控、遥测、遥信及遥调功能的可扩展性。随着计算机及网络技术的发展，远动装置除满足实现"四遥"功能外，还要根据社会生产的需求完成生产过程中的时间记录、数据处理、信息转发、安全监视等功能。

远动系统信息的实时性是提高生产效率、加速事故处理、及时了解被控对象运行工作状态等方面情况的关键，这也是对系统最基本的要求。实时性常用信息响应时间来衡量。它是指从信息发送端事件信息发出到信息接收端正确地收到该事件信息的这一段时间间隔。例如，在电气化铁道供电系统的远动装置中，一般遥控、遥信信息的响应时间是一次平均传输时间 $0.1 \sim 2$ s，遥测信息的响应时间是小于 3 s。

4）远动装置要具备较强的抗干扰能力。远动装置在运行过程中所受到的干扰主要指电磁干扰。其受到外界或自身设备干扰的因素很多，如雷电干扰、无线电波干扰、静电干扰、设备操作过程中的电磁干扰等。远动系统中最易受到干扰的部位是信道，而信道所受到的干扰主要是外界干扰源的干扰和在多路传输时信道间的路际干扰。信道在受到干扰后，所传输的信息就会发生错误。如图 6.8 所示，发送的信息 $f(t)$ 在通过通信信道的过程中，受到干扰信息 $n(t)$ 的侵扰，使正确传输的信息 $f(t)$ 变化为错误的信息 $f(t) + n(t)$。在遥信信息中，由于错误的信息无法显示正确的被控对象状态，因此错误的遥控信息会造成操作错误。

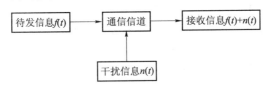

图 6.8 通信信息受干扰示意图

远动系统的抗干扰能力是指在有电磁干扰的情况下，远动系统仍能保证技术指标的能力。增加抗扰度的方法大致有两种：一是在信道输入端适当变换信号的形式，使其不易受干扰的影响；二是在接收端变换环节的结构上加以改善，使其具有消除干扰的滤波和补偿能力。

5）远动系统应具备较强的兼容性，并做到维护使用方便。远动系统应具备较好的兼容性，选型设计时要考虑设备的规范化、系列化，要注重采用模块化结构，以便硬件维护与检修。

远动系统的主要性能指标对同一系统往往并非同时能够满足，其中存在着矛盾，因此需要权衡利弊，予以选择。

任务 6.4 远动系统的功能

远动系统的功能可从以下两个方面进行说明。

6.4.1 数据采集及处理功能

1. 模拟量输入

模拟量是生产过程中连续变化的参量，如温度、压力、流量、电流、电压和功率等。

为了实现计算机控制系统对生产过程的监控，要把这些模拟量经变送器转换成模拟电信号，再通过外围设备中的模拟量输入部件，逐个地把他们变为二进制电信号，然后送进控制机。

模拟量输入部件主要由采样切换器、数据放大器、模数转换器（A/D）和控制器等组成，其原理框图如图6.9所示。

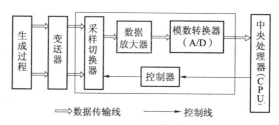

图 6.9　模拟量输入部件原理框图

采样切换器的任务是轮流切换和引入由变送器送来的模拟电信号。模拟电信号一般为 0~5 V 或 4~20 mA 的直流信号，再送入模数转换器（A/D）把它变成二进制电信号。控制器操纵采样切换器和模数转换器（A/D），使它们有节奏地正常工作。

（1）模数转换器（A/D）

模数转换器的种类有很多，最为常用的是逐级比较型，其作用是将随时间连续变化的量转换成计算机所能识别的二进制信号。

（2）采样切换器

控制机所要检测的生产过程的运行参数一般是很多的，如果每一路输入信号都设一套 A/D 转换器，那么设备非常庞大。因此，现在所使用的模拟输入通道，大都是几个到几十个输入模拟信号共用一套 A/D 转换器，而通过采样切换器使在一个时间隔内，只有一路模拟信号被接入 A/D 转换电路去进行转换。

（3）数据放大器

数据采集中使用的放大器与一般测量系统中的放大器相似。它要求高增益、高稳定度、宽频带、低零漂和低噪声。一般将这种处理数据用的放大器称为数据放大器。模拟通道中数据放大器的作用是起通道各部分的隔离作用，获得阻抗匹配；在低电平通道中，需要它来提高信号电平以适应 A/D 的输入要求。

有些生产过程中随机干扰的噪声频率是很低的，用阻容元件的滤波器即使时间常数为秒级也不能把它们全部消除。加大滤波时间常数将增加滞后时间，同时也增加滤波器的体积和质量。一种有效的方法是用程序来实现，以减少噪声在信号中的比例，用程序来减小干扰影响的方法称为数字滤波。

2. 开关量输入

开关量输入是过程输入的另一部分。所谓开关量，是指生产现场中那种只具有开或关两种状态的量，它可以用"0"或"1"两种电平表示它们所处的状态。

开关量信号的转换可以用图6.10所示的方法实现。图中触电（输入）是表示被检测的现场开关的辅助触点。当触点闭合时灯泡 D 点燃，光线照射光敏二极管 E，使其电阻减小，BG_1 导通。BG_1 作发射极输出，BG_2 基极为高电位。因而 BG_1 导通，其集电极输出低电平（0 V 左右）。反之，当触点断开时，灯泡熄灭，光敏二极管相当于开路，BG_1 截止，故 BG_2

亦截止，输出高电平（5 V 左右）。因此，BG₂ 的输出信号就代表了该开关的状态。

生产过程实现计算机监控，需要监视的开关量很多。可达数百点以上。为了避免混乱，每个点应有固定的编号（或称开关量输入地址）。由于一个开关量不是 "1 就是 "0"，所以如果计算机字长是 16 位，那么每个字就可以存储 16 个不同的开关量，称为一组。输入到主机的开关量是分组进行的，即每次输入的开关量数就等于计算机的字长。

3．输入数据的前置处理

计算机要搜集的运行参数类别很多，如温度、压

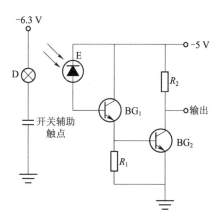

图 6.10　开关量信号的转换示意图

力、流量、水位、速度、加速度、二氧化碳浓度、电流、电压、功率、频率等。而每一种参数的测量范围又是很宽的，通常均使用各种变送器将这些参数转换成相应的电参数。即使如此，计算机也不可能对这些电参数进行预处理，一般需将其通过 A/D 转换器变换成数字量后送入计算机。

在以上数据采集与前置处理的基础上，计算机或计算机系统实现微机远动功能。

6.4.2　运行的安全监视功能

1．运行参数的监视（巡回检测）

定期对生产过程的大量参数进行监视，是控制计算机的一个主要功能。

对数据采集系统得到的运行参数，逐个地与给定的控制限定值进行比较，发现参数越限立即报警并显示与打印记录，这就是运行参数监视的主要内容。

给定控制可以分为上限控制、下限控制、差值控制和变化率控制等。大多数的运行参数只要控制在上、下限内即可，但也有部分参数需差值控制，有些参数的给定控制限定值是不变的，有些参数的给定控制限定值是随着工况的变化应作出相应的变化。

当出现异常工况时，应对异常情况有关的运行参数加速采样与比较，以便加强监视并及时掌握异常工况的发展情形，并在整个异常工况过程中将异常参数及其有关的其他参数以规定的周期不断地存入存储器中，以便事后输出，进行分析研究。这就是通常所说的时间追忆记录。

图 6.11 所示为运行参数监视的流程简图。程序定时启动，首先点燃程序灯（框 1），表示 CPU 正在执行该程序。然后依次将运行参数与其给定控制限定值进行比较（框 2）。如发现该运行参数越上限（框 3）或越下限（框 4），则应分别进行越上限处理（框 6）或越下限处理（框 7）。这种处理包括记录越限参数号，形成越限标志等。再进一步检查该运行参数上次是否越限（框 8），如果上次已经越限，则已做过越限处理，并已报警，所以本次不必再重复进行报警处理，以免扰乱运行人员的注意力。

如果该参数上次是正常的，而本次发现越限，则应作报警信息处理形成的处理。即调入报警子程序，调入显示画面程序，调入越限参数制表打印程序（框 12）然后发出音响报警信号，在屏幕显示上显示出有关画面，和完成制表打印等报警操作（框 13）。

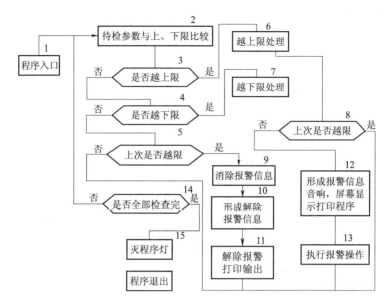

图 6.11　运行参数监视的流程简图

如果发现该运行参数上次越限而本次已恢复正常，则应告诉运行人员解除报警，并把解除报警的参数，解除报警的时间等内容记录下来。此时程序中有消除报警信息（框9），接着形成解除报警信息（框10），即调入解除报警打印程序由打印机输出（框11）。

2. 运行参数的制表打印

对于运行参数和设备状态的激流，也是控制计算机必不可少的功能。它对变电站（所）的运行分析和故障分析都起到很大的作用。这一部分功能的主要内容具体如下所述。

（1）定时制表

正常运行的参数可按需要以一定的格式和时间间隔在制表打印机上制成表格。通常每小时必须记录重要的一次及二次参数。对累计值及经济指标每一值一般为八小时制表一次。日累计值及经济指标的日平均值，每日制表一次。

（2）参数越限打印

部分需要监视上、下限值的运行参数和运行过程中需监视实时变化趋势等参数，一旦越限或趋势超出预定范围时应进行报警和打印输出，引起运行人员的注意。

（3）事故追记打印

事故追记打印将由事故引起的继电保护和开关动作情况，按动作时间先后次序予以记录。并将事故前一段规定的时间内的有关参数打印输出，以作分析事故用。

（4）操作记录

每个遥控操作均须记录如下内容：

①操作内容；②操作人员姓名；③操作时间；④操作是否成功。

3. 屏幕显示

变电站（所）远动系统的屏幕显示主要有如下内容。

（1）主接线图

主接线图显示变电站（所）主接线及相关的断路器、隔离开关及接地刀闸的状态，模拟量信息，并且要求在该图上可进行断路器、隔离开关及接地刀闸的操作。

（2）主变压器运行参数表

在主变压器运行参数表画面上不仅可显示主变压器线圈、油温度及调压挡位，而且可进行调压操作。

（3）运行参数表

运行参数表显示所有模拟量的实时数据。

（4）事故信息表及故障信息表

事故信息表及故障信息表显示所有事故及故障信息及其发生的时间和回归正常的时间。

（5）越限信息表

越限信息表显示各种越限信息，包括越限参数及其定值、发生时间或恢复正常值时间。

（6）操作记录表

操作记录表记录操作人的姓名、操作内容、时间。一般情况下以密码输入操作员的代号，而打印显示为操作人的姓名。

（7）实时曲线

实时曲线以曲线形式记录某一时段的重要参数。如电压曲线、功率曲线等。

（8）日运行参数表

日运行参数表一般以小时为单位记录各模拟量，每天一组，定点打印。

（9）电度量表

电度量表画面分两种：一种以小时为单位，一小时一张，另一种是以日为单位，一日一张，均可定时打印。

（10）定值参数表

定值参数表显示主要参数的上、下限定值。有些参数只有上限，有些参数不止一个上、下限，还要求有上上限及下下限。定值经输入密码，可根据要求进行修改。

4．报警功能

变电站（所）的报警有如下几种。

1）故障报警。故障报警显示报警内容，一般以黄色表示报警发生，同时启动故障报警音响。

2）事故报警。事故报警显示报警内容，一般以红色表示报警发生，报警点闪烁（人为确认报警后才停止闪烁）。一般从原屏幕显示画面切换到主接线画面，以便运行人员一目了然事故点，同时启动事故音响。

3）越限报警。越限报警当越限时，越限参数改变颜色（越上限为红色，越下限为黄色）。

4）上述情况下，均启动语言报警，告知发生的事件。

5）上述情况下，均启动打印报警，以备分析事件用。

5．遥控功能

调度可对变电站（所）进行下列遥控操作。

1）断路器分、合闸。

2）隔离开关分、合闸，接地刀闸操作等（需注意闭锁条件）。

3）电压及无功调节需注意闭锁条件。其闭锁条件见本节"6自动功能中的（1）电压无功自动综合调节"的内容。

上述操作均需输入正确的密码。同时对整个操作过程进行记录。闭锁条件由软件设置。

6. 自动功能

自动功能是指远动系统执行端的计算机系统（下位机）不需调度端的命令而自动执行的控制。对于变电站（所）下位机的自动功能主要有以下几种。

（1）电压无功自动综合调节

根据调度端定值表中设置的电压和功率因数合格范围，下位机自动控制，改变主变分接头位置和切、投补偿电容器。

（2）10 kV 系统接地自动检测与选跳

下位机以 10 kV 零序电压越限（接地继电器动作）和线路的零序电流增长率（ΔI_0）越限为盘踞而选跳 10 kV 线路，进行自动选跳，也可以由值班人员根据显示的信息进行手动选跳。

（3）低频自动减载

下位机定时（如 20 ms）测一次频率，当 n 次（可设定）所测频率的平均值低于所设的频率值，并延时若干秒仍低时，则按设定的断路器号逐个跳闸，进行自动减载，并向主控端报警，同时作顺序记录（SOE），启动故障录波仪。

7. 通信功能

远动系统不仅上、下位机间要进行通信，而且往往有下列通信要求。

（1）与地调及中调的通信

远动系统将一些重要的状态信号及参数实时传送至地调与中调，并接受地调与中调的命令。

（2）与继电保护管理机的通信

远动系统采集继电保护的信息，并在系统中予以显示，如保护定值、保护状态等。同时可经继电保护管理机改变保护定值及投、退某种保护。

任务 6.5　远动系统的工作模式

计算机远动系统的各项功能是依靠编写好的软件程序来实现的，任何一项功能程序都是系统开发工程师按照被控对象的实际管理需求来编写的，远动系统工作主机服务器在日常运行过程中只负责按软件程序的设计实现其功能。工作主机在执行各种远动功能时必须遵循一套流程原则，这种流程原则就是工作模式。

6.5.1　程序启动及允许响应迟延

计算机远动装置的特点是用程序来实现远动功能的，而远动装置为保证信息的实时性，其数据信息的发送与接收应周而复始地循环工作，所以计算机远动各功能软件的运行就带有周期性。其主干程序原则上可以用位驱动脉冲来同步，但目前大多采用信息字的节拍来同步。每一种体现远动功能的程序都是在一定的条件下启动的，且每一种条件的出现都相当于对主机服务器发出请求。当执行某一种相应远动功能的程序和请求时，在主机只有一台的情况下，往往会发生主机还没有处理完上一个远动功能程序，又有新的请求出现的现象。在这种情况下，主机系统要等待到正在执行的程序执行完毕后，才能响应新的任务请求。这样，一项新的请求有时需要等待一段时间才能得到主机的响应，这种等待时间就是"响应迟延"。

为了保证远动系统功能的实现，对于任何远动装置来说，无论发送端还是接收端，当接口向主机发送请求送取数据信息的信号后，得到主机响应的时间不能过长，即不能超过"最大允许响应迟延"。计算机远动系统的"最大允许响应迟延"一般不大于所接受信息一位码元的时间，响应迟延越小，对主机的性能要求越高。为缩短主机接收信道信息的最大允许迟延，可用增加通道缓冲器的办法解决。

6.5.2　工作模式

1. 踏步同步和中断工作模式

为了解决主干程序与发送节拍同步的问题，可采用踏步同步方式，使程序的长度控制在其执行的周期小于信道发送一个信息的周期之内。每当运行的功能程序到达主干程序结束点时，主机就重复检查信道发送信息时刻 t 是否到来的标志，直到查到一个信道发送信息的标识后，立即执行主干程序。这种方式要求编制的程序中最大的分支程序的执行周期小于信道发送信息的节拍。周期信息发送节拍与主干程序的时间的参差由踏步操作来调整，以达到同步的目的。

踏步同步模式的缺点是程序主循环执行时间必须小于信道发送一个远动信息字的周期。这样为了保证在任何情况下都能满足这个要求，设计执行一个程序主循环时间的长度时，必须留有充分的时间裕度。这些裕度就形成了"时间碎片"，这些时间碎片的积累是很可观的，它非常浪费主机的可利用工作的时间。

主机如果要利用留出的踏步时间，进行一些其他数据处理工作时，可以采用中断模式。中断模式要求信道发送信息标志可以利用电路上的硬件措施，中断正在执行的程序，并优先插入最大允许响应迟延的，即优先度高的"发送程序"。

2. 程序的扫查

在一个程序循环的时间内，当主机做完一个程序之后，接下去按固定次序逐个调查是否执行下一个程序，这个过程叫作程序扫查。当主机在依次扫查所有各程序的循环过程中，如果要判断是否需要执行的程序很多，而实际需要执行的程序又不多时，可以采用这种扫查方式。由于远动装置分时工作的特点，在主机执行指令速度一定的情况下，装置的处理能力是否饱和，决定于每一程序主循环中最大可能执行的程序个数及执行这些程序需要的总时间是否大于一个远动信息的发送周期。

任务 6.6　牵引供电保护

在电力系统运行中，外界因素（如雷击、鸟害等）、内部因素（如绝缘老化，损坏等）

及操作等，都可能引起各种故障及不正常运行的状态出现，常见的故障有单相接地、三相短路、两相短路、两相接地短路、断线等；非正常运行的状态有过负荷、过电压、非全相运行、振荡、次同步谐振、同步发电机短时失磁异步运行等。

电力系统继电保护装置就是指反应电力系统电气元件故障或不正常运行状态，并动作于断路器跳闸或发出信号的自动装置，是用于保护电力元件的成套硬件设备。为了保证用电安全以及用电的可持续性，任何电力元件不得在无继电保护的状态下运行。

电力系统继电保护的发展经历了机电型、整流型、晶体管型和集成电路型几个阶段。在60年代中期，英国有人提出用小型计算机实现继电保护的设想，但是由于当时计算机的价格昂贵，同时也无法满足高速继电保护的技术要求，因此没有在保护方面取得实际应用，但由此开始了对计算机继电保护理论计算方法和程序结构的大量研究，为后来的继电保护发展奠定了理论基础。计算机技术在20世纪70年代初期和中期出现了重大的突破，大规模集成电路技术的飞速发展，使得微型处理器和微型计算机进入了实用阶段。价格的大幅度下降，可靠性、运算速度的大幅度提高，促使计算机继电保护的研究出现了高潮。在20世纪70年代后期，出现了比较完善的微机保护样机，并投入到电力系统中试运行。20世纪80年代，微机保护在硬件结构和软件技术方面日趋成熟，并已在一些国家推广应用。20世纪90年代，电力系统继电保护技术发展到了微机保护时代，它是继电保护技术发展历史过程中的第四代。

6.6.1　牵引供电保护系统的要求

牵引供电保护系统必须满足以下四个基本要求。

1. 选择性

选择性就是指当电力系统中的设备或线路发生短路时，其继电保护仅将故障的设备或线路从电力系统中切除，当故障设备或线路的保护或断路器拒动时，应由相邻设备或线路的保护将故障切除。

2. 速动性

速动性是指继电保护装置应能尽快地切除故障，以减少设备及用户在大电流、低电压运行的时间，降低设备的损坏程度，提高系统并列运行的稳定性。

一般必须快速切除的故障有：

1）使发电厂或重要用户的母线电压低于有效值（一般为额定电压的70%）。

2）大容量的发电机、变压器和电动机内部故障。

3）中、低压线路导线截面过小，为避免过热不允许延时切除的故障。

4）可能危及人身安全、对通信系统或铁路信号造成强烈干扰的故障。

故障切除时间包括保护装置和断路器动作时间，一般快速保护的动作时间为 0.04 ~ 0.08 s，最快的可达 0.01 ~ 0.04 s；一般断路器的跳闸时间为 0.06 ~ 0.15 s，最快的可达 0.02 ~ 0.06 s。

对于反应不正常运行情况的继电保护装置，一般不要求快速动作，而应按照选择性的条件，带延时地发出信号。

3. 灵敏性

灵敏性是指电气设备或线路在被保护范围内发生短路故障或不正常运行情况时，保护装置的反应能力。

能满足灵敏性要求的继电保护，在规定的范围内发生故障时，不论短路点的位置和短路的类型如何，以及短路点是否有过渡电阻，都能正确地反应动作，即要求不但在系统最大运行方式下三相短路时能可靠动作，而且在系统最小运行方式下经过较大的过渡电阻两相或单相短路故障时也能可靠动作。

系统最大运行方式是被保护线路末端短路时，系统等效阻抗最小，通过保护装置的短路电流为最大运行方式。

系统最小运行方式是在同样短路故障情况下，系统等效阻抗为最大，通过保护装置的短路电流为最小的运行方式。

保护装置的灵敏性是用灵敏系数来衡量的。

4．可靠性

可靠性包括安全性和信赖性，是对继电保护最根本的要求。

安全性是指要求继电保护在不需要它动作时可靠地不动作，即不误动。

信赖性是指要求继电保护在规定的保护范围内发生了应该动作的故障时可靠地动作，即不拒动。

继电保护的误动作和拒动作都会给电力系统带来严重危害。

即使对于相同的电力元件，随着电网的发展，保护不误动和不拒动对系统的影响也会发生变化。

6.6.2　牵引供电保护系统的分类

继电保护可按以下四种方式分类。

1）按被保护对象分类，可分为输电线保护和主设备保护（如发电机、变压器、母线、电抗器、电容器等的保护）。

2）按保护功能分类，可分为短路故障保护和异常运行保护。短路故障保护又可分为主保护、后备保护和辅助保护；异常运行保护又可分为过负荷保护、失磁保护、失步保护、低频保护和非全相运行保护等。

3）按保护装置进行比较和运算处理的信号量分类，可分为模拟式保护和数字式保护。一切机电型、整流型、晶体管型和集成电路型（运算放大器）保护装置，它们都直接反映输入信号的连续模拟量，均属模拟式保护；采用微处理机和微型计算机的保护装置，它们反应的是将模拟量经采样和模/数转换后的离散数字量，这是数字式保护。

4）按保护动作原理分类，可分为过电流保护、低电压保护、过电压保护、功率方向保护、距离保护、差动保护、高频（载波）保护等。

6.6.3　牵引供电保护系统的组成和微机硬件

1．牵引供电保护系统的组成

一般情况而言，整套继电保护装置由测量元件、逻辑环节和执行输出三部分组成。

1）测量元件部分。测量元件部分是测量通过被保护的电气元件的物理参量，并与给定的值进行比较，根据比较的结果，给出"是""非"性质的一组逻辑信号，从而判断保护装置是否应该启动。

2）逻辑环节部分。逻辑环节部分使保护装置按一定的逻辑关系判定故障的类型和范围，最后确定是应该使断路器跳闸、发出信号或是否动作及是否延时等，并将对应的指令传给执行输出部分。

3）执行输出部分。执行输出部分根据逻辑传过来的指令，最后完成保护装置所承担的任务。如在故障时动作于跳闸，不正常运行时发出信号，而在正常运行时不动作等。

2. 牵引供电保护系统的微机硬件

牵引供电保护系统的微机硬件包含以下四个部分。

1）数据采集单元即模拟量输入系统。数据采集单元包括电压形成、模拟滤波、采样保持、多路转换以及模数转换等功能块，完成将模拟输入量准确地转换为所需的数字量。

2）数据处理单元即微机主系统。数据处理单元包括微处理器、只读存储器、随机存取存储器以及定时器等。微处理器执行存放在只读存储器中的程序，对由数据采集系统输入至随机存取存储器中的数据进行分析处理，以完成各种继电保护的功能。

3）数字量输入/输出接口即开关量输入输出系统。数字量输入/输出接口包括若干并行接口、光电隔离器及中间继电器等，以完成各种保护的出口跳闸，信号警报，外部接点输入及人机对话等功能。

4）通信接口。通信接口包括通信接口电路及接口以实现多机通信或联网。

牵引供电保护系统的微机硬件示意图如图 6.12 所示。

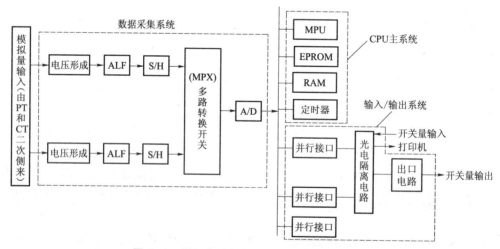

图 6.12 微机牵引供电保护系统的硬件示意图

6.6.4 牵引供电保护系统的发展趋势

微机保护经过近 20 年的应用、研究和发展，已经在电力系统中取得了巨大的成功，并积累了丰富的运行经验，产生了显著的经济效益，也大大提高了电力系统运行管理水平。近年来，随着计算机技术的飞速发展以及计算机在电力系统继电保护领域中的普遍应用，新的控制原理和方法被不断地应用于计算机继电保护中，以期取得更好的效果，从而使微机继电保护的研究向更高的层次发展。继电保护技术未来趋势是向计算机化，网络化，智能化以及保护、控制、测量和数据通信一体化发展。

1. 计算机化

随着计算机硬件的迅猛发展，保护系统微机硬件也在不断地发展。电力系统对微机保护的要求不断提高，除了保护的基本功能外，还应具有大容量故障信息和数据的长期存放空间，快速的数据处理功能，强大的通信能力，与其他保护、控制装置和调度联网以共享全系统数据、信息和网络资源的能力，高级语言编程等。这就要求微机保护装置具有相当于一台PC 机的功能。继电保护装置的微机化、计算机化是不可逆转的发展趋势。但对如何更好地满足电力系统要求，如何进一步提高继电保护的可靠性，如何取得更大的经济效益和社会效益，尚需进行具体深入的研究。

2. 网络化

计算机网络作为信息和数据通信工具已成为信息时代的技术支柱，它深刻影响着各个工业领域，也为各个工业领域提供了强有力的通信手段。到目前为止，除了差动保护和纵联保护外，所有继电保护装置都只能反应保护安装处的电气量。继电保护的作用主要是切除故障元件，缩小事故影响范围。因继电保护的作用不只限于切除故障元件和限制事故影响范围，还要保证全系统的安全稳定运行。这就要求每个保护单元都能共享全系统的运行和故障信息的数据，各个保护单元与重合闸装置在分析这些信息和数据的基础上协调动作，确保系统的安全稳定运行。显然，实现这种系统保护的基本条件是将全系统各主要设备的保护装置用计算机网络连接起来，亦即实现微机保护装置的网络化。

3. 智能化

随着智能电网的发展，分布式发电、交互式供电模式对继电保护提出了更高的要求，另一方面通信和信息技术的长足发展，数字化技术及应用在各行各业的日益普及也为探索新的保护原理提供了条件。智能电网中可利用传感器对发电、输电、配电、供电等关键设备的运行状况进行实时监控，然后把获得的数据通过网络系统进行收集、整合，最后对数据进行分析。利用这些信息可对运行状况进行监测，实现对保护功能和保护定值的远程动态监控和修正。另外，对保护装置而言，保护功能除了需要本保护对象的运行信息外，还需要相关联的其他设备的运行信息。一方面保证故障的准确实时识别，另一方面保证在没有或少量人工干预下，能够快速地隔离故障、自我恢复，避免大面积停电的发生。

4. 保护、控制、测量和数据通信一体化

在实现继电保护的计算机化和网络化的条件下，保护装置实际上就是一台高性能、多功能的计算机，是整个电力系统计算机网络上的一个智能终端。它可从网上获取电力系统运行和故障的任何信息和数据，也可将它所获得的被保护元件的任何信息和数据传送给网络控制中心或任一终端。因此，每个微机保护装置不但可完成继电保护功能，而且在无故障正常运行情况下还可完成测量、控制、数据通信功能，亦即实现保护、控制、测量、数据通信一体化。

任务6.7 变（配）电所远程视频安全监控系统

随着铁路现代化建设的发展以及铁路自动化应用的需要，铁路电力配电所以及牵引供电系统变电站（所）、分区亭（所）、开闭所（以下简称变（配）电所）已逐步实现综合自动化和无人值班（或无人值班、有人值守），全所综合自动化和无人值守已成为发展趋势。然而，即使采用了远动系统或综合自动化系统，变电站（所）要真正做到"无人值班"或少人值守，人们还是心有疑虑。这是因为：第一，虽然一般的远动系统或综合自动化系统具有常规的"四遥"功能，但人们早已习惯于"眼见为实"，而且"四遥"的开关对象是否动作到位、变电站（所）状态报警是"假"报警还是"真"报警等，常规的监控系统都难以确认，这无疑给系统的安全运行留下了隐患；第二，虽然一般的远动系统或综合自动化可以通过"四遥"或"三遥"来获取变电站（所）的各种电气参数，遥控各个电动开关，但不能监控变电站（所）其他方面的情况，如火警、盗警的发生，变压器、开关、刀闸等重要设备的表面检查及表计监视，甚至检修人员是否走错间隔等。因此有必要在常规监控系统的基础上，为牵引变电站（所）配置一套完整的安全监控系统，实现"第五遥"功能——"遥视"。在变电站（所）安装了远动或综合自动化系统后，再增加远程视频安全监控系统就可以满足牵引变电站（所）无人值班的技术和装备要求。

目前，视频安全监控系统被广泛地应用于各行各业，如电信部门的无人值守通信机房的环境监测和远程操作，电力部门的变电站（所）、机房、电厂设备管理及防入侵监控，银行系统的营业网点安保设备的管理与监控，博物馆展览馆重要地点及要害部门的安保系统等等，因此，其作用日益重要，技术也日益成熟。

远程视频安全监控系统由一个监控中心、所辖的多个被控站（前端设备）以及通信信道组成，各被控站将采集的信号通过铁路信道发送到监控中心。为了实现全程视频监控，监控中心可选配硬盘录像机，对上传的视频进行实时录像。系统监测信号主要包括摄像机输出的视频信号、各种烟感、温感、门禁、光电传感器的报警信号，控制信号包括对摄像机的控制以及对自动消防系统的控制等。通信信道是本系统的关键。与其他视频监控系统不一样，为节约通道，铁路的通信信道多为总线型及环状引入，因此，系统必须能满足各种不同的通信信道。随着通信技术的发展以及通信资费的降低，点对点的星形通道结构将越来越多地被采用。因此，视频监控系统应能满足星型、总线型及环状引入等多种通道形式的要求。传输介质可为光纤或电缆，推荐采用光纤。变（配）电所远程视频安全监控系统，由视频（图像）监控和防灾报警系统构成，是变（配）电所安全运营的重要设备之一，它既可作为变（配）电所综合自动化系统的一个组成单元，也可作为一套完整的独立安全监控系统。

6.7.1 变（配）电所远程视频安全监控系统的功能

远程视频安全监控系统适用于铁路电力工程和电气化工程，安装于沿线各变电站（所）、分区亭（所）、开闭所或配电所，用于实现各种变（配）电站（所）的远程视频安全监控功能。系统包括视频（图像）监控和防入侵报警系统。一般情况下，变（配）电站（所）远程视频安全监控系统应具有以下功能：

1）监控中心可随时监视每一个监控前端（变电站（所）、分区亭（所）、开闭所或配电所）的现场图像；当报警发生时，可提供语音报警。

2）监控中心除能够接收报警和进行报警处理外，还可通过操作计算机鼠标，手动/自动视频图像的任意调用、切换。

3）对监控前端进行远程控制，如摄像机云台的上、下、左、右转动，镜头的变焦、变倍、变光圈，报警灯光的控制等。

4）系统能够满足各种不同的通道结构，如总线形（T形）、点对点（星形）以及环结构等。

5）能根据不同的通道数据传输带宽，灵活配置 MPEG-1、M-JPEG、H.264 等先进的图像压缩/解压缩等算法。

6）监控前端将摄像机采集的图像信号数字化，并将图像数据进行压缩、录像存盘及远程传输。同时接收监控中心的远程控制命令，用于对现场监控设备进行远程控制。

7）在监控主机中图像可存放（硬盘录像）、显示、回放；同时监控中心可配置硬盘录像机，对上传的图像进行全程实时录像。

8）在主控室、高压室、电容室、变电站（所）内安装固定或全方位云台的摄像机，对院内、主变、隔开、院门以及院墙等设备和场所进行监控。

9）防火、防烟、防潮，在所内安装了各种传感器对布防范围内实施监测，并将所采集信号传输给矩阵。

10）当有任一报警探头检测到报警时，监控前端将摄像机主动切换到该报警区域，并将现场图像录像存盘，同时与监控中心建立通信联系实现报警，进行远程图像报警和联动（报警→锁定相应摄像机→呼叫控制中心→硬盘记录报警图像→传送报警图像）。

11）报警信息存储、检索及处理，多媒体监视主机能对报警相关的视频、报警时间进行有组织的存储，能方便地分析、检索及增强、放大。

12）应用多媒体技术、多种控制报警布防图、单画面/多画面分割图像及多路实时视频图像可同时显示，显示顺序切换的报警状态，用鼠标操作设置切换时间、顺序、报警布防、报警撤防、报警输出、云台镜头位置预置。

13）前端能与 RTU 或变电站（所）综合自动化系统接口，实现开关设备与视频的联动和报警，控制中心能与调度自动化系统接口，实现开关设备和视频的联动和报警。

14）在无人值班、有人值守时，一旦发生报警，前端设备和控制中心均可通过电话、手机、传呼等通信工具及时通知有关人士。

15）系统可广泛地适用于牵引变电站（所）、分区亭（所）、开闭所以及其他领域。

6.7.2　变（配）电站（所）远程视频安全监控系统的构成

视频安全监控系统分为监控中心、通道和前端三大部分。前端设备放在各需要监控的变电站（所）、开闭所、分区亭（所）或配电所。前端设备主要由摄像机、智能解码器、智能控制矩阵（带报警输入）、多媒体前端监控主机、可控镜头、可控云台、各种报警探头、多画面分割器、报警音响、摄像机、防护罩等组成。根据用户要求，前端设备也可不配置当地监视和录像设备。通道主要由通信接口设备、通信设备（如路由器、网桥、Modem、ISDN、DDN 适配器等），以及通信信道组成。

控制中心主要由多媒体中心监控主机、视频服务器、通信单元以及领导分控等组成。

一种典型的视频安全监控系统框图如图 6.13 所示。

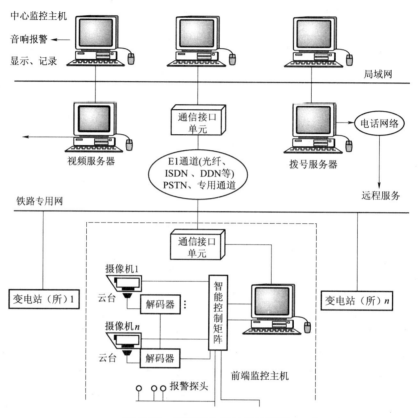

图 6.13　视频安全监控系统框图

（1）监控中心（电调中心）设备

1）多媒体中心监控主机。在监控中心设有一台多媒体工业控制机，用于监控人员对系统进行人机交互、控制和图像监视，并处理视频信号、图像报警、图像存储、图像检索与回放、网络管理、前端设备控制等。

2）彩色监视器。用于视频图像的监视。

3）领导分控与复示终端。除网络管理外，领导分控与复示终端具有与中心监控主机一样的功能，但其权限由中心监控主机决定。领导分控与中心监控主机之间通过局域网互传信息，复示终端与中心监控主机之间可通过局域网或电话线互传信息。

4）视频服务器。用于系统网络的管理、视频图像及各种操作记录、报警记录的管理等，便于图像信息的网上共享。在简单系统中，往往将多媒体中心监控主机与视频服务器配置为一台计算机。

5）拨号服务器。用于远程拨号服务，以便通过电话线，在任何地方对调看现场图像。

6）通信设备（含通道接口设备）。通信设备主要有光端机、路由器、网桥、Modem、

ISDN、DDN 适配器等。如视频传输采用 IP 网络方式：当通道媒介为光纤时，通信接口设备采用光端机，而通信设备常采用路由器、网桥、网络交换机以及 DDN 适配器等，以便与主机接口；对于双绞线或实回线，则采用 Modem、ISDN 适配器等低速通信接口设备。如视频传输采用硬件编解码方式；通信接口设备常采用视频解码器。

7）视频解码器。用于中心监控主机与通信信道的接口，接收前端送来的图像等信息，下传控制命令等，并起到网络适配的功能。

（2）前端（变电站（所））设备

1）智能解码器。其主要功能是控制云台的上、下、左、右运动，镜头的变焦、变倍、变光圈，以及户外防护罩的雨刷、加热及风扇的控制等。

2）多媒体前端监控主机。多媒体前端监控主机是一台具有图像采集功能的多媒体计算机，并配置有声卡和喇叭，以提供语音报警。多媒体前端监控主机负责图像信号的数字化、图像数据的压缩、存储及传输、报警信号的处理等。根据用户需求，多媒体前端监控主机也可用数字硬盘录像机 DVR 来替代，其功能基本一样，只不过 DVR 可同时对多路图像进行录像、存储，而多媒体前端监控主机一般只对一路图像进行录像、存储，但其他辅助功能更灵活。对于不需要在变（配）电所当地进行监视、录像的系统，可不配置多媒体前端监控主机，也不配置数字硬盘录像机 DVR，而直接配置一台带网络接口的数字视频编码器。

3）视频编码器。用于前端监控主机与通信信道的接口，接收中心下传的控制命令，上送图像等信息，并起到网络适配的功能；当视频传输采用硬件编解码方式时采用。

4）智能控制矩阵。智能控制矩阵是本系统的核心设备，其主要作用是对各摄像机的图像信号进行切换，是信号采集设备（如摄像机、报警探头等）和前端监控主机的连接枢纽，所有摄像机的图像信号、解码器的控制信号、报警探头的报警信号以及设备联动开关的控制信号均通过智能控制矩阵连接。

5）报警探头。

① 各种摄像机。用于视频图像的采集。有各种类型的摄像机，如黑白/彩色、带云台/不带云台、户内/户外、镜头固定/可控等。

② 双鉴探测器。采用微波、红外两种检测方法，有效检测人员的入侵。一般装于大门、窗户和其他重要位置处。

③ 激光/红外对射探头。利用物体对红外光束的遮挡来检测人员的入侵，一般安装于围墙上用于检测翻越户外围墙及闯线者。

④ 玻璃破碎报警探头。安装于窗户边，用于对玻璃的破碎产生报警。

⑤ 火灾（烟雾和温度）传感器。一般布置在高压室、控制室等场所，用于火灾的预防。

⑥ 门禁开关。用于检测门的破坏和闯入。

⑦ 其他各种报警探头。

6）报警灯光。可与摄像机联动，也可在报警时自动打开报警灯光。

7）报警音响。当发生报警时，自动通过音响设备进行语音报警。

8）多画面分割器。可以将变电站（所）内的所有摄像机画面，放在同一画面上显示。该画面可分为多个分画面，如四画面或九画面，每个分画面显示一个摄像机的图像。这样，在一个画面上就可同时监视多个摄像机的动态画面。当前端采用 DVR 时，可不配置多画面分割器，因为 DVR 本身就具有多画面分割的功能。

复习思考题

1. 计算机远动系统调度端的基本结构包括哪几个部分？

2. 远动系统调度端的功能有哪些？

3. 调度端主机服务器应具备什么功能？

4. 调度端的数据维护工作站应具备什么功能？

5. 调度端通信前置处理机应具备什么功能？

6. 调度端调度员操作工作站应具备什么功能？

7. 什么是计算机远动的工作模式？

8. 执行端 RTU 的基本结构包括哪几个部分？

9. 远动系统执行端应具备哪些功能？

10. 事件顺序记录中的时间分辨率的定义是什么？RTU 内时间分辨率和 RTU 间时间分辨率有什么区别？

项目 7　变电站（所）综合自动化系统

【项目描述】

随着我国国民经济的快速增长，电气化铁路的装备技术水平也得到了前所未有的发展，传统的远动系统"四遥"功能已经远远不能满足电气化铁道供电系统的管理需求。因此，在计算机远动技术、微机保护装置、自动装置等装备基础上发展起来的变电站（所）综合自动化技术在电气化铁道供电系统的调度管理中引起了越来越多的重视，并逐渐得到了广泛的应用。

SCADA 系统被控站以 RTU、微机保护装置为核心，将变电站（所）的控制、信号、测量、计费等回路纳入计算机系统，取代传统的控制保护屏，能够降低变电站（所）的占地面积和设备投资，提高二次系统的可靠性。变电站（所）的综合自动化系统目前已取代常规被控站测控 RTU 而成为电气化铁道牵引变电站（所）自动化的主导产品。

【学习目标】

1. 了解变电站（所）综合自动化的概念及发展过程。
2. 了解变电站（所）综合自动化研究的主要内容。

【技能目标】

学会使用变电站（所）综合自动化系统。

任务 7.1　基本概念及发展过程

随着微电子技术、计算机技术和通信技术水平的不断进步，变电站（所）综合自动化技术也得到了迅速发展，目前已成为新建与改造牵引变电站（所）的主导技术。变电站（所）综合是指利用先进计算机技术、现代电子技术、通信技术和信息处理技术等实现对变电站（所）二次设备（包括继电保护、控制、测量、信号、故障录波、自动装置及远动装置等）的功能进行重新组合、优化设计；对变电站（所）全部设备和牵引网馈线的运行情况执行监视、测量、控制、保护、协调及与调度端通信的一种综合性的自动化系统。变电站（所）综合自动化系统，即利用多台微型计算机和大规模集成电路组成的自动化系统，可以收集到所需要的各种数据和信息，利用计算机的高速计算能力和逻辑判断能力，监视和控制变电站（所）的各种设备。通过变电站（所）综合自动化系统内各设备间的相互交换信息、数据共享，完成变电站（所）运行监视和控制任务。变电站（所）综合自动化替代了变电站（所）常规的二次设备，简化了变电站（所）二次接线。变电站（所）综合自动化是提高变电站（所）安全稳定运行水平、降低运行维护成本、提高经济效益、向用户提供高质量电能的一项重要技术措施。

综合自动化技术的发展过程大致可分为以下几个阶段。

1. 分立元件的自动装置阶段

20 世纪 80 年代以前，为了提高电气化铁道供电系统的安全与经济运行水平，各种功能的自动装置陆续研制出来，如自动重合闸装置、备用电源自投装置、接触网故障点位置探测装置和各种不同原理的继电保护装置等。这些装置主要采用模拟电力，由晶体管等分立元件组成。各装置独立运行，互不相干，且体积大、耗电多、维修周期短、缺乏智能性，没有故障自诊断能力，运行中若出现故障，不能提供告警信息。因此，需要有更高性能的装置来代替。

2. 微机型智能自动装置阶段

1971 年，世界上第一片微处理器在 Intel 公司问世之后，许多厂家纷纷开始研制，逐渐形成了以 Intel、Motorola、Zilog 为代表的三大系列微处理器生产商。20 世纪 80 年代，微处理器技术开始引入我国，并很快地被应用于电力系统（包括电气化铁道供电）的各个领域，由晶体管等分立元件组成的自动装置逐步由大规模集成电路或微处理器所代替，出现了微机型继电保护装置、微机监控和微机远动装置等。由微处理器构成的自动装置具有智能化和计算能力强的显著特点，且装置本身具有故障自诊断能力，大大提高了测量的准确性、监控的可靠性和自动化水平。但是，仍有许多不足，例如，各装置尽管功能不同，其硬件配置都大体相同；除微机系统本身外，都具有对各种模拟量的数据采集系统和输入/输出接口电路，并且所采集的数据量和所要控制的对象有许多也是相同的，避免设备重复设置；各装置的功能虽然得到了一些扩展，还不能解决变电站（所）运行中存在的所有问题；多数装置间仍然是各自独立运行，不能相互通信与资源共享。解决这些问题的唯一途径就是研制出经过重新优化组合的，具有综合自动化功能的集合型装置，这就是变电站（所）综合自动化装置的由来。

3. 变电站（所）综合自动化装置阶段

在欧美工业发达国家，变电站（所）综合自动化的研究工作始于 20 世纪 70 年代，英国、法国、意大利等国家于 20 世纪 70 年代末装设的远动装置都是微计算机型的。在亚洲，日本在微处理器应用于电力系统方面的工作虽然晚于欧美，但后来居上，于 1975 年在关西电子公司和三菱电气有限公司的协助下开始研究用于配电变电站（所）的数字控制系统，1979 年通过现场试验，1980 年开始商品化生产。20 世纪 80 年代以后，研究变电站（所）综合自动化系统的国家和大公司越来越多。例如，德国西门子公司、德国 ABB 公司、法国阿尔斯通公司、美国西屋公司等都有自己的综合自动化系统产品。

我国是从 20 世纪 60 年代开始研制变电站（所）自动化技术的。20 世纪 70 年代初，便先后研制出电气集中控制装置和集保护、控制、信号为一体的装置。最初的变电站（所）自动化系统实际上是在远动系统 RTU 的基础上加上以一台微机为中心的当地监控系统，如图 7.1 所示；不但未涉及继电保护，就连原有的传统的控制屏台也都还保留着。这是国内变电站（所）自动化技术的初级阶段。在 20 世纪 80 年代中期，由清华大学研制的 35 kV 变电站（所）微机保护、监测自动化系统在威海望岛变电站（所）投入运行。与此同时南京自动化研究院也开发出了 220 kV 梅河口变电站（所）综合自动化系统。此外，国内许多高等院校及科研单位也在这方面做了大量的工作，推出了一些不同类型、功能各异的自动化系统。为国内的变电站（所）自动化技术的发展起到了卓有成效的推动作用。进入 20 世纪 90

年代，变电站（所）综合自动化已成为热门话题，研究单位和产品如雨后春笋般的发展，具有代表性的公司和产品有：北京四方公司的 CSC 2 000 系列综合自动化系统，南京南瑞集团公司的 BSJ 2200 计算机监控系统，南京南瑞继电保护电气有限公司的 RCS 9000 系列综合自动化系统，上海惠安系统控制有限公司的 Power Comm 2000 变电站（所）自动化监控系统，国电南京自动化股份有限公司的 PS 6000 系列综合自动化系统，许继集团有限公司的 CBZ 8000 系列综合自动化系统等。

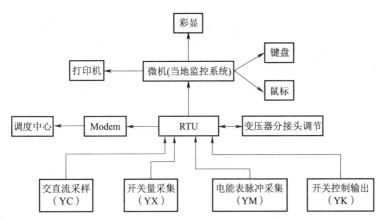

图 7.1　以 RTU 为基础的变电站（所）自动化系统示意图

　　20 世纪 80 年代后期，进行变电站（所）综合自动化技术研究的高等学校、科研单位、生产厂家的数量逐渐增加。进入 20 世纪 90 年代，由于数字保护技术（即微机保护装置）的广泛应用，使变电站（所）自动化技术取得了实质性进展。20 世纪 90 年代初研制的变电站（所）自动化系统是在变电站（所）控制室内设置计算机系统作为变电站（所）自动化的核心，另设置一个数据采集和控制部件，用以采集数据和发出控制命令。微机保护单元箱除保护部件外，每柜有一个管理单元，其串行口和显示保护定值，投/停保护装置。此类集中式变电站（所）自动化系统与初级阶段相比有了很大的进步。图 7.2 所示为此类系统的典型示意图。

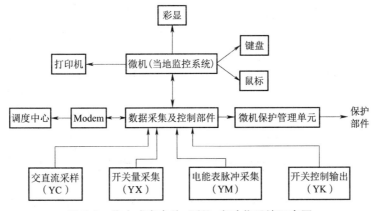

图 7.2　集中式变电站（所）自动化系统示意图

　　20 世纪 90 年代中期，随着计算机技术、网络技术及通信技术的飞速发展，同时结合变电站（所）的实际情况，各类分散式变电站（所）自动化系统相继研制成功并投入运行。

分散式变电站（所）自动化系统的特点是现场单元部件分别安装在中、低压开关柜或高压一次设备附近。这些部件可以是集保护和测控功能为一体的综合性装置，用以处理各开关单元的继电保护和测控功能，也可以是现场的微机保护和测控部件分别保持其独立性，在变电站（所）控制室内设置计算机系统，对各现场元部件进行通信联系。通信方式可采用串行口，近几年更多地采用了网络技术。遥信、遥测量的采集及处理，遥控命令的执行和继电保护功能等均由后台计算机系统承担。此类分散式变电站（所）自动化系统的结构与集中式变电站（所）自动化系统的结构相比又有了一个质的飞跃。

如今，变电站（所）综合自动化技术更加成熟。以太网的 Internet 技术、Web 技术的嵌入式应用又给综合自动化技术的提高注入了新的活力，使其技术水平上了一个新的台阶。其产品的功能和性能也越来越完善，电气化铁道的综合自动化产品可以涵盖整个铁路局所管辖的所有变电站（所）、分区亭（所）、开闭所的馈电线保护、主变压器保护及测量控制系统，已经成为电气化铁道供电系统调度与管理的核心技术。

任务 7.2　变电站（所）综合自动化研究的主要内容

对 110 kV 及以上电压等级变电站（所），以服务于电力系统安全、经济运行为中心。通过先进的计算机技术、通信技术的应用，为新的保护和控制技术采用提供技术支持，解决过去能解决的变电站（所）监视、控制问题，促进各专业在技术上、管理上配合协调，为电网自动化进一步发展提供基础，提高变电站（所）安全、可靠和稳定的运行水平。如采集高压电气设备本身的监视信息，断路器、变压器和避雷器等的绝缘和状态等；采集继电保护和故障录波器等装置完成的各种故障前后瞬态电气量和状态量的记录数据，将这些信息传送给调度中心，以便为电气设备的监视和制定检修计划、事故分析提供原始数据。对新建的变电站（所）取消常规的保护、测量监视、控制屏，全面实现变电站（所）综合自动化，实现少人值班逐步过渡到无人值班；对老变电站（所）在控制、测量监视等进行技术改造，以达到少人和无人值班的目的。

对 35 kV 及以下电压等级变电站（所），以提高供电安全与供电质量，改进和提高用户服务水平为重点。侧重于利用变电站（所）综合自动化系统对变电站（所）的二次设备进行全面的改造，取消的保护、测量、监视和控制屏，全面实现变电站（所）综合自动化，以提高变电站（所）的监视和控制技术水平，改进管理，加强用户服务，实现变电站（所）无人值班。

变电站（所）综合自动化要实现的功能有：

1）随时在线监视电网运行参数、设备运行状态；自检、自诊断设备本身的异常运行，发现变电站（所）设备异常变化或装置内部异常时，立即自动报警并闭锁相应的出口，以防止事态扩大。

2）电网出现事故时，快速采样、判断、决策，迅速隔离和消除事故，将故障限制在最小范围。

3）完成变电站（所）运行参数在线计算、存储、统计、分析报表和远传，保证自动和遥控调整电能质量。

变电站（所）综合自动化主要包括以下两个方面：

1）横向综合。利用计算机手段将不同厂家的设备连在一起，替代或升级老设备。

2）纵向综合。在变电站（所）层这一级，提供信息、优化、综合处理分析信息和增加新的功能，增强变电站（所）内部和各控制中心间的协调能力。例如：借用人工智能技术，在控制中心实现对变电站（所）控制和保护系统进行在线诊断和事件分析，或在变电站（所）当地自动化功能协调之下，完成电网故障后自动恢复。

变电站（所）综合自动化与一般自动化的区别在于自动化系统是否作为一个整体执行保护、检测和控制功能。

任务 7.3　变电站（所）综合自动化系统的特点

变电站（所）综合自动化系统具有功能综合化、系统结构微机化、测量显示数字化、操作监视屏幕化、运行管理智能化、通信手段多元化等特征。同传统变电站（所）二次系统不同的是各个保护、测控单元既保持相对独立（如继电保护装置不依赖于通信或其他设备，可自主、可靠地完成保护控制功能，迅速切除和隔离故障），又通过计算机通信的形式，相互交换信息，实现数据共享，协调配合工作，减少了电缆和设备配置，增加了新的功能，提高了变电站（所）整体运行控制的安全性和可靠性。

（1）功能综合化

变电站（所）综合自动化系统是各技术密集，多种专业技术相互交叉、相互配合的系统。它是建立在计算机硬件、软件技术和微电子技术、数据通信技术的基础上发展起来的。它综合了变电站（所）内除一次设备和交、直流电源以外的全部二次设备。微机监控子系统综合了原来的仪表屏、操作屏、模拟屏和变送器柜、远动装置、中央信号系统等功能；微机保护子系统代替了电磁式或晶体管式的保护装置；微机保护子系统和监控系统相结合，综合了故障录波、故障测距、自动重合闸、备用电源自投、无功电压调节和中性点非直接接地系统等子系统的自动装置功能。这种综合性功能是通过局域网通信网络中各微机系统硬、软件的资源共享来实现的。

需要指出的是，对于中央信号、测量和控制操作等功能的综合是监控系统的全面综合，而对于一些重要的微机保护级自动装置则可能只是接口功能的综合。微机保护装置一般仍然保持其功能的独立性，但通过对保护状态及动作信息的远方监视及对保护整定值的查询修改、保护的退投、录波远传和信号复归等远方控制来实现对外接口功能的综合。这种监控方式既保证了一些重要保护和自动装置的独立性和可靠性，又提高了整体的自动化水平。

（2）系统结构微机化

变电站（所）综合自动化系统内各子系统和各功能模块由不同配置的单片机或微型计算机组成，采用分布式结构，通过网络、总线将微机保护、数据采集、控制等各子系统连接起来，构成一个分级分布式的系统。一个综合自动化系统可以有十几个甚至几十个微处理器同时并行工作，实现各种功能。另外，按照各子系统功能分工的不同，综合自动化系统的总体结构又按分层原则来组成。典型的分层原则是将变电站（所）自动化系统分为两层即变电站（所）层和间隔层，由此构成了分层、分布式结构。

（3）测量显示数字化

变电站（所）实现综合自动化后，微机监控系统彻底改变了传统的测量手段，用 CRT 显示器上的数字显示代替了常规指针式仪表，既直观又简单明了；而打印机打印报表、制表代替了原来的人工抄表记录，这不仅减轻了值班员的劳动强度，而且提高了测量精度和管理的科学性。

（4）操作监视屏幕化

变电站（所）实现综合自动化，不论有人值班还是无人值班，操作人员不是在变电站（所）内就是在主控站（调度中心）内，面对彩色大屏幕显示器进行变电站（所）的全方位监视与操作。使原来常规方式下的指针表读数被屏幕数据所取代；常规庞大的模拟屏被 CRT 屏幕上的实时主接线画面取代；常规在断路器安装处或控制屏上进行的分、合闸操作，被屏幕上的鼠标操作或键盘操作所取代；常规在保护屏上的硬连接片被计算机屏幕上的软连接片所取代；常规的光字牌报警信号，被屏幕画面闪烁和文字提示或语言报警所取代，即通过计算机上的 CRT 显示器，可以监视全变电站（所）的实时运行情况和对各开关设备进行操作控制。

（5）运行管理智能化

智能化的含义不仅是能实现许多自动化的功能，例如，电压、无功自动调节，不完全接地系统单相接地自动选线，自动事故判别与事故记录，事件顺序记录，制表打印，自动报警等，更重要的是能实现故障分析和故障恢复操作智能化，实现自动化系统本身的故障自诊断、自闭锁和自恢复等功能，这对于提高变电站（所）的运行管理水平和安全可靠性是非常重要的，也是常规的二次系统所无法实现的。常规的二次系统只能监视一次设备，而本身的故障必须靠维护人员来检查和发现。综合自动化系统不仅检测一次设备，还每时每刻都在检测自身是否有故障，充分体现了系统的智能化。变电站（所）综合自动化的出现为变电站（所）的小型化、智能化、扩大设备的监控范围、提高变电站（所）安全可靠、优质和经济运行提供了现代化的手段和基础保证。它的运用取代了运行工作中的各种人工作业，从而提高了变电站（所）的运行管理水平。

变电站（所）综合自动化是实现无人值班（或少人值班）的重要手段，不同电压等级、不同重要性的变电站（所）其实现无人值班的要求和手段不尽相同。但无人值班的关键是通过采取种种技术措施，提高变电站（所）整体自动化水平，减少事故发生的机会，缩短事故处理和恢复时间，使变电站（所）运行更加稳定、可靠。

（6）通信手段多元化

计算机局域网络技术的光纤通信技术在综合自动化系统中得到了普遍应用，因此系统具有较高的抗电磁干扰能力，能够实现高速数据传送，满足了实时性要求，而且组态灵活，易于扩展，可靠性高，大大简化了常规变电站（所）各种繁杂的电缆。

变电站（所）综合自动化的优点有：

1）控制和调节由计算机完成，减小了劳动强度，避免了误操作。

2）简化了二次接线，整体布局紧凑，减少了占地面积，降低变电站（所）建设投资。

3）通过设备监视和自诊断，延长了设备检修周期，提高了运行可靠性。

4）变电站（所）综合自动化以计算机技术为核心，具有发展、扩充的余地。

5）减少了人的干预，使人为事故大大减少。

6）提高经济效益。由于减少了占地面积，因此降低了二次建设投资和变电站（所）运行维护成本；设备可靠性增加，维护方便；减轻和替代了值班人员的大量劳动；延长了供电时间，减少了供电故障。

任务7.4 变电站（所）综合自动化系统的基本功能

变电站（所）综合自动化系统面向的功能内容较广，目前基本认为应包括完成电气量的采集和电气设备的状态监视、控制和调节；实现变电站（所）正常运行的监视和操作，保证其运行的安全性和可靠性；发生故障时完成瞬态电气量的采集和故障机理，并迅速切除故障和完成恢复运行的正常操作；将变电站（所）采集的各种信息和数据实时传送至远方调度中心或当地监控中心。

变电站（所）综合自动化是一门多学科的综合应用技术，它以微型计算机为基础，实现了对变电站（所）传统的继电保护、控制方式、测量手段、通信和管理模式的全面技术改造，实现了牵引供电系统运行管理的一次变革。仅从变电站（所）自动化系统的构成和所完成的功能来看，它是将传统变电站（所）的监视控制、继电保护、自动控制和远动装置所要完成的功能组合在一起，用一个以计算机硬件、模块化软件和数据通信网构成的完整系统来代替。变电站（所）综合自动化功能由电网安全稳定运行和变电站（所）建设、运行维护的综合经济效益要求所决定。变电站（所）在电网中的地位和作用不同，变电站（所）自动化系统有不同的功能。如监控子系统的功能、人机联系功能、在线计算及制表功能等。

在变电站（所）综合自动化系统的研究与开发过程中，对其应包括哪些功能和要求曾经有不同的看法。经过几年来的实践和发展，目前这些看法已趋于一致。归纳起来，牵引变电站（所）综合自动化系统的基本功能主要有以下几个方面。

1. 监控子系统的功能

监控子系统应取代常规的测量系统，取代指针式仪表、变送器；改变常规的操作机构和模拟盘，取代常规的告警、报警、中央信号、光字牌等；取代常规的远动装置等。监控子系统的功能有：

（1）数据采集

数据采集有两种。一种是变电站（所）原始数据采集。原始数据直接来自一次设备，如电压互感器、电流互感器的电压和电流信号，变压器温度以及断路器辅助触点、一次设备的状态信号。变电站（所）的原始数据包括模拟量和开关量。另一种是变电站（所）自动化系统内部数据交换或采集，典型的如电能量数据、直流母线电压信号、保护动作信号等。变电站（所）的数据包括模拟量、开关量和电能量。

1）模拟量的采集。模拟量包括各段母线电压，母联及分段断路器的电流，线路及馈线电压、电流、有功功率、无功功率，主变压器电流、有功功率和无功功率，电容器和并联电抗器电流，直流系统电压，站用电电压、电流、无功功率以及频率、相位、功率因数等。另外，还有少数非电量，如变压器温度保护、气体保护等。模拟量的采集有交流和直流两种形式。交流采样是将电压、电流信号不经过变送器，直接接入数据采集单元。直流采样是将外部信号，如交流电压、电流，经变送器转换成适合数据采集单元处理的直流电压信号后，再接入数据采集单元。在变电站（所）综合自动化系统中，直流采样主要用于变压器温度、气体压力等非电量数据的采集。

2）开关量的采集。开关量包括断路器、隔离开关和接地开关的状态，有载调压变压器分接头的位置，同期检测状态、继电保护动作信号、运行告警信号等，这些信号都以开关量的形式，通过光隔离电路输入计算机。

3）电能计量。电能计量指对电能（包括有功和无功电能）的采集，并能实现分时累加、电能平衡等功能。数据采集及处理是变电站（所）综合自动化得以执行其他功能的基础。

（2）数据库的建立与维护

监控子系统建立实时数据库，存储并不断更新来自 I/O 单元及通信接口的全部实时数据；建立历史数据库，存储并定期更新需要保存的历史数据和运行报表数据。

（3）顺序事件记录及事故追忆

顺序事件记录包括断路器跳、合闸记录，保护及自动装置的动作顺序记录，断路器、隔离开关、接地开关、变压器分接头等操作顺序记录，模拟输入信号超出正常范围等。事故追忆功能。事故追忆范围为事故前 1 min 到事故后 2 min 的所有相关模拟量值，采样周期与实时系统采样周期一致。

（4）故障记录、录波和测距功能

变电站（所）的故障录波和测距采用两种方法，一是由微机保护装置兼作故障记录和测距，再将记录和测距的结果送监控系统存储及打印输出或直接送调度主站；另一种方法是采用专用的微机故障录波器，并且故障录波器应具有串行通信功能，可以与监控系统通信。对 35 kV 及以下的配电线路，很少设置专门的故障录波器，为了分析故障的方便，可设置简单故障记录功能。对于大量中、低压变电站（所），没有配置专门的故障录波装置。而对 10 kV 出线数量大、故障率高的配电线路，在监控系统中设置了故障记录功能，这对正确判断保护的动作情况及正确分析和处理事故是非常必要的。

（5）操作控制功能

无论是无人还是少人值班的变电站（所），运行人员都可通过 CRT 屏幕对断路器、允许远方电动操作的隔离开关和接地开关进行分、合操作；对变压器及站用变压器分接头位置进行调节控制；对补偿装置进行投、切控制，同时，要能接受遥控操作命令，进行远方操作；为了防止计算机系统故障时无法操作被控设备，在设计时，应保留人工直接跳、合闸方式。操作控制有手动和自动控制两种方式。手动控制包括调度通信中心控制、站内主控制室控制和就地控制，并具备调度通信中心/站内主控室、站内主控制室/就地手动的控制切换功能；自动控制包括顺序控制和调节控制。

（6）安全监视功能

监控系统在运行过程中，对采集的电流、电压、主变压器温度、频率等量要不断地进行越限监视，如发现越限，立刻发出告警信号，同时记录和显示越限时间和越限值，另外还要监视保护装置是否失电，自控装置是否正常等。

（7）人机联系功能

CRT 显示器、鼠标和键盘是人机联系的桥梁。变电站（所）采用微机监控系统后，无论是有人值班还是无人值班，最大的特点之一是操作人员或调度员只要面对 CRT 显示器的屏幕，通过操作鼠标或键盘，就可以对全站的运行工况、运行参数一目了然，可对全站断路器和隔离开关等进行分、合闸操作，彻底改变了传统的依靠指针式仪表和模拟屏或操作屏等进行操作。

作为变电站（所）人机联系的主要桥梁手段的 CRT 显示器，不仅可以取代常规的仪器、仪表，而且可实现许多常规仪表无法完成的功能。其可显示采样和计算的实时运行参数（U、I、P、Q、$\cos\varphi$、有功电能、无功电能及主变压器温度、系统频率等）、实时主接线图、事件顺序记录、越限报警、值班记录、历史趋势、保护定值自控装置的设定值、故障记录和设备运行状态等。

输入数据指输入电流互感器和电压互感器的变比、保护定值和越限报警定值、测控装置的设定值、运行人员密码等。

（8）打印功能

定时打印报表和运行日志、断路器、隔离开关操作记录、事件顺序记录、越限、召唤、抄屏、事故追忆等。

（9）数据处理与记录功能

在监控系统中，数据处理和记录也是很重要的环节。历史数据的形成和存储是数据处理的主要内容。此外，为了满足继电保护专业人员和变电站（所）管理的需要，必须进行一些数据统计，主要有记录母线电压日最高值和最低值以及相应的时间，主变压器及各条线路的功率、功率因数及电能的计算和统计，计算配电电能的平衡率，统计断路器、避雷器、重合闸的动作次数，统计断路器切除故障电流和跳闸次数的累计数，记录控制操作和定值的修改，事件顺序记录及事故追忆等。

（10）谐波的分析与监视

电能质量的一个重要指标是其谐波要限制在国标规定的范围内。随着非线性元件和设备的广泛使用，使电力系统的谐波成分明显增加，并且其影响程度越来越严重，目前，谐波"污染"已成为电力系统的公害之一。因此，在综合自动化系统中，必须重视对谐波含量的分析和监视。对谐波"污染"严重的变电站（所），要采取适当的抑制措施，降低谐波含量。

（11）报警处理

报警处理的内容包括设备的状态异常、故障，测量值越限及计算机监控系统的软/硬件、通信接口及网络故障等。

（12）画面生成及显示

画面显示的信息包括日历时间、经编号的测点、表示该点的文字或图形、该点实时数据或历史数据、经运算或组合后的各种参数等。由画面显示的内容包括全站生产运行要的电气接线图、设备配置图、运行工况图、电压棒形图、实时参数曲线图、各种信息报告、操作票、工作票及各种运行报表等。

（13）在线计算及制表功能

对变电站（所）运行的各种常规参数进行统计及计算，如：日、月、年中的最大值、最小值及其出现的时间，电压合格率，变压器负荷率，全站负荷及电能平衡率等。

对变电站（所）主要设备的运行状况进行统计及计算，如断路器正常操作及事故跳闸次数，变压器分接头调节的挡次、次数、停运时间等。

利用以上数据生成不同格式的生产运行报表，并按要求方式打印输出。

（14）电能量处理。电能量处理包括变电站（所）对各种方式采集到的电能量进行处理、对电能量进行分时段的统计计算以及当运行方式的改变而自动改变计算方法并在输出报表上予以说明等。

（15）远动功能

监控子系统能实现 DL 5002—1991《地区电网调度自动化设计技术规程》、DL 5003—1991《电力系统调度自动化设计技术规程》中与变电站（所）有关的全部功能，满足电网电能实时性、安全性和可靠性。

（16）运行管理功能。运行管理功能包括：运行操作指导、事故记录检索、在线设备管理、操作票开列、模拟操作、运行记录及交接班记录等。

除上述功能外还具有时钟同步、防误闭锁、同步、系统自诊断与恢复以及与其他设备接口等功能。

2. 微机保护系统功能

微机保护系统功能是变电站（所）综合自动化系统的最基本、最重要的功能，它包括变电站（所）的主设备和输电线路的全套保护，即高压输电线路保护和后备保护，变压器的主保护、后备保护以及非电量保护，母线保护，低压配电线路保护，无功补偿装置保护，站用电保护等。各保护单元，除应具备独立、完整的保护功能外，还应具有以下附加功能：

1）具有事件记录功能。事件记录包括发生故障、保护动作出口、保护设备状态等重要事项的记录。

2）具有与系统对时功能，以便准确记录发生事故和保护动作的时间。

3）具有存储多种保护定值的功能。

4）具备当地人机接口功能。不仅可显示保护单元各种信息，还可通过它修改保护定值。

5）具备通信功能。提供必要的通信接口，支持保护单元与计算机系统通信协议。

6）具备故障自诊断功能。通过自诊断，及时发现保护单元内部故障并报警。对于严重的故障，在报警的同时，应可靠闭锁保护出口。

7）各保护单元满足上述功能要求的同时，还应满足保护装置的快速性、选择性和灵敏性要求。

3. 后备控制和紧急控制功能

当地后备控制和紧急控制功能包括人工操作控制、低频减负荷、备用电源自投和稳定控制等。

任务 7.5　变电站（所）综合自动化系统的结构形式及其相关配置

变电站（所）综合自动化采用自动控制和计算机技术实现变电站（所）二次系统的部

分或全部功能。为达到这一目的，满足电网运行对变电站（所）的要求，变电站（所）综合自动化系统体系由数据采集和控制、继电保护和直流电源系统三大块构成变电站（所）自动化基础。通信控制管理是桥梁，联系变电站（所）内部各部分之间、变电站（所）与调度控制中心之间使其相互交换数据。变电站（所）主计算机系统对整个综合自动化系统进行协调、管理和控制，并向运行人员提供变电站（所）运行的各种数据、接线图、表格等画面，使运行人员可远方控制断路器分、合操作，还提供运行和维护人员对自动化系统进行监控和干预的手段。变电站（所）主计算机系统代替了很多过去由运行人员完成的简单、重复和烦琐的工作，如收集、处理、记录、统计变电站（所）运行数据和变电站（所）运行过程中所发生的保护动作，断路器分、合闸等重要事件，还可按运行人员的操作命令或预先设定执行各种复杂的工作。通信控制管理连接系统各部分，负责数据和命令的传递，并对这一过程进行协调、管理和控制。

与变电站（所）传统电磁式二次系统相比，在体系结构上，变电站（所）综合自动化系统增添了变电站（所）主计算机系统和通信控制管理两部分；在二次系统具体装置和功能实现上，计算机化的二次设备代替和简化了非计算机设备，数字化的处理和逻辑运算代替了模拟运算和继电器逻辑；在信号传递上，数字化信号传递代替了电压、电流模拟信号传递。数字化使变电站（所）自动化系统与传统变电站（所）二次系统相比，数据采集更精确、传递更方便、处理更灵活、运行维护更可靠、扩展更容易。变电站（所）综合自动化系统结构体系较为典型的是：

（1）在低压无人值班的变电站（所）里，取消变电站（所）主计算机系统或者简化变电站（所）主计算机系统。

（2）在实际的系统中，更为常见的是将部分变电站（所）自动化设备，如微机保护、RTU 与变电站（所）二次系统中电磁式设备（如模拟式指针仪表、中央信号系统）揉和在一起，组成一个系统运行。这样，即提高了变电站（所）二次系统的自动化水平，改进了常规系统的性能，又需投入更多的物力和财力。

变电站（所）综合自动化系统的结构模式主要有集中式、分布式和分布分散（层）式。

1. 集中式结构

集中式一般采用功能较强的计算机并扩展其 I/O 接口，集中采集变电站（所）的模拟量和数量等信息，集中进行计算和处理，分别完成微机监控、微机保护和自动控制等功能。集中式结构也并非指只由一台计算机完成保护、监控等全部功能。多数集中式结构的微机保护、微机监控和与调度等通信的功能也是由不同的微型计算机完成的，只是每台微型计算机承担的任务多些。例如监控机要担负数据采集、数据处理、断路器操作、人机联系等多项任务；担负微机保护的计算，可能一台微机要负责多回低压线路的保护等。

集中式系统的主要特点有：

（1）能实时采集变电站（所）各种模拟量、开关量，完成对变电站（所）的数据采集和实时监控、制表、打印、事件顺序记录等功能。

（2）完成对变电站（所）主要设备和进、出线的保护任务。

（3）结构紧凑，体积小，可大大减少占地面积。

（4）造价低，尤其是对 35 kV 或规模较小的变电站（所）更为有利。

（5）实用性好。

集中式的主要缺点有：

（1）由于每台计算机的功能较集中，若一台计算机出故障，影响面大，因此，必须采用双机并联运行的结构才能提高可靠性。

（2）软件复杂，修改工作量大，系统调试烦琐。

（3）组态不灵活，对不同主接线或规模不同的变电站（所），软、硬件都必须另行设计，工作量大。

（4）集中式保护与长期以来采用一对一的常规保护相比，不直观、不符合运行和维护人员的习惯，调试和维护不方便，程序设计麻烦，只适合于保护算法比较简单的情况。

2. 分布式结构

分布式结构的最大特点是将变电站（所）自动化系统的功能分散给多台计算机来完成。分布式模式一般按功能设计，采用主从 CPU 系统工作方式，多 CPU 系统提高了处理并行多发事件的能力，解决了 CPU 运算处理的瓶颈问题。各功能模块（通常是多个 CPU）之间采用网络技术或串行方式实现数据通信，选用具有优先级的网络系统较好地解决了数据传输的瓶颈问题，提高了系统的实时性。分布式结构方便系统扩展和维护，局部故障不影响其他模块正常运行。该模式在安装上可以形成集中组屏或分层组屏两种系统组态结构，较多地使用于中、低压变电站（所）。

3. 分布分散（层）式结构

分布分散式结构系统从逻辑上将变电站（所）自动化系统划分为两层，即变电站（所）层（站级测控单元）和间隔层（间隔单元）；也可分为三层，即变电站（所）层、通信层和间隔层。

该结构的主要特点是按照变电站（所）的元件、断路器间隔进行设计，将变电站（所）一个断路器间隔所需要的全部数据采集、保护和控制等功能集中由一个或几个智能化的测控单元完成。测控单元可直接放在断路器柜上或安装在断路器间隔附近，相互之间用光缆或特殊通信电缆连接。这种系统代表了现代变电站（所）自动化技术发展的趋势，大幅度地减少了连接电缆，减少了电缆传送信息的电磁干扰，且具有很高的可靠性，比较好地实现了部分故障不相互影响，方便维护和扩展，大量现场工作可一次性地在设备制造厂家完成。分布分散式结构的主要优点有：

（1）间隔级控制单元的自动化、标准化使系统适用率提高。

（2）包含间隔级功能的单元直接定位在变电站（所）的间隔上。

（3）逻辑连接到组态指示均可由软件控制。

（4）简化了变电站（所）二次部分的配置，大大缩小了控制室的面积。

（5）简化了变电站（所）二次设备之间的互连线，节省了大量连接电缆。

（6）分布分散式结构可靠性高，组态灵活，检修方便。

任务 7.6　变电站（所）综合自动化系统的发展方向

变电站（所）作为整个电网中的一个节点，担负着电能传输、分配的监测、控制和管理的任务。变电站（所）继电保护、监控自动化系统是保证上述任务完成的基础。在电网

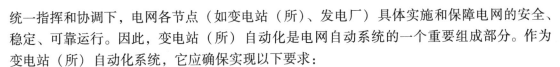

统一指挥和协调下，电网各节点（如变电站（所）、发电厂）具体实施和保障电网的安全、稳定、可靠运行。因此，变电站（所）自动化是电网自动系统的一个重要组成部分。作为变电站（所）自动化系统，它应确保实现以下要求：

（1）检测电网故障，尽快隔离故障部分。

（2）采集变电站（所）运行实时信息，对变电站（所）运行进行监视、计量和控制。

（3）采集一次设备状态数据，供维护一次设备参考。

（4）实现当地后备控制和紧急控制。

（5）确保通信要求。

因此，要求变电站（所）综合自动化系统运行高效、实时、可靠，对变电站（所）内设备进行统一监测、管理、协调和控制。同时，又必须与电网系统进行实时、有效的信息交换、共享，优化电网操作，提高电网安全稳定运行水平和经济效益，并为电网自动化的进一步发展留下空间。

传统变电站（所）中，其自动化系统存在诸多缺点，难以满足上述要求。例如：

（1）传统二次设备、继电保护、自动和远动装置等大多采取电磁型或小规模集成电路，缺乏自检和自诊断能力，其结构复杂、可靠性低。

（2）二次设备主要依赖大量电缆，通过触点、模拟信号来交换信息，信息量小、灵活性差、可靠性低。

（3）由于上述两个原因，传统变电站（所）占地面积大、使用电缆多，电压互感器、电流互感器负担重，二次设备冗余配置多。

（4）远动功能不够完善，提供给调度控制中心的信息量少、精度差，且变电站（所）内自动控制和调节手段不全，缺乏协调和配合力量，难以满足电网实时监测和控制的要求。

（5）电磁型或小规模集成电路调试和维护工作量大，自动化程度低，不能远方修改保护及自动装置的定值和检查其工作状态。有些设备易受环境的影响，如晶体管型二次设备，其工作点会受到环境温度的影响。

传统的二次系统中，各设备按设备功能配置，彼此之间相关性甚少，相互之间协调困难，需要值班人员比较多的干预，难以适应现代化电网的控制要求。另外需要对设备进行定期的试验和维修，即便如此，仍然存在设备故障（异常运行）不能及时发现的现象，甚至这种定期检修也可能引起新的问题，发生和出现由试验人员过失引起的故障。

发展变电站（所）综合自动化的必要性还体现在以下几个方面：一是随着电网规模不断地扩大，新增大量的发电厂和变电站（所），使得电网结构日趋复杂，这样就要求各级电网调度值班人员掌握、管理、控制的信息也大量增长，而电网故障的处理和恢复却要求更为迅速和准确；二是现代工业技术的发展，特别是电子工业技术的发展和计算机技术的普遍应用，对电网的可靠供电提出了更高的要求；三是市场经济的发展，使得整个社会对环保要求更高，这样也对电网的建设、运行和管理提出许多要求，如要求电力企业参与市场竞争，降低成本，提高经济效益；要求发电厂、变电站（所）减少占地面积。要解决上述问题，显然仅依靠各级电网调度运行值班人员是难以解决的。现代控制技术的发展，计算机技术、通信技术和电力电技术的进步与发展，电网自动化系统的应用，为上述问题提供了解决的方案。这些技术的综合应用造就了变电站（所）综合自动化系统的产生与发展。

现有的变电站（所）有三种形式：第一种是传统的变电站（所）；第二种是部分实现

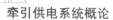

微机管理、具有一定自动化水平的变电站（所）；第三种是全面微机化的综合自动化变电站（所）。

复习思考题

1. 变电站（所）综合自动化技术有什么优势？
2. 变电站（所）综合自动化系统应具备哪些功能？
3. 变电站（所）综合自动化技术有什么特点？

项目 8 牵引供电系统的调度管理

【项目描述】 随着我国国民经济与科学技术的不断发展，使得电力事业在近几年得到了高速的发展，然而一旦跳闸现象发生，就会导致调度员的工作难度大大增加，为了使调度的管理模式得到进一步的优化，电力部门对配网调度方面实施集约化管理模式，为配网铁路及地铁供电故障快速地恢复供电做出了有力的帮助，供电调度是一种为保证电网安全稳定的运行、对外可靠供电、使各类电力生产有序进行的管理手段。随着经济的快速发展，电网规模也不断发展、增大，越来越复杂，因此对电网合理地调度是维持电网可靠供电的重要手段；而且很多供电事故也需要通过供电调度解决。基于上述原因，探究供电调度在供电事故抢修中的作用具有实际意义。

【学习目标】 了解牵引供电设备的运营管理体制及牵引供电调度的管理体系。

【技能目标】 掌握供电段的任务及设置，并熟悉牵引供电调度规则。

任务 8.1 概 述

8.1.1 牵引供电设备的运营管理体制

铁路运输组织工作高度集中，各个工作环节密切相连，因此，电气化铁路牵引供电设备的运行管理，也必须实行统一领导，分级管理的原则，充分发挥各级管理机构的作用。电气化铁路牵引供电设备的运行管理，包括管理机构、规章制度、维修内容和作业方式等。

中国铁路总公司是铁路的最高级管理机构，负责统一制定全路电气化铁路牵引供电设备的运行和检修工作原则，制定有关的规章制度，调查研究、督促检查、总结推广先进经验，审批部管的基建、科研、改造计划，并组织验收和鉴定。日常的运行管理由运输局装备部负责。

铁路局负责贯彻执行中国铁路总公司的有关规章和命令，组织制定本局有关细则、办法和工艺；审批局管的基建、大修和科研、改造计划，并组织验收和鉴定。督促检查管内牵引供电设备的运行和检修工作，日常的运行管理由机务处负责。

供电段是铁路电气化区段设置的基层运营管理单位，其主要任务是保证牵引供电设备的安全可靠供电。牵引供电设备的运行管理体制如图 8.1 所示。

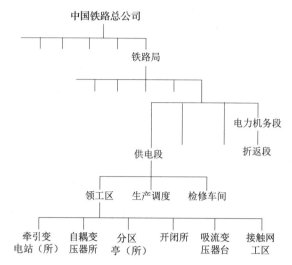

图 8.1 牵引供电设备的运营管理体制

8.1.2 牵引供电调度的管理体系

牵引供电调度是电气化铁路运行管理的重要组成部分，是牵引供电系统运行的指挥中心，它的基本任务是：正确指挥牵引供电系统的安全运行，保证牵引供电设备的检修；正确、迅速、果断地指挥牵引供电设备故障的处理。

牵引供电系统的运行指挥由中国铁路总公司供电调度、铁路局供电调度、供电段生产调度分级负责。

中国铁路总公司供电调度掌握全国电气化铁路牵引供电系统的运行情况，宏观地进行数据统计分析处理，从中找出规律性的问题，提出提高供电可靠性的建议，供决策部门参考，并对各铁路局的供电调进业务进行指导，其业务受中国铁路总公司运输局装备部领导。

铁路局供电调度直接指挥所管辖牵引供电系统的运行、检修和事故处理，其业务受机务处领导。

供电段生产调度在业务上受铁路局调度指挥。

供电调度除自成体系外，还与其他一些部门发生关系，在路内与行车调度、机车调度关系密切，在路外与电力系统调度有联系。因为铁路局供电调度直接负责牵引供电系统的调度指挥，这些联系主要由铁路局供电调度进行。牵引供电系统的停、送电，故障查找等都要与行车调度、机车调度及时联系，以得到他们的积极配合和支持。必要时，相互间还要以书面命令形式联系牵引变电站（所）的电源进线，其调度权归电力系统，一般企业自备变电站（所）的电源进线由电力系统直接指挥。因为电气化铁路牵引变电站（所）不由电力系统直接指挥，因此电力系统调度要与铁路局供电调度积极联系；属电力系统调度的设备运行操作，以命令形式下达给铁路供电调度，再由铁路供电调度下达给牵引变电站（所）执行，两调度之间签有调度协议，明确相互间的关系，以保证牵引供电系统的统一调度指挥。

各级供电调度的职责范围如下所述。

1. **铁路总公司供电调度**

1）掌握全路牵引供电设备及信号电源的安全运行状况；指导各局供电调度业务；协调各局之间的有关调度事宜。

2）审批牵引变电站（所）跨局越区供电的方案；下达跨局使用移动变压器的命令；并督促有关部门尽快运达目的地和投入运行。

3）及时掌握接触网和信号电源非正常停电以及供电、电力人员重伤及以上的工伤情况。督促有关部门抓紧抢修，尽快恢复供电并迅速查清原因、落实责任、制定防范措施，尽早见诸实效。

4）负责指导涉及两个及以上铁路局的牵引供电设备故障抢修。根据铁路局请求或总公司内安排会同有关部门解决检修或处理故障所需跨局停、送电的有关事宜。当发生行车重大、大事故时指导铁路局做好抢修工作中涉及牵引供电业务的有关工作，促其尽快恢复供电，并立即通知主管领导和安监司值班人员。

5）当外部电源非正常停电时，及时与能源部电力调度联系（必要时报国家计委、国务院等），迅速恢复供电。

6）督促各局按时上报各种供电报表和供电段履历簿，及时汇总分析供电指标及"天窗"三率的完成情况并提出改进措施。

7）对全路牵引供电设备故障跳闸、弓网故障进行月、季、年度总结、分析，提出改进措施，必要时向全路通报。

8）掌握运行图编制中"天窗"时间的安排情况，及时提出改进意见。

9）根据铁路局要求，联系协调有关部门尽快安排跨局使用的接触网检测车、发电车等供电、电力有关车辆的运送。

2. **铁路局供电调度**

1）贯彻执行有关规章制度、上级命令和指示。

2）掌握全局牵引供电设备及信号电源的安全运行状况，指导各分局供电调度业务。

3）审批牵引变电站（所）跨分局越区供电的方案，下达跨分局使用移动变压器的命令并组织实施。

4）及时掌握接触网和信号电源非正常停电及与牵引供电有关的行车事故的详细情况（包括故障发生的时间、地点、原因、设备损坏、人身伤亡、影响行车及抢修处理情况等），对抢修方案、组织实施等提出指导性意见，同时将故障情况立即报告铁路总公司供电调度及铁路局安监室。

5）负责指导涉及两个及以上分局的牵引供电故障抢修工作，当发生重大、大事故时，协助铁路局做好涉及牵引供电业务的各项有关工作，使其尽快恢复供电和行车。

6）当地方电源故障影响牵引供电时，负责与有关电业部门联系，组织恢复供电并及时报告中国铁路总公司供电调度。

7）定时收取供电设备及人身安全情况并及时报告铁路总公司供电调度。随时掌握设备跳闸情况、"天窗"和检修任务执行情况、汇总并按时上报有关供电报表。负责全局月、季、年度故障跳闸和弓网故障分析、总结，针对存在问题及时提出改进措施。

8）参加运行图"天窗"时间及每月停电计划的编制，掌握、分析图定"天窗"和计划停电时间的实施情况，及时提出改进措施。

9）根据铁路局的要求，联系和安排需跨局运行的试验车、接触网检测车等车辆的调动和运行。

3. 供电段生产调度

1）掌握牵引供电设备（有电力业务者应包括电力）大、中、小修进度及改造工程的完成情况，对存在问题要及时报告主管段长并通知有关股室，促其尽快解决。

2）掌握管内电气化区段的安全情况和主要设备的质量状况，对影响安全运行的设备缺陷要及时通知有关车间、领工区抓紧处理，对防止事故的好人好事要及时报告主管段长和路局主管科。

3）当电气化区段发生故障时要立即报告路局供电调度及有关部门和主管段长，同时协助路局供电调度组织抢修和做好记录。

4）负责办理检测、化验、试验、检修车辆和移动变压器的运送手续，掌握工区检修车辆的使用、运行和技术状态。

5）参加段生产例会，经常和定期分析供电、电力（有电力业务者）设备检修任务完成情况，针对存在问题及时提出改进措施并报告主管段长通知有关股室、领工区组织实施。

6）有电力业务段的生产调度应掌握电力设备运行情况，当发生故障时要立即组织抢修。

任务 8.2 供 电 段

8.2.1 供电段的任务、设置及运营管理

1. 供电段的任务

供电段是铁路电气化区段设置的基层运营管理单位，负责管内牵引变电站（所）、分区亭（所）、开闭所、自耦变压器所、调度所、接触网工区的行政领导（有时也包括电力工区、变配电所）；管内供电设备的运营管理、维修测试、故障抢修、设备材料供应和部分零件检修配制、绝缘油的化验和处理、电气仪表和继电保护的调试和校验、远动系统的调试和校验、检修新技术设备的研制、试用和推广等。供电段的主要任务是保证牵引供电设备的安全可靠供电。

2. 供电段的设置

供电段的管辖范围一般规定为 300~400 km，若铁路局管内电气化里程大于 500 km 时，可增设新段或设立以运营管理为主的分段。供电段的设置位置应考虑远期电气化的发展，一般应设置在铁路局所在地，或设置在远期电气化适中的枢纽站或区段站上，便于铁路局及时调度、领导和指挥。当发生重大供电事故时，段本部能及时向路局汇报，在铁路局领导下及时制定抢修方案，尽快进行抢修，及时恢复供电，也便于与地方、地区协作，方便职工生活。

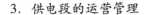

3. 供电段的运营管理

供电段的管辖能力，与接触网、牵引变电站（所）等供电系统的运营管理方式密切相关。接触网的运营维修由沿线各接触网工区负责，段部检修车间仅提供配件和组织事故抢修。牵引变电站（所）的运营由其值班员承担，而设备的定期检修、测试和事故检修由段部检修车间负责。供电段管辖能力主要决定于去现场的检测能力及在事故时组织抢修的反应能力。一般段管辖 10～15 个牵引变电站（所）。牵引变电站（所）的预防性检测一年一次。

接触网及沿线吸回装置等的维护检修及事故抢修，由分布在沿线的接触网工区进行，一般一个工区管辖单线正线 30～40 km，双线区段为单线的 1/2～2/3，适当配备一些交通工具，到达现场的路程时间不会太长。每 3～4 个工区设一个领工区，领工区只对下属单位行使行政管理和技术指导，组织维修计划的实施。供电段实行三级管理（段部、领工区、接触网工区和电力工区）。

8.2.2　供电段的组成

1. 供电段总平面布置

它应满足生产作业的需要，便于运营、管理、检修和搬运。按照检修工艺流程及段内各建筑物的用途，段平面可划分三部分，即检修、办公、材料储存和运输设备部分。其中检修部分是重点，首先应选择好主库的位置，然后布置辅助车间及其他。段的平面布置原则是建筑物布置应整齐合理尽量集中；生产性质相近，联系频繁的车间应布置在一起，有震动、噪声的车间应单独布置并与办公、试验等要求安静的房间分开。为节省用地，部分车间可按楼房设置。地形受限制时，为减少土石方工程，某些车间可在不同标高上兴建，但高差不宜太大，以防影响段内运输。段内专用线的轨顶标高应与场坪及室内地坪标高相同。锅炉房等产生烟尘危害的建筑物应设在常年主导风向的下风向位置。为充分利用专用岔线，可将同一地区的牵引变电站（所）、供电领工区、接触网工区、开闭所等与供电段合并布置，以减少占地和节省投资。段内道路布置应短捷、顺直，避免往返迂回。各建筑物的间距应符合建筑防火、卫生等规范要求。段内专用线坡度应为平直，段外部分以不大于 10‰ 为宜。

2. 供电段的生产车间

生产车间的设置和组合，系根据检修工艺流程、专业化协作条件、各检修分间的内在联系，以及分间面积、采光、防震、防火、防爆、采暖通风、给排水、"三废"处理、气象条件等按照小而专的原则设置的。其组合原则是为使检修工艺流程顺畅，避免相互交叉干扰，联系密切的分间尽量靠近。电修间是电气设备解体、组装分间，其检修前后的测试、排灌油作业分别由试验间、油处理间承担，而其线圈的维修和制作由电机间负责，故试验间、电机间、油处理间应与电修间毗邻。产生有害气体的车间可集中也可单独布置，若集中组合布置时，应布置在外侧的一端以利于排气通风。对采光要求较高的分间应选自然采光良好的处所。仪表、继电器间，化验间的精密仪表要求防震、防潮，一般置于办公楼内，而且应远离锻工间、机工间等。锻工、木工间产生烟尘，应置于主导风向的下方。与上述各分间均有联系的分间，如工具发放等，应在适中位置。材料库（棚）应在检修间附近条件允许可布置成院落式，危险品库应在材料库附近有适当距离的一角。南方地区气温高、夏季长，车间应有良好的通风，主要车间应避免西晒。北方地区气温低、冬季长，车间应采暖保温，生产车间尽量集中以利供热保温。主要车间的作业内容如下。

1）电修间。承担段管内配电变压器、吸流变压器、互感器及 27.5 kV 级开关等恢复性大修及套管的烘干处理，承担全段电气设备的定期修理；派员对管内牵引变电站（所）的变压器、互感器等进行预防性测试及事故处理。

2）电机间。承担变压器、互感器和电机等的线圈绕制和浸漆工作及段内电机类电气设备的定期检修。

3）试验间。承担管内电气设备的耐压试验和特性试验。即高压试验和变压器试验两部分。高压试验部分可进行 35 kV 及以下各种电气设备、电工器材的耐压试验、介质损失角测定等工作，亦可对防护用具、操作绝缘杆件进行检查试验，以确保设备质量和运行安全。变压器试验部分主要进行变压器的空载、短路试验，测定变比、介损、接线组别，测定直流电阻、套管泄漏等电气性能，以判断其检修质量。试验间还负责对段管内各牵引变电站（所）电气设备的预防性定期测试，鉴定供电设备的运行质量，提出维修要求。

4）油处理间。承担管内绝缘油的净化处理及电气设备回段检修时绝缘油的回收及发放。在日常运营中还对现场充油设备的绝缘油进行经常质量监视、取样化验和补充。绝缘油的净化处理主要是去掉油中水分和杂质。绝缘油经过一段时间后均会因空气中湿气侵入而受潮，其绝缘性能下降，介电强度受到严重影响，在一定温度下还将加速劣化。

5）绝缘油库。用以储存和保管新油、旧油及处理后的油，其储油量应保证自然消耗油的补充和事故情况下的备用。

6）仪表、继电器间。承担管内各牵引变电站（所）、分区亭（所）、开闭所、自耦变压器所等的测量表计及继电保护设备的检验、测试和检修工作。

任务 8.3　铁路牵引供电调度规则

8.3.1　总则

第 1 条　供电调度是指挥电气化铁路运输的重要组成部分，各级供电调度是牵引供电设备运行、检修和事故抢修的指挥中心，也是电气化铁路安全供电的信息中心。

供电调度员是供电运行的指挥者，其主要任务是正确指挥牵引供电系统的运行；统一安排设备的停电检修；协调有关部门千方百计地提高"天窗"时间兑现率和利用率；正确、果断地指挥故障处理，最大限度地缩小故障范围，减少事故损失，迅速恢复供电和行车；进行供电设备故障分析，提供准确的分析报告。各级供电调度员必须具备供电专业知识，熟悉管辖范围内供电设备的状况，密切联系群众，严肃认真、实事求是，不断提高指挥水平。

为加强供电调度管理，充分发挥供电调度的作用，特制定本规则。

8.3.2　组织机构及职责范围

第 2 条　供电调度系统由铁路总公司供电调度、铁路局供电调度和供电段生产调度组

成，实行统一管理、分级负责。

铁路总公司供电调度指导各铁路局调度的工作。

铁路局供电调度直接指挥管内牵引供电设备的运行、检修和故障处理。

供电段（包括有牵引供电业务的水电段，下同）生产调度，其业务受铁路局供电调度的指导。

第 3 条 各级供电调度台的设置及人员配备标准、班制由各级根据工作需要自行确定。

第 4 条 各级供电调度的职责范围。

8.3.3 铁路总公司供电调度

1）掌握全路牵引供电设备及信号电源的安全运行状况；指导各局供电调度业务；协调各局之间的有关调度事宜。

2）审批牵引变电站（所）跨局越区供电的方案；下达跨局使用移动变压器的命令；并督促有关部门尽快运达目的地和投入运行。

3）及时掌握接触网和信号电源非正常停电以及供电、电力人员重伤及以上的工伤情况。督促有关部门抓紧抢修，尽快恢复供电并迅速查清原因、落实责任、制定防范措施，尽早见诸实效。

4）负责指导涉及两个及以上铁路局的牵引供电设备故障抢修。根据铁路局请求或部内安排会同有关部门解决检修或处理故障所需跨局停、送电的有关事宜。当发生行车重大、大事故时指导铁路局做好抢修工作中涉及牵引供电业务的有关工作，促其尽快恢复供电，并立即通知主管领导和安监司值班人员。

5）当外部电源非正常停电时，及时与能源部电力调度联系（必要时报国家计委、国务院等），迅速恢复供电。

6）督促各局按时上报各种供电报表和供电段履历簿，及时汇总分析供电指标及"天窗"三率的完成情况并提出改进措施。

7）对全路牵引供电设备故障跳闸、弓网故障进行月、季、年度总结、分析，提出改进措施，必要时向全路通报。

8）掌握运行图编制中"天窗"时间的安排情况，及时提出改进意见。

9）根据铁路局要求，联系协调有关部门尽快安排跨局使用的接触网检测车、发电车等供电、电力有关车辆的运送。

10）领导交办的其他事项。

8.3.4 铁路局供电调度

1）贯彻执行有关规章制度，上级命令和指示。

2）掌握全局牵引供电设备及信号电源的安全运行状况，指导各分局供电调度业务。

3）审批牵引变电站（所）跨局越区供电的方案，下达跨局使用移动变压器的命令并组织实施。

4）及时掌握接触网和信号电源非正常停电及与牵引供电有关的行车事故的详细情况（包括故障发生的时间、地点、原因、设备损坏、人身伤亡、影响行车及抢修处理情况等），对抢修方案、组织实施等提出指导性意见，同时将故障情况立即报告铁路总公司供电调度及铁路局安监室。

5）负责指导涉及两个及以上分局的牵引供电故障抢修工作，当发生重大、大事故时，协助铁路局做好涉及牵引供电业务的各项有关工作，促其尽快恢复供电和行车。

6）当地方电源故障影响牵引供电时，负责与有关电业部门联系，组织恢复供电并及时报告铁路总公司供电调度。

7）定时收取供电设备及人身安全情况并及时报告铁路总公司供电调度。随时掌握设备跳闸情况、"天窗"和检修任务执行情况、汇总并按时上报有关供电报表。负责全局月、季、年度故障跳闸和弓网故障分析、总结，针对存在问题及时提出改进措施。

8）参加运行图"天窗"时间及每月停电计划的编制，掌握、分析图定"天窗"和计划停电时间的实施情况，及时提出改进措施。

9）根据铁路局要求，联系和安排需跨局运行的试验车、接触网检测车等车辆的调动和运行。

10）领导交办的其他事项。

8.3.5　供电段生产调度

1）掌握牵引供电设备（有电力业务者应包括电力）大、中、小修进度及改造工程的完成情况，对存在问题要及时报告主管段长并通知有关股室，促其尽快解决。

2）掌握管内电气化区段的安全情况和主要设备的质量状况，对影响安全运行的设备缺陷要及时通知有关车间、领工区抓紧处理，对防止事故的好人好事要及时报告主管段长和分局主管科。

3）当电气化区段发生故障时要立即报告分局供电调度及有关部门和主管段长，同时协助分局供电调度组织抢修和做好记录。

4）负责办理检测、化验、试验、检修车辆和移动变压器的运送手续，掌握工区检修车辆的使用、运行和技术状态。

5）参加段生产例会，经常和定期分析供电、电力（有电力业务者）设备检修任务完成情况，针对存在问题及时提出改进措施并报告主管段长通知有关股室、领工区组织实施。

6）有电力业务段的生产调度应掌握电力设备运行情况，当发生故障时要立即组织抢修。

7）领导交办的其他事项。

8.3.6　各级供电调度应具备的条件和要求

1. 供电调度员

第5条　供电调度员必须树立为运输服务的思想，具有全局观念、指挥决策的素质和独立处理问题的能力，有一定的技术理论业务知识。

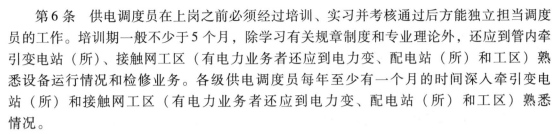

第 6 条　供电调度员在上岗之前必须经过培训、实习并考核通过后方能独立担当调度员的工作。培训期一般不少于 5 个月，除学习有关规章制度和专业理论外，还应到管内牵引变电站（所）、接触网工区（有电力业务者还应到电力变、配电站（所）和工区）熟悉设备运行情况和检修业务。各级供电调度员每年至少有一个月的时间深入牵引变电站（所）和接触网工区（有电力业务者还应到电力变、配电站（所）和工区）熟悉情况。

第 7 条　经培训并考试合格后可以聘为实习调度员，实习调度员在调度主任指定的调度员监护指导下，实习值班调度工作，两个月后经考核合格方能独立担当调度员工作。实习调度员在跟班实习期间发布命令和处理故障需在指定的调度员监护下进行，监护人员应对其所进行的工作负责。

第 8 条　铁路局供电调度员中断调度工作一个月以上者，至少见习 3 天，经调度主任（或主任调度员，下同）批准方可继续值班，中断调度工作三个月以上者除至少见习 7 天外，还应进行安全考试，考试合格后经调度主任批准方可继续值班。

第 9 条　新建的电气化区段在投入运行前，应提前六个月配足定员，铁路局供电调度至少提前两个月介入，并参加工程部门供电调度的值班工作，熟悉设备，为投入运营做好准备。

第 10 条　调度员值班期间，应坚守岗位，严守国家机密，严禁做与值班无关的事。

第 11 条　铁路总公司供电调度员应了解和掌握：

1）掌握牵引供电各项规章制度和全国供、用电规则以及事故管理、行车事故处理规则等安全管理上的规章制度，了解铁路和电业部门有关的规章制度。

2）熟悉牵引供电专业理论，掌握保护装置、远动装置原理及远动装置使用方法。

3）了解行车组织、信集闭及轨道电路的有关知识，能看懂列车运行图。

4）掌握全路牵引供电设备概况及外部电源供电接线图和供电方式，熟悉调度协议和供、用电协议中铁路与电业部门的分工原则（包括调度权限、设备分界、检修分工等）。

5）熟悉各局分界点两侧牵引供电设备概况及跨局供电的条件。

6）了解各条电气化区段接触线的最低高度及其所在区间，以便掌握允许通过的超限货物列车的高度。

7）随时掌握路内移动变压器、电力发电车的容量及所在区段。

8）了解电力专业知识，掌握铁路信号电源的供电方式和原理。

第 12 条　铁路局供电调度员应了解和掌握：

1）掌握牵引供电各项规章制度和全国供、用电规则；掌握行车组织规则的有关部分。了解铁路电力管理规则、安全工作规程和事故管理规则以及铁路和电业部门的有关规章制度。

2）掌握牵引供电专业理论，熟悉管内各种保护装置、远动装置的原理和操作方法。

3）了解行车组织、信集闭及轨道电路的有关知识，能看懂列车运行图。

4）掌握全局牵引供电设备概况及外部电源供电接线图和供电方式。

5）熟悉各局分界点两侧牵引供电设备概况及跨局越区供电的条件。

6）了解管内各条电气化区段接触线的最低高度及其所在区间，以便掌握允许通过的超限货物列车的高度。

7）随时掌握管内移动变压器、电力发电车的容量，接触网抢修列车功能及这些车的停放地点及其状况。

8）了解电力专业知识，掌握管内信号电源的供电方式、原理。

第 13 条 供电段生产调度应了解和掌握：

1）熟悉牵引变电站（所）接触网运行、检修规程和安全工作规程，了解铁路和电业部门有关的规章制度和管内主要设备的检修工艺。

2）掌握牵引供电专业知识、管内各种保护装置的原理、整定值及远动装置的原理、结构和操作方法。

3）了解行车组织知识，能看懂列车运行图，掌握行车组织规则的有关部分。

4）熟悉管内设备情况及外部电源接线和供电方式，掌握调度协议和供、用电协议；掌握管内各工区抢修材料、零部件、工具的储备及夜间、节假日抢修人员的值班情况；掌握各牵引变电站（所）、接触网工区的地理环境、道路设施等外部条件。

5）随时掌握段内汽车、轨道车及管内接触网抢修列车的状态，移动变压器容量及上述车辆的动态。

6）有电力业务者，应掌握有关的电力业务知识，安全运行检修规章，以及信号电源、电力贯通线的供电方式和发电车容量及其存放地点。

2. 供电调度室

第 14 条 供电调度室应光线充足、隔音、湿度适宜、通风、防尘良好。

第 15 条 各级供电调度室均应配备录音电话，铁路局供电调度室还应有直接呼叫管内各牵引变电站（所）、接触网工区、车站的直通电话及与有关电业部门的自动电话或直通电话。

第 16 条 各级供电调度室均应有显示管内牵引供电设备状况的模拟图（有电力业务者还应有自闭电源供电的分段图），铁路局供电调度室的模拟图应显示出牵引变电站（所）、开闭所、分区亭（所）、AT 所的位置、容量及主接线、接触网分段，领工区、工区的位置，管辖范围等，并能正确适时地反映出变电设备和接触网设备的带电状态。

第 17 条 各级供电调度室应具有的资料。

（1）铁路总公司供电调度

1）各电气化区段各牵引变电站（所）的外部电源接线图和接触网供电分段图。

2）全路各牵引变电站（所）及枢纽所在地开闭所的主结线图。

3）全路各电气化区段各领工区和接触网工区管辖范围示意图。

4）全路各电气化区段接触线距轨面的最低高度及所在区间。

5）接触网抢修列车的功能和所在段。

6）全路移动变压器的容量、并联运行的条件及所在段。

7）全路自动闭塞电源及电力贯通线供电分段图。

8）跨局越区供电的有关技术资料。

（2）铁路局供电调度

1）管内电气化区段各牵引变电站（所）的外部电源接线图和接触网供电分段图。

2）管内各牵引变电站（所）、分区亭（所）、开闭所、AT 所的主接线图，二次接线图。

3）管内电气化区段各领工区和接触网工区管辖范围示意图。

4）管内各电气化区段接触线距轨面最低高度及所在区间。

5）管内接触网抢修列车的功能、组成和存放地点。

6）管内各移动变压器的容量，并联运行的条件及所在区间。

7）管内各区间和车站的接触网平面布置图，每个电气化区段中典型的接触网支柱和隧道内悬挂安装图以及设备安装图。

8）管内各调度区段的调度协议，供、用电协议。

9）跨局和分局越区供电的有关技术资料。

10）有电力业务者尚应有自动闭塞区段及电力贯通线的供电分段图，及相应的变、配电站（所）主接线图。

3．供电段生产调度

1）管内各牵引变电站（所）外部电源接线图及接触网供电分段图。

2）管内牵引变电站（所）、分区亭（所）、开闭所、AT所的主接线图。

（3）～10）项同铁路局供电调度）

11）管内牵引供电（有水电业务者包括水电）主要设备的检修计划。

12）段承担主要工程的施工计划。

13）有电力业务者尚应有电力贯通线、自闭电源线的供电分段图及相应的变、配电站（所）的主接线图。

第18条　各级供电调度应建立的原始记录、分析资料及其保存期限。

1．铁路总公司供电调度

1）值班日志（包括交接班记录）。五年。

2）机电报1、2、3、4。长期。

3）各局弓网故障统计表及全路弓网故障情况汇总表。长期。

4）弓网故障及供电跳闸分析。十年。

5）"天窗"三率分析。五年。

2．铁路局供电调度

1）值班日志（包括交接班记录）。五年。

2）机电报1、2、3、4。长期。

3）各段弓网故障统计表及全局弓网故障情况汇总表。长期。

4）弓网故障及供电跳闸分析。十年。

5）"天窗"三率分析。五年。

3．供电段生产调度

1）值班日志（包括交接班记录）。五年。

2）故障速报（机电报4）。长期。

3）"天窗"时间、上网率分析。五年。

4）牵引供电（有水电业务者包括水电）主要设备检修计划完成情况分析。五年。

5）段承担的主要工程完成情况分析。三年。

6）铁路局下达的月施工计划的有关部分。五年。

第19条　所有原始记录均不得用铅笔填写，对长期保存的记录应使用钢笔填写，不得使用圆珠笔，填写要认真，字迹要清楚、工整、不得涂改。

8.3.7 工作制度

1. 值班

第20条 供电调度员是牵引供电系统运行、操作、故障处理等调度命令的唯一发布人，所有牵引供电运行、检修人员必须服从供电调度的指挥。各级领导发布的命令、指示等凡涉及供电调度的职权者均应通过供电调度下达。

第21条 供电调度员在发布命令和通话时应口齿清楚、简练、用语准确并力求讲普通话，在发布命令和通知时应先拟后发，先将命令和通知的内容填写在相应记录中，认真审核，确认无误后方可发出，每个命令必须有编号和批准时间，否则无效。供电调度员向一个受令人同时只能发布一个命令，该命令完成后方可发布第二个命令，当发布的命令因故不能执行完毕时，应注明原因，立即消除该命令，但不得涂改并及时报告调度主任。

第22条 使用远动装置的调度台，每个台、每班应设正、副两名调度员值班，操作时副值班员在正值班员监护下执行。

第23条 调度命令发布后，受令人若对命令有疑问应向值班调度员提出，弄清命令内容后方可执行，受令人若对调度命令持不同意见，可以向发令人提出，若发令人仍坚持执行时，受令人必须执行。如执行该项命令时危及人身和设备安全时，受令人有权拒绝执行，但应立即向调度员和主管领导说明理由，并做好记录备查。

第24条 属各级供电调度管辖的供电设备，没有值班调度员的命令，不得改变原运行状态，遇有危及人身或设备安全紧急情况可不经值班调度员同意先断开有关断路器和隔离开关，但操作后应立即报告值班调度员，恢复供电时则必须有调度命令。

2. 交接班

第25条 交班人员应在下班前30 min做好准备，填好交接班记录，记清应交接的事项，如供电分段的变化、故障情况及运行和检修班组的申请和要求、图纸、资料、通话工具的变更等。

第26条 交接班时，交班人员根据各级供电调度的职责应向接班人员交清下列有关事项：

1）尚未结束的作业，作业组要令人姓名、作业地点和内容、恢复供电时应注意的事项。

2）与接班人员共同核对模拟图，应与实际运行方式相符。

3）设备缺陷及其处理情况。

4）设备运行方式及供电分段的变更情况、原因及注意事项。

5）故障处理情况，应将当班期间的情况详细记录清楚，必要时可绘图说明。

6）对照交接班记录向接班人员逐条说明，对遗留工作应详细交清，对接班人员提出的疑问应解释清楚，否则接班人员有权拒绝接班。

第27条 接班人员应按规定提前15 min到班，做好下列工作：

1）阅读值班日志（对两班制以上者）至少阅读两个班的日志。

2）看模拟图，掌握设备运行状态。

3）铁路局供电调度员还应查阅接触网、牵引变电站（所）作业命令及倒闸记录，掌握接班后的倒闸和作业情况。

第28条　交接班手续完毕后由接班调度员签字，此后值班工作由接班者负责，在签字前班中工作均由交班者负责。接班调度员未到班，交班调度员应继续执行调度任务并报告调度主任。

第29条　供电调度员接班后，应了解下一级调度的工作情况，铁路局调度应了解管内各牵引变电站（所）、接触网工区、开闭所、有人值班的分区亭（所）、AT所值班人员情况，核对模拟图，核对时钟。

第30条　正在进行操作和处理故障时，不得交接班，只有在故障处理告一段落并有详细记录时方可进行交接班。

3．报告

第31条　每日6：30—7：30、18：00—20：00铁路局供电调度向铁路总公司供电调度报告：

1）影响行车的供电设备故障（接触网非正常停电及供电设备损坏使列车不能继续运行；由于供电原因需降低列车牵引质量或速度，限制列车运行或降弓运行，改变列车或机车的运行方式等）和电力设备故障或人员误操作影响信号电源的详细情况。凡发生行车事故，均应立即填事故登记簿（安监统一1），按《事规》条例要求，逐级上报有关部门。

2）供电段、水电段、大修段发生人员重伤以上的事故（发生时间、地点、人员姓名）原因及抢救情况。

3）牵引供电重要设备异常现象，虽未影响行车但严重威胁供电、行车安全，例如：主变压器故障被迫停运，断路器爆炸，牵引变电站（所）馈出线全部停电等。

4）接触网供电分段及主变压器运行方式的变更及跳闸情况（件数、原因、停时）。

5）各区段危及正常供电、正常行车时的最大负荷和接触网的最低电压（时间、地点、数值、持续时间，当时列车车次、牵引质量及运行区间）。

6）防止事故的好人好事。

第32条　铁路总公司当班调度员参加机务局每日交班会，在交班会上应报告：

1）第31条第1款。

2）第31条第2款。

3）牵引变压器故障情况（发生时间、地点、变压器编号、动作的保护名称、故障原因、设备损坏情况、供电及影响行车情况）。

4）防止事故的好人好事。

第33条　供电段生产调度向铁路局供电调度报告的时间和内容由各局自行制定。

8.3.8　计划停电与故障处理

1．计划停电

第34条　凡涉及供电调度权限的停电作业，必须有供电调度发布的停电作业命令，方准进行作业。

对计划性的检修应由接触网工区、牵引变电站（所）、开闭所、分区亭（所）、AT所的值班人员（无人值班的所、亭可由检修班组）于作业前一天16点以前向铁路局供电调度提出停电计划。

铁路局供电调度将停电作业计划进行综合安排确定拟停电的区段及时间，于18点以前与行车调度共同研究，争取按计划兑现，并在作业前2小时告知作业的所、亭或班组使之做好准备。在作业前还需由作业组按接触网和牵引变电站（所）安全工作规程的有关规定申请停电作业命令。

当遇有危及人身、行车和供电安全的故障需立即进行停电作业时，可随时向供电调度申请停电作业命令。

第35条　凡大修、改造、科研项目的施工应由上级部门批准后，并在作业前3天向铁路局供电调度提报安全、技术组织措施。

第36条　接触网的停电计划，应指明作业地点和内容、停电范围、工作领导人姓名以及与其相距较近的其他导线的运行状态，若该作业在站区，还应指明调车机不能通过的线路和道岔。

第37条　需纳入铁路局的月施工计划，其停电计划请各局自行制定申请程序，铁路局下达的月施工计划，凡有涉及供电、电力者应报供电调度。

第38条　供电段、大修段应将年、季、月供电检修计划中与供电调度有关部分报铁路局供电调度。

第39条　设备检修完毕，作业组要令人向铁路局供电调度汇报工作情况及设备状态。

第40条　当进行接触网和牵引变电设备停电作业时，工作领导人应加强组织领导，千方百计地在规定的时间内完成任务，遇有特殊情况，确实不能完成者，要令人应提前15 min向铁路局供电调度申请延长停电时间，供电调度同意后方可延长作业时间，未经同意不得擅自晚消令。

第41条　各级供电调度的原始记录，包括远动装置的微机自动打印记录应保持完整，尤其故障过程中的各种记录更要注意保持原有状态，严禁随意撕毁或涂改，以备查用。

2．故障处理

第42条　遇有牵引供电系统发生跳闸或其他故障造成接触网停电或影响运输时，供电调度员要迅速组织查找原因，并立即上报。

第43条　事故抢修时，供电调度应在事故调查处理小组的领导下，负责本部门的事故指挥，要与行车调度密切配合，掌握供电和行车两方面的具体情况，及时制定事故抢修方案和下达救援列车或抢修组出动命令。果断地采取有效措施，最大限度地减少故障损失，尽快恢复供电行车。

第44条　抢修事故或危及人身、设备、行车安全的紧急情况时，供电调度可发布口头命令进行单项操作（不超过3个倒闸步骤），口头命令必须经受令人复诵，确认无误后方可执行，并做好记录（记录发令人和受令人的姓名、命令内容和发布时间）。

第45条　在故障情况下，铁路局以上供电调度有权调动管内所有供电段（水电、大修段）的所属交通工具、材料、人员等，事后要及时通知相应段的生产调度。

第46条　在事故抢修中，抢修组要指定专人与铁路局供电调度时刻保持联系，抢修完毕后应将事故概况、处理结果、遗留问题、尚须继续处理的项目及时报告铁路局供电调度。铁路局供电调度应及时整理，逐级上报铁路局机务处和铁路总公司供电调度，以及有关部门。

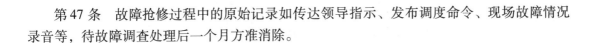

第47条　故障抢修过程中的原始记录如传达领导指示、发布调度命令、现场故障情况录音等，待故障调查处理后一个月方准消除。

8.3.9　附则

第48条　本规则适用于铁路运营部门和部分电力设备的调度业务。对铁路局供电调度按只担当牵引供电业务制定，目前个别铁路局供电调度也担当电力业务，请有关局自行制定补充细则。

第49条　本规则解释权属铁路总公司机务局。

第50条　本规则自发布之日起执行。

任务 8.4　接触网与相关专业的接口

高速电气化铁路是一项新技术、情况复杂的多系统互相配合的系统工程，存在着大量的接口关系。为了使各个子系统能够紧密地结合，达到整个系统运营安全、可靠、降低成本的目的，必须认真确定好各系统之间、系统内部各子系统之间、各个设备之间的接口关系，并加强接口管理，避免出现接口问题。

1. 接口的分类

电气化铁路工程分为系统接口和设备接口，如图8.2所示。一般把因为系统分工引起的系统与系统之间的工作界面上的搭接关系称为系统接口。系统接口又分为内部接口和外部接口。内部接口如牵引供电系统与外部电源系统之间，接触网系统与桥梁系统、隧道系统之间等存在的接口关系。

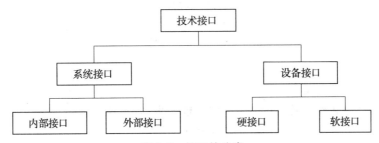

图8.2　接口的分类

设备接口主要是指设备之间在电气、机械、功能、参数、软件、规约等方面相互关联，相互衔接的部分，可分为物理性接口（或称硬接口）和软接口。硬接口表示设备之间或系统之间存在着电气、机械上的直接连接。如下位监控单元、继电保护单元需安装于 27.5 kV 开关柜内，因此监控单元与 27.5 kV 开关柜、继电保护单元与 27.5 kV 开关柜有硬接口；而软接口表示设备之间或系统之间存在功能、参数、软件、规约等方面的匹配。如整流变压器与整流器之间的参数配合，以保证整流机组的成套性。

2. 接口的技术

接口的技术是系统集成技术的重要内容之一，接口本身就是一个系统，其工作具有总体工作的性质。目前越来越多的单位或项目都逐步在原来的系统分工中增加了这个子系统，并且接口系统的管理方法和管理工具在不断地丰富和完善。

8.4.1　接触网与工务系统的接口

1. 路基

路基专业预留接触网支柱基础、拉线基础、供电线电缆过轨管及手孔、回流线电缆过轨管及手孔、接触网电动开关的远动控制电缆和电力电缆的路基边坡电缆槽及手孔。

高铁与普铁相比，路基密实度显著加大、线路稳定性要求明显增高。人工开挖接触网基础坑可能严重破坏基础坑四周路基的受力分布，并影响路基的承载能力。

路基底层完成后宜先进行接触网基础施工，后施工级配碎石层。

《高铁设备规程与规则》："路基上的各种预埋设备及基础应与路基填筑统筹规划、系统设计、分布实施，保证路基强度、稳定性及防排水性能。"

《高铁路基验标》："修筑于路基上的接触网支柱基础应与路基同步修建，不得因其施工而损坏、影响路基的稳固与安全。"

接触网支柱基础坑开挖方法应符合设计和施工技术方案的要求，不得影响路基的稳固与安全。路基接触网基坑开挖好后应尽快浇制基础，严防基坑积水。基坑积水将影响路基的力学性能。

《高铁电牵验标》："接触网基础在路基上施工时，应采用机械钻孔机成孔。"

2. 桥梁

（混凝土）桥梁专业预留接触网支柱基础、拉线基础，供电线上网电缆孔、锯齿孔、桥墩爬架槽道，电气化接地钢筋网。

（钢）桥梁接触网吊柱接口：接触网提供吊柱位置、尺寸、荷载、布置要求、误差要求、防腐措施等，桥梁专业在钢桥（上弦杆或横撑）上设吊柱预留件。

电牵设计应提前给桥梁设计提供变电站（所）出口的供电电缆上桥的位置、方式、电缆数量等，桥梁专业负责预留桥梁锯齿孔。

H 型钢柱通用参考图（通化〔2008〕1301）和优化后的高铁桥梁（系列）通用图均给出了桥梁预埋螺栓允许偏差。

接触网基础预埋螺栓精度（mm 级）比站前专业（cm 级）高、原桥梁通用图未给出预埋螺栓允许偏差、浇筑混凝土的压强可能导致模板变形而引起螺栓错位，导致大量预埋螺栓不合格。

3. 轨面标准线

轨面标准线按相关文件规定执行。

4. 路桥预留基础检查

对于站前预留接触网基础，接触网建设、施工、监理等单位应提前介入（如主动与梁场沟通），按设计图对基础的类型、位置（限界、跨距）、质量等进行检查。

螺栓间距采用模型板（按支柱底板进行加工）检查。

5. 隧道

隧道专业预留接触网基础（槽道或螺栓）、电缆过轨、电气化接地钢筋网。

6. 轨道精测网

高铁从开工测量到开通运营的全过程都充分应用精测网。《高铁电牵验标》："腕臂装配、整体吊弦计算参数的测量利用 CPⅢ 精测网"。

以往轨道铺设和运营按线下工程施工现状采用相对定位，未采用精测网绝对定位。相对定位因测量误差的累积，往往造成轨道几何参数与设计参数相差甚远。

例 1：秦沈客专——轨顶标高和线路中心线在开通前才到位，导致有的区段接触线高度超标。

例 2：某时速 200 km 铁路提速改造工程的某圆曲线半径与设计半径相差几百米，大半径的长曲线变成了多个不同半径圆曲线的组合等。

在一个铁路工程大系统下，接触网和轨道等子系统都采用同一个坐标 ——精测网。轨道板精调前要对轨道基准点进行精测、平差。

采用精测网，可在轨道未竣工时开始接触网基础施工、腕臂安装和悬挂调整，避免以往接触网随轨道几何参数变化而大量反复调整。采用精测网，还可保证接触网与轨道与接触网保持相对位置准确。

8.4.2　接触网与电务系统接口

1. 综合接地

接地按《铁路综合接地系统通用参考图》（通号（2009）9301）实施。注意：《铁路综合接地系统通用参考图》（通号（2009）9301）修订过 2 次，发布了 3 次，分别是经规标准〔2009〕35 号、经规标准〔2009〕62 号、经规标准〔2009〕273 号。

2. 轨道电路

《高铁电牵验标》："回流引线安装应符合设计要求，回流引线与扼流变压器中性点连接应牢固可靠"。

回流引线（吸上线、CPW 线）与扼流变压器中性点接触不良将可能导致连接处烧损。牵引回流回路不畅将可能导致有关设施损毁。例如，太中银某站站线未铺设轨道，很大的牵引回流通过信号设施导致其损毁。

牵引回流分布动态检测报告

如京津城际回流：钢轨 59% ~ 66%，保护线 21% ~ 33%，贯通地线 8% ~ 14%；合宁回流：保护线 18.6%，贯通地线 8%。

随着铁路运输的发展，列车质量及列车速度的增加，电力牵引电流也随之增加。牵引电流对信号设备造成的影响也随着增大。而钢轨中不平衡牵引电流回流对轨道电路的传导性干扰最为严重。如果不采取一定的防护措施，就会影响轨道电路的正常工作。如陇海线电气化轨道电路既有设备都是防干扰性能较差的老一代产品，造成轨道电路的"闪红"故障严重；轨道继电器错误地动作，造成错误显示信号、锁闭电路错误解锁；甚至烧毁有关设备，如轨道电路的保险、扼流变压器等。因此必须深入了解钢轨不平衡电流的形成，并采取防护措施，使信号设备稳定、可靠的工作。

（1）钢轨不平衡电流的干扰

牵引电流回路为牵引变电站（所）→馈电线→接触网→电力机车→钢轨→吸上线→回

流线→牵引变电站（所）。

电力机车升弓后从接触网上取得电能，经主变压器降压后，供给机车电动机。可见，馈电线、接触网、钢轨和回流线组成一个双导线供电系统，并经电力机车形成一个闭合回路。

牵引供电回路中流通的电流为牵引电流。由于钢轨与大地间存在电导，因此牵引电流在流经电力机车后有部分电流通过钢轨泄漏入地，这部分电流以大地作为导体，然后经牵引变电站（所）的接地网流入牵引变电站（所）的母线。

（2）牵引电流对轨道电路的干扰

电力牵引区段的两条钢轨，既作为轨道电路的通道来传输信息，又作为牵引电流的回归通路。这两种不同性质的电流在同一钢轨线路中传输，牵引电流对干扰轨道电路的正常工作带来很大的影响。如图8.3所示，双轨条轨道电路是在钢轨绝缘处装设了扼流变压器，信号设备通过扼流变压器接向钢轨。在理想情况下，两钢轨中的牵引电流 $I_{s1} = I_{s2}$，分别经扼流变压器的上、下部线圈，再经变压器中心抽头流向第二个扼流变压器的上、下部线圈，重新流入钢轨的两条轨条中去。当上、下部线圈匝数相等时，牵引电流在扼流变压器的两个线圈中产生的磁通量相等、方向相反，所以牵引电流在扼流变压器中造成的总磁通量为零，信号线圈上感应电势为零，牵引电流对信号设备就没影响。但实际上两钢轨中牵引电流并不相等，这样在扼流变压器两个线圈中所产生的磁通量就不能抵消，于是就产生了因牵引电流不平衡引起的干扰电压。

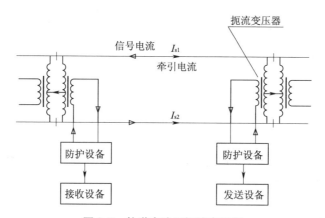

图8.3　轨道电路用扼流变压器

干扰电压为

$$U = \frac{1}{2}K_i \times I_s \times Z_e$$

式中　I_s——牵引电流；

　　　Z_e——轨道电路接收端输入阻抗，其值与轨道电路制式和扼流变压器铁芯不饱和时的开路阻抗有关；

　　　K_i——牵引电流不平衡系数，$K_i = \dfrac{|I_{s1} - I_{s2}|}{I_s} \times 100\%$。

我国现规定不平衡系数一般要小于5%（当不平衡系数大于5%时，就有可能造成对信号设备的侵害和干扰）。

可见，牵引电流在轨道中产生的干扰电压与牵引电流的大小、不平衡系数以及轨道电路设备对牵引电流的输入阻抗成正比。要减少干扰电压，就必须减少或抑制不平衡系数和接收端的输入阻抗。

不平衡系数不是一个不变的常数，主要取决于两轨间不平衡牵引电流的大小。造成两轨间不平衡牵引电流的主要原因有：

1）处于弯道上的轨道电路内外轨长短不等，形成两根钢轨的钢轨阻抗不相等，使两轨条流过的牵引电流差距过大。

2）扼流变压器两线圈阻抗差异，或轨道电路绝缘破损，使流入两线圈的电流大小不相等。

3）轨道电路的各种引接线不符合规格，截面太小或接触不良，造成两钢轨电流不平衡。

4）供电设备放电不良造成漏电，或回流线防护不良封连单根轨条，或线路一侧敷设有长的金属管路（金属体或金属护套电缆）造成的大地导电率的不相等，而使钢轨对地漏泄电阻不相等，造成两钢轨上的牵引电流不平衡等。

牵引电流对轨道电路的干扰主要有：

1）稳定干扰。当牵引变电站（所）因某种原因解裂时，牵引电流的干扰将随着列车位移和列车所需电流的改变，进而改变列车的运行时间和运行状态。

2）冲击电流干扰。在列车运行时，由于挂挡、换挡、受电弓离线、进入分相绝缘段转接时，牵引回路中出现一个冲击电流，由于这个瞬态的 50 Hz 电流波形中含有很强的谐波分量，侵扰后使信号产生相移，造成轨道电路不可靠工作，产生"闪红"的故障，甚至使轨道继电器发生错误动作。当接触网绝缘破损时，牵引网处于短路状态，出现短时间的强大电流脉冲，可以烧断熔断器或烧毁设备。

3）牵引回流不畅造成的干扰。电力机车运行时，由于牵引电流流经机车、钢轨和大地再回变电站（所），牵引电流回流不畅通，会出现很大的迂回强电流而毁坏信号设备，造成设备的严重故障。

减少干扰和加强防干扰措施主要有：

1）减少不平衡电流的措施。牵引电流的不平衡系数不可能等于零，也就是干扰电流的侵扰是不可避免的，只能设法减少干扰电流的入侵量。这就要求必须针对造成的因素逐项整治，采取必要的专项措施——减少两轨间不平衡电流，必须改善两根钢轨的纵向电导不平衡。如① 轨端接续线采用一塞一焊连接线（双套轨端连接线），可以很好地改善两根钢轨的纵向电导的不平衡，同时施工时需选用优良的材质，提高操作工艺的管理，以改善钢轨的纵向电导不平衡，提高轨道电路的传输性能。② 采用长钢轨和无缝线路，以减少接头电阻对钢轨网总的纵向电导的影响，从而也就减少了对牵引电流漏泄的影响。③ 运营单位应按年限定期对线路实施大（中）修，清筛道渣，提高线路质量，这样有利于改善牵引电流回流的对地漏泄影响，也有利于轨道电路稳定、可靠地工作，对保证行车安全，提高运输效率均有明显效益。

2）提高轨道电路的传输性能，防止牵引电流回流不畅问题的发生，减少或消除不平衡电流的出现。如① 各种连接线、中性连接线、吸上线等连接点的加固或焊接。② 加大各种连接线、接续线的截面积（牵引连接线、横向连接线和道岔跳线的截面积不小于 42 mm）。

③ 采用等阻抗的钢轨引接线。④ 各轨道电路区段均应采取双扼流轨道电路，研究证明单扼流区段防干扰能力差，当绝缘破损、断轨、扼流变压器断线等特殊情况下，使回流不畅，造成轨道电路错误动作。

3）规范铁路沿线各建筑物的地线。如接触网杆塔地线不应直接接在钢轨上，经火花间隙接至钢轨和扼流变压器中心端子也不理想，接触网杆塔地线应采用集中地线。

4）加强对轨道电路设备的防干扰措施。在干扰电流入侵后，设备使其少起一些干扰作用。必须提高设备的防护性能，防止不平衡电流出现后损坏设备、器材。如① 扼流变压器是电气化区段导通牵引电流及传递信息、匹配轨道电路送受电端的主要设备，因此选择与最大牵引电流相匹配的高容量扼流变压器至关重要。扼流变压器容量的确定，取决于钢轨电流的大小，而钢轨牵引电流的大小则与供电方式、大地电导、钢轨阻抗等诸多因素有关。钢轨中任一点电流是由两个分量组成，其一为感应分量，即由接触网电流通过互感耦合在钢轨中产生的感应电流分量 I_x，另一部分为传导电流分量（I_y、I_z），它沿负载两侧的钢轨逐渐泄入大地，在通常情况下，距负载为 3 ~ 5 km 远时，钢轨中只剩下感应电流分量。② 轨道电路必须采用非工频轨道电路（如 25 Hz 相敏轨道电路、移频轨道电路等），与 50 Hz 的牵引电流分开，以防护牵引电流干扰。③ 轨道电路接收输入端加装抗干扰适配器，来缓解冲击电流，减少不平衡电流的影响。适配器作为第一滤波器，将冲击干扰中大的不平衡牵引电流（主要是 50 Hz 成分，10 A 以内）进行滤波（至少可滤去 95% 以上）；而其对有用的信号电流衰耗极小，不影响轨道电路正常工作。对超过 10 A 以上的强大电流，有 10 A 保安器防护，使轨道电路受电端的设备不受损害。④ 轨道电路受电端轨道继电器线圈并接防护盒，使之滤掉不平衡电流的 50 Hz 基波及谐波成分，并保证信号电流衰耗很小。⑤ 采用开气隙的扼流变压器，使其不易饱和，提高瞬态大脉冲电流的冲击能力。

侵入的电流若能造成轨道继电器误动，设法让其误动后果不影响信号设备及电路。对于 25 Hz 相敏轨道电路设备：① 计算出各个信号点的最大牵引电流，选取不同规格的扼流变压器（扼流变压器目前是按容量划分为 400 A、600 A、800 A、1 000 A 等），变压器一般短时间有承受过负载的能力，因此，在一些基本情况下，采取以上办法进行计算和估算即可满足要求。② 采用有缓吸缓放特性的扼流变压器，冲击干扰侵入后，轨道继电器错误动作，使其复示继电器有缓吸缓放特性而不动作，从而不致造成信号设备不正常工作。

8.4.3　接触网与供变电系统接口

接触网与供变电系统应同属一个大的供电系统，它们的直接接口是上网点，上网点处一般都有隔离开关，将变电站（所）送出的 27.5 kV 电源与接触网进行切断或者导通，增加了供电的灵活性，然后还包括对接触网进行监测的系统、向远动隔离开关提供电源的电力系统等。

铁路总公司已经对铁路电力能否达到国外先进水平进行了详细的分析，分析结果是可行而且能够达到。

1）我国的设计理念与国外无本质差别，只是缺乏精细。

2）具备同国外同样的设备设置环境。

3）国际上很多先进品牌的电力设备已同国内合资实现了国产化，具备选择高质量设备的条件。

4）重点提高施工水平，加强施工质量监督。

可见，高铁电力建设在技术上没有难题。

1. 用电负荷等级

前面已经介绍过，这里不作说明。

2. 供电原则

为保证铁路各用电设备的可靠安全用电，铁路电力系统保证各级供配电系统的相互匹配，除发生大面积自然灾害（如地震、战争、电网崩溃等）或故意损坏外，其可靠性满足每天 24 h 的运输需要（含"维修天窗"时间），并满足以下要求：

1）供电网络中的一条外部电源线路停电时，不能导致一级负荷停电。

2）供电网络中的一条供电线路停电时，不能导致一级负荷停电。

3）供电网络中的一台供电设备停止供电时，不能导致一级负荷停电。

电力供电与铁路行车和运输安全密切相关，所有各个等级负荷的电源均自电力供电系统接引。

与行车相关的一级负荷或重要负荷至少从供电网络接取两路独立电源。

3. 供电方案

（1）一级负荷供电

两路相对独立电源分别供电至用电设备或低压双电源切换装置处，当两个电源中一个电源发生故障时，另一个电源不应同时受到损坏。

（2）二级负荷供电

有条件时提供两路高压电源供电，当两路电源供电确有困难时可为一路高压电源供电。

（3）三级负荷供电

一般采用单回路供电，当供电系统为非正常运行方式时，允许将其切除。

4. 变配电所设置

从经济性及供电可靠性综合考虑，每隔 40～60 km 设置一座配电所，一般设置于车站。在某些城际铁路中，配电所不设置调压变压器，也存在 20～30 km 设置一座配电所的情况。

对于 AT 供电的牵引变电站（所）设置距离甚至可以达到 80 km。

设置距离过长，供电质量得不到保障，达不到供电可靠性的要求；设置距离过短，投资过大，达不到经济性的要求。

变电站（所）的受电采用双回路受电，当一路电源发生故障时，另一路电源可自动投切，保证对电气化铁路不间断供电。

5. 电力远动

与牵引供电共用一套 SCADA 系统（监视控制和数据采集系统简称微机远动系统）完成电力远动（共同的通道与操作平台）。

电力远动的监控点有变配电所（所有高、低压开关处）、沿线的箱式变电站（所）（所有高、低压开关处）、车站的通信、信号机房等。

全线 10 kV 变配电所配置的综合自动化系统和重要的 10/0.4 kV 变电站（所）配置的监控装置均纳入 SCADA 系统。由 SCADA 统一负责在全线两条 10 kV 贯通线的分段处设置 RTU，负责对两条 10 kV 贯通及其供电的信号通信等一级负荷低压供电回路的电流、电压的采集、监控。

6. 馈线保护测控

（1）技术特点

1）品质优异的 32 位微处理机硬件平台，支撑完善的保护、测量与控制功能。

2）基于 ADSP 技术的高精度数据采集系统。

3）对综合自动化系统、仿真与试验工具系统全透明设计，便于实现远程诊断。

4）高精度的故障测距和高采样率的故障录波，便于故障查找和保护动作行为分析。

5）高采样率的负荷录波，便于分析负荷状况。

6）完善的事件记录，便于分析保护动作行为和装置的工作情况。

7）与主变、并补、动力变保护测控装置相同功能的插件具有互换性。

8）采用一套装置负责一个断路器及相关隔离开关的保护、测量与控制设计模式。

9）瞬时性与永久性故障识别，减少重合于永久性故障对设备的冲击。

10）具有最大负荷统计功能。

11）支持 IEC 60870 – 5 – 103 等通信规约。

12）可存储五套保护整定值，40 次故障报告和故障录波。

13）自动调整模入通道的增益和校正 PT、CT 的角度差，提高测量精度。

14）高标准的电磁兼容性能，可直接下放到开关设备就地。

15）保护整定值可通过调度端、试验与仿真工具系统在线整定。

16）完善的自检功能，指示装置的工作状态。

（2）适用范围

微机馈线保护测控装置是由高性能微处理机实现的成套馈线保护、测量与控制装置。适用于电气化铁道直接供电、BT 供电和 AT 供电的牵引网馈线，完成馈线保护、测量、控制、故障测距和故障判断功能。

（3）功能配置

1）融入的设计思想主要有装置对调度端、试验与仿真工具系统完全透明化设计，便于实现远程诊断；采用一套装置负责一个断路器的设计模式，增强使用灵活性。

2）采用自适应的三段距离保护，提高装置抵御牵引负荷谐波影响的能力。

3）采用自适应电流增量保护，保障高阻接地故障、异相短路故障时保护可靠动作。

7. 电容并联补偿

提高牵引变电站（所）功率因数的主要方法是在 27.5 kV 侧设置并联电容补偿装置。目前我国铁道电气化铁路较多采用固定补偿方式。

随着科技进步和新型电力设备尤其是电力电子设备制造技术的发展，使可调并联无功补偿装置的工程应用成为可能。

在电气化铁道，晶闸管投切电容器组（TSC）、晶闸管控制电抗器（TCR）和真空接触器投切电容器组的可调无功补偿装置于 2000 年前后在各地牵引变电站（所）应用，取得了良好的无功补偿效果。

需要强调的是，固定并联电容补偿方式有着结构简单、工程造价低、可靠性高、现场运行经验成熟及运行维护方便等诸多优点。在一定的运输条件下是能够较好地发挥其补偿效益的，对固定补偿方式采取简单否定的态度是不可取的。

固定并联电容补偿感容抗比为 0.12 左右，提供无功补偿和滤去三次谐波。补偿容量一

般不超过主变容量的 1/3，电容器采用滤波电容器，电抗器为空芯电抗器。

但由于电力牵引负荷具有波动性，无功补偿装置在空载或轻载时形成无功返送；在负荷较大时无功补偿不足。在无功反送正计的计量趋势下，有些地方可能需要采用动态无功补偿。

8. 三相轮换

接触网的分相设置，为电力机车运行造成了较大的障碍，对于高速动车组在分相处由于断电而降低速度是很不明智的，同时，分相的设置也增加了接触网设备的复杂程度，不但增加了投资，而且给维修和运营都带来了很多麻烦。但是，如果不设置分相，则接触网只能用电网中的单相供电，这就会造成电网负荷的严重不平衡，所以，在避免三相负荷不平衡方面，国内外实践证明，在进行接入电网的设计时，考虑牵引变电站（所）轮流换相方式接入同一输电线路，可有效减小牵引负荷负序对系统的影响，但因为牵引负荷的随机性很强，轮流换相对负序改善有限，尤其在支线电气化铁路。

8.4.4　接触网与环境接口

1. 空间环境特性

接触网沿路轨架设，线路四周的各类建筑物、电力输电设施、通讯信号线路与接触网之间相互影响，接触网的设计、施工、运营都须充分考虑这些影响，将其减少至最低程度。

（1）跨越接触网的建筑物与接触网的距离为 500 mm 以上。

（2）其他各类建筑物与接触网的距离比普速线路都相应地增加。

（3）路基、桥隧相应加宽，接触网的工作空间也相应加大。

2. 气候特性

大气温度、湿度、冰雪、大风、大雾、污染、雷电等气象条件对接触网的作用十分明显，接触网的机电参数，如线索弛度、线索张力、悬挂弹性、零部件的机械松紧度及空间位置、设备的绝缘强度、线索的载流能力、弓线间的磨耗关系等都会随气象条件的变化而变化，突然的气候变化还可能造成重大的行车事故。

1）极端情况下的风荷载不应造成接触网设备本身的损坏。特别是在沿海、山口、河谷以及其他容易出现间隙性大风的地点，应能保证此种天气情况下接触网的稳定性。

2）在确定接触网的电气性能指标和预计使用寿命时，必须考虑降水量、侵蚀雾、气体和灰尘等因素；这就要求接触网设备的抗腐蚀、抗污染的能力必须加强。

3）接触网设备中的绝缘材料和其他部件的特性不应因气候条件和日照变化而影响运行。

3. 电能质量

电气化铁路负荷的波动性、不对稳性、低力率（低功率因数）和非线性一直是电力专家关注的电能质量问题，它直接影响外部供电电源的质量安全，电能质量扰动会在外部系统中广泛传播，并对其他系统或设备产生潜在危害，比如现代用电设备对电能质量的要求更高，许多带有微处理器和功率电子器件的装置对电磁干扰极为敏感。

近年来，在经济发达地区高端产业快速增长的同时，非线性负荷大幅增加，电网中的电能质量问题日益突出。据美国电力科学院 Jane Clemmensen 的粗略估计，认为每年因电能质量相关问题造成美国经济损失达 260 亿美元。发达国家电能质量问题主要是供电电压暂降，占供电质量投诉量的 80%。

我国第一条电气化铁路——宝成铁路宝鸡至凤州段于 1961 年 8 月 15 日建成通车。由于当时向该段供电的电网容量较小，电网三相电压不平衡是当时专家们关注较多的问题。在宝鸡至凤州段开通时，考虑到宝鸡电厂无法承受电气化铁道产生的负序电流，所以在供电上"舍近求远"，从关中系统兴平地区变电站（所）受电。直至 20 世纪 90 年代，随着电网容量扩大，该地区的电压不平衡问题才得以缓解。

4．电磁干扰和噪音

1）电气化铁路采用的回流线、正馈线等均有抵抗接触网电流产生的电磁波对周围通信线路干扰的功能。

2）由于牵引功率的加大，必须充分考虑网中高次谐波电流产生的高频电磁场对通信环境的影响。在接触网周围产生的电磁干扰有两大类：一是受电弓与接触网之间离线时产生的高频电磁辐射；一是接触网绝缘子间的金属连接因腐蚀或污染而导致接触不良引起的放电。

3）噪声干扰是高速铁路必须解决的课题之一，高速铁路的噪声声源主要来源于弓网系统、轮轨系统和空气阻力。世界各国对铁路噪声规定了容许标准值，我国为 70 dB。为降低噪音，除了在轨道、线路、车辆、电气化接触网等方面采取降噪技术外，在人口稠密区的路基和高架桥上还应采用隔声屏障对噪声进行防范治理。

8.4.5　接触网与动车组（受电弓）接口

接触线是直接向电力机车提供电能的设备，受电弓沿接触线高速滑行，它们之间既有摩擦又有撞击，对于高速电气化铁路，就要求弓网配合十分和谐。弓网关系也是高速电气化铁路的基础研究课题之一。

受电弓是机车车辆与接触网的"结合部"，其管理是薄弱环节，经实践经验证明，如果受电弓的状态超出一定范围，则将严重影响弓网关系，甚至破坏接触网。

2000 年，德国铁路在慕尼黑——奥格斯堡的 Re200 接触网支柱上安装了测量支持点处接触线抬升的装置，安装位置分别为列车的启动点、最高速度点和减速停车点（法国也在上述处所安装了类似装置）。

一年多共 47 778 弓架次的测量数据分析表明，有 0.17% 共计 84 弓架次抬升超过 145 mm（Re200 规定 ≯120 mm），其中 72 弓架次（占 83%）是受电弓的问题，仅 12 弓架次（占 17%）未在受电弓上找到原因。

与普铁相比，高铁接触网工作电流和短路电流成倍增加；线材、零部件及电气设备更易发热烧损。

普通铁路电气列车取流一般小于 400 A。

例如，16 辆编组 CRH3 在运行时速 300 km 时，单车电流约 936 A；时速 350 km 时，单车电流约 1 180 A；时速 380 km 与 350 km 相比，速度增加约 8.6%，电流增大约 20%。

所以要求接触网的机械强度、导电性能、弹力和弹性均匀程度，还有接触线的波动传播速度和平直度都要在一个较高的水平之上。

受电弓（见图 8.4）的基本结构有下臂杆、上框架、推杆、平衡杆等，它们之间用各种铰链铰接，以实现弓头的升降。平衡杆的作用是保证受电弓滑板面保持水平状态。

　　弓头是直接与接触线接触的受流部分，其上装有粉末冶金滑板，如大家常说的碳滑板，在一些运行速度较低的受电弓上也装软铜滑板。

　　图 8.5 所示为德国 DSA 250 型受电弓，主用于 CRH2 型动车组，其有效工作高度为 2 000 mm，最高工作高度为 2 480 mm，动车组车顶高度为 3 700 mm 左右，受电弓落弓位滑板距车顶 800 mm，则受电弓落弓高度（距轨面）为 3 700 + 800 = 4 500 mm，有效工作高度为 4 500 + 2 000 = 6 500 mm。

图 8.4　受电弓

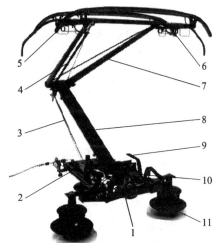

图 8.5　德国 DSA250 型受电弓

1—底架组装；2—阻尼器；3—下导杆；4—上导杆；
5—碳滑板；6—弓头；7—上臂；8—下臂；
9—托架；10—开弓装置；11—绝缘子

　　其他各参数如表 8.1 所示。

表 8.1　德国 DSA 250 型受电弓各部件参数　　　　　　　　　　　　mm

序号	部件参数	数值	序号	部件参数	数值
1	绝缘子纵向安装尺寸	800 ± 1	8	最大工作高度	约 2 890
2	绝缘子横向安装尺寸	1 100 ± 1	9	碳滑板	约 1 250
3	最低处折叠长度	约 1 423	10	滑板总长	约 1 576
4	绝缘子高度	约 400	11	弓头长度	约 1 950
5	落弓位高度（含绝缘子）	682 + 5/ − 10	12	弓头宽度	580 ± 2
6	升弓高度（含绝缘子）	3 090 + 100/ − 25	13	折叠长度	约 2 561
7	最低工作高度	约 982	14	绝缘距离	约 310

项目 9　牵引供电系统实验（实训）指导

实验和实训是教学过程中的一个重要环节，对学生熟悉操作规程、掌握操作技能和培养检修能力具有极大的铺垫作用。前面已经了解过牵引变电站（所）的各种电气设备、电气主接线以及接触网的结构组成等理论知识，那么这些知识在实际的工作岗位应用时该掌握哪些操作技能呢？本环节将通过一些实验和实训来体现。

任务 9.1　实验（实训）须知

1. 实验（实训）目的

1）配合理论教学，使学生增加城市轨道交通供电方面的感性知识，巩固和加深城市轨道交通供电方面的理性知识，提高课程教学质量。

2）培养学生学习使用各种常用仪器、仪表，熟练掌握供电电器的结构和功能，掌握供电电路的连接、故障分析和修理的技能，并培养其分析处理实验（实训）数据和编写报告的能力。

3）培养严肃认真、细致踏实、重视安全的工作作风和团结协作、注意节约、爱护公务、讲究卫生的优良品质。

2. 实验（实训）要求

1）每次实验（实训）前，必须认真预习实验（实训）指导书中有关实验（实训）的内容，明确实验（实训）规范、任务、要求和步骤，复习与本次实验（实训）有关的理论知识，分析实验（实训）线路，明确实验（实训）的注意事项，以免在实验（实训）中出现差错或发生事故。

2）每次实验（实训）时，首先要检查设备仪表是否齐备、完好、适用，了解其型号、规格和使用方法，并按要求抄录有关铭牌数据。然后按实验（实训）要求和内容合理安排设备仪表位置，接好线路。实验（实训）者先检查无误后，再请指导教师检查。只有指导教师检查后方可合上电源。

3）实验（实训）中，要做好对实验（实训）现象、数据的观测和记录，要注意仪表指示不宜太大或太小。如果指示太大，超过了满刻度，可能损坏仪表；如果仪表指示太小，读数会有困难，且误差太大。仪表的指示以在满刻度的 1/3～3/4 最好。因此实验（实训）时要正确地选择仪表的量程，并在实验（实训）过程中根据指示的情况及时调整量程，调整量程时应切断电源。由于实验（实训）中要操作、读数和记录，所以同组同学要适当分工，互相配合，以保证实验（实训）顺利进行。

4）在实验（实训）过程中，要注意有无异常现象发生。如发现异常现象，应立即切断

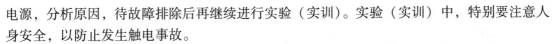

电源，分析原因，待故障排除后再继续进行实验（实训）。实验（实训）中，特别要注意人身安全，以防止发生触电事故。

5）实验（实训）内容全部完成后，要认真检查实验数据是否合理和有无遗漏。实验数据须经指导教师检查认可后，方可拆除实验（实训）线路。拆除实验（实训）线路前，必须先切断电源。实验（实训）结束后，应将设备、仪表复归原位，并清理好导线和实验（实训）桌面，做好周围环境的清洁卫生。

3．实验（实训）报告

每次实验（实训）之后，都要进行实验（实训）总结并撰写实验（实训）报告，以巩固实验（实训）效果。

实验（实训）报告包括下列内容：

1）实验（实训）的名称、日期、班级、实验（实训）者姓名及同组者姓名。

2）实验（实训）的任务和要求。

3）实验（实训）的设备。

4）实验（实训）的线路。

5）实验（实训）的数据、图表。实验（实训）的数据均取 3 位有效数字，按《数值修约规则》（GB 8170—1987）的规定进行数字修约。绘制曲线必须用坐标纸，坐标轴必须标明物理量和单位，曲线必须连接平滑。

6）对实验（实训）结果进行分析并回答实验（实训）指导教师所提出的思考题。

任务 9.2　高压电器的认识实验（实训）

1．实验（实训）目的

1）通过对各种常用的高压电器解体进行观察，了解它们的基本结构、动作原理、使用方法及主要技术性能等。

2）通过对有关高压开关柜结构及内部设备的观察，了解其基本结构、柜内主接线方案、主要设备的布置及开关的操作方法等。

3）通过拆装高压少油断路器，进一步了解其内部结构和工作原理，着重了解其灭弧结构的工作原理。

2．实验（实训）设备

有供实验（实训）观察和拆装的各种常用的高压电器（包括 RN1 \ RN2 型高压熔断器，RW 型跌开式熔断器，10 kV 电压等级高压隔离开关、高压负荷开关、高压断路器及各型操动机构）和高压开关柜（固定式或手车式），并有供拆装的未装油的高压少油断路器。

若限于实验（实训）设备条件无法开设本实验（实训）时，可通过录像教学或现场参观等方式予以弥补。

3．高压电器的观察研究

1）观察各种高压熔断器（包括跌开式熔断器），了解其结构，分析相关工作原理，并掌握其保护性能和使用方法。

2）观察各种 10 kV 电压等级高压开关（包括隔离开关、负荷开关和断路器）及其操动机构的结构，了解相关电器工作原理、性能和使用操作要求、操作方法。

3）观察各种高压电流互感器和电压互感器，了解其结构、工作原理和使用注意事项。

4）观察高压开关柜，了解其结构、主接线方案和主要设备布置，并通过实际操作，掌握其运行操作方法。对"防误型"开关柜，了解如何实现"五防"要求。

4. 高压少油断路器的拆装和整定

1）观察高压少油断路器的外形结构，记录其铭牌型号和规格。

2）拆开断路器的油筒，拆出其中的导电杆（动触头）、固定插座（静触头）和灭弧室等，了解它们的结构和装配关系，着重了解其灭弧工作原理。

3）根据工艺要求组装复原断路器，确认无误后进行三相合闸同时性的检查，并根据检查结果调整触头位置。

5. 思考题

1）高压隔离开关、高压负荷开关和高压断路器在结构、性能和操作要求方面各有何特点？

2）电流互感器的外壳上为什么要标上"副线圈工作时不许开路"等字样？

3）为什么要进行高压断路器三相合闸同时性的检查和整定？

任务 9.3 定时限过电流保护实验（实训）

1. 实验（实训）目的

1）掌握由 DL 型电流继电器、DS 型时间继电器、DZ 型中间继电器、DX 型信号继电器组成的过流保护装置的定时限过流保护系统电路。

2）掌握定时限过流保护电路如何在模拟短路条件下实现短路保护的方法。了解各继电器的动作情况和低压断路器何时自动跳闸。

3）掌握设计定时限过流保护的继电保护线路的设计方法、实现步骤、切除故障的过程。

2. 实验（实训）设备

三相调压器：1 台

升流器：2 台

电流互感器：2 台

DL 型电流继电器：2 台

DS 型时间继电器：1 块

DZ 型中间继电器：1 块

DX 信号继电器：1 块

Z10 – 100/311 低压继电器：1 个

15W/220V 显示灯，红色：1 个

5W/220V 显示灯，绿色：1 个

15W/220V 显示灯，白炽灯：1 个

3．实验（实训）内容

（1）实验（实训）线路图

1）模拟一次回路（主电路）接线图如图9.1所示。

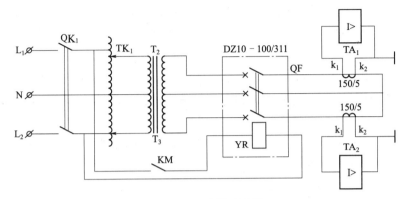

图9.1　一次回路接线

2）模拟二次回路（控制回路）接线图如图9.2所示。

（2）接线注意事项

1）本实验（实训）线路复杂，既有交流电源又有直流电源，一次回路接交流电源，二次回路接直流电源。有的继电器线圈接交流电路，而触头接直流电路。因此必须注意不能混接。

2）DL型电流继电器 KA_1、KA_2 的线圈，接 TA_1、TA_2 的二次回路。继电器触头 KA_1、KA_2 并联后与DS型时间继电器KT的线圈串接在直流回路作为启动元件。执行元件DZ型中间继电器KM的一对触点与低压断路器QF的跳闸线圈（即分励线圈）YR串联后接220 V交流电源，KM的另一对触头与信号继电器KS的线圈串接。

3）DL型电流继电器与互感器的接线采用一相式接线。

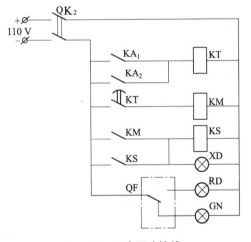

图9.2　二次回路接线

4）DZ10-100低压断路器的脱扣器线圈采用分励脱扣线圈作为跳闸线圈。

5）电流互感器 TA_1、TA_2 采用150/5的变比。

6）升流器 T_2 的二次侧连接导线要采用 YC-35 电焊线，注意接线要牢固，以减小接触电阻。

7）电流互感器的二次侧要良好接地或接零。

（3）实验（实训）步骤

1）按图9.1和图9.2接线，经检查无误后方可进行以下步骤。

2）将DL型电流继电器的动作值调整把手调至1.5 A，DS型时间继电器的延时动作时限调整为5 s。

3）合上DZ10-100型低压断路器。

4）合上开关 QK_1。

5）缓慢旋动调压器旋柄，使输出电压逐渐上升，升流器二次侧电流也同步上升，直到 DL 型电流继电器启动，记下调压器旋柄位置。

6）断开 QK_1 后，将调压器旋柄调至进行上一步骤时所记下位置电压的 1.5～2 倍（例如，所记下的位置为 100 V，则旋至 150～200 V），则在这一位置下的升流器二次电流相应为启动电流的 1.5～2 倍。

7）合上开关 QK_2。

8）合上开关 QK_1，这时 DL 型电流继电器可靠启动，接通 DS 型时间继电器的电源，经一定时限（5 s），其常开触点闭合，接通 DZ 型中间继电器的电源，使 DZ 型中间继电器常开触点闭合，接通 DZ10 - 100 低压断路器跳闸线圈，低压断路器跳闸切除电路。同时 DS 型时间继电器触头接通 DX 型信号继电器，显示灯亮，通过其常开触点自保持。

9）断开 QK_1、QK_2，结束实验（实训），拆线复位，整理好实验（实训）台。

4. 实验（实训）结果

过电流保护装置系统实验（实训）元件动作顺序记录在表 9.1 中。

表 9.1　过电流保护装置系统实验（实训）元件动作顺序

	KA	KM	KS	KT	QF	RD	GN	XD
1								
2								
3								
4								
5								
6								
7								
8								

5. 思考题

1）本模拟实验（实训）电路中，电流互感器与电流继电器的连接属什么接线方式？它与两相电流互感器的"V"形接法在原理上有什么不同？

2）定时限过电流保护动作电流的整定原则是什么？如何整定？

任务 9.4　反时限过电流保护实验（实训）

1. 实验（实训）目的

1）掌握根据一次线路的过电流保护要求设计反时限过电流保护线路的方法。

2）掌握反时限过电流保护线路的工作原理。

2. 实验（实训）设备

三相调压器：1 台

交流电流表（2.5 ~ 5 A）：1 块

电流互感器：2 个

GL 型过流继电器：2 个

电秒表（408 或 407 型）：1 块

低压断路器 DZ10 – 100/320：1 个

升流器：2 台

15W/220 V 显示灯，红色：1 个

15W/220 V 显示灯，绿色：1 个

15W/220 V 显示灯，白炽灯：1 个

3. 实验（实训）内容

（1）实验（实训）线路图

1）实验（实训）主回路接线如图 9.3 所示。

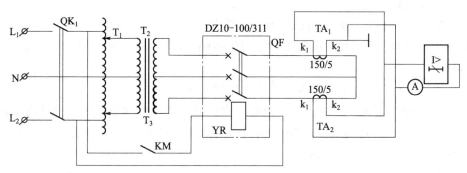

图 9.3　主回路接线图

接线时应注意：两电流互感器一次侧绕线方式相同，同时注意二次侧极性，应采用两相电流差的接线方式。

2）反时限过流保护线路（二次回路）如图 9.4 所示。

要求：断路器 QF 闭合后红灯 RD 亮，QF 断开后 RD 灭；断路器 QF 闭合后绿灯 GN 灭，QF 断开后 GN 亮。

（2）方法和步骤

1）按图 9.3 和图 9.4 接线，检查无误后方可进行以下步骤。

2）预先调整好继电器的启动电流值和 10 倍动作电流时间。$I_{OP} = 2$ A，$t = 1$ s。

3）调压器旋转手轮调回零位。

4）合上 DZ 型低压断路器 QF。

5）合上 QK$_1$，控制可偏转框架不动，调节调压器缓慢升压，使电流指示为 4 A 左右，固定调

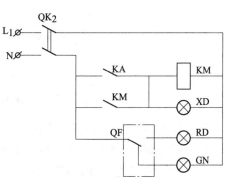

图 9.4　反时限过流保护线路二次回路

压器旋柄位置不变，断开 QK$_1$。

6）合上 QK$_1$、QK$_2$，GL 型电流继电器动作，经一定时限继电器敞开触点闭合，接通 DZ 型断路器 QF 的分励脱扣器 YR 的电源，断路器跳闸保护，相应的显示灯显示断路器的位置状态。

7）断开 QK$_1$、QK$_2$，拆线复位，整理实验（实训）台位。

4. 思考题

1）反时限过流保护系统电路中，如何保证短路电流特大时迅速切断电路故障？

2）过流保护线路中如何保证合闸红灯亮？分闸绿灯亮？

任务 9.5 接地电阻测量实验（实训）

1. 实验（实训）目的

1）掌握采用接地电阻测试仪测量一般建筑接地网接地电阻的方法。

2）通过接地电阻的实测数据，判断接地电阻是否满足规程要求。

2. 实验（实训）地点

1）因实验（实训）在户外进行，两位同学为一组。

2）采用接地电阻测试仪，分组测量学院的不同建筑，如教学楼、实验楼等处接地网的接地电阻。

3. 实验（实训）设备：ZC-8 型接地电阻测试仪

ZC-8 型接地电阻测试仪由手摇发电机、电流互感器、滑线电阻及检流计等部件组成，全部机构装于铝合金铸造的携带式外壳内，附件有接地探测针及连接导线等。

4. 实验（实训）步骤及方法

（1）接地测量电路

接地测量电路如图 9.5 所示。

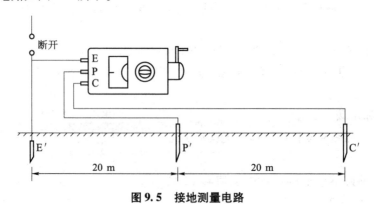

图 9.5 接地测量电路

（2）实验（实训）步骤及方法

1）使被测接地极 E′、电位探针 P′和电流探针 C′沿直线彼此相距 20 m，且电位探针 P′要插在接地极 E′和电流探针 C′之间。

2）用导线将 E′、P′和 C′连接于仪表相应端钮 E、P、C。

3）将仪表放置水平位置，检查检流计的指针是否处于中心线上，否则用零位调整器将其调整指于中心线。

4）将"倍率标度"置于最大倍数，慢慢转动发电机摇把，同时旋动"测量标度盘"使检流计指针指于中心线。

5）当检流计指针接近于平衡量时，加快发电机摇把的转速使其达到 120 r/min 以上，整定"测量标度盘"使指针指于中心线。

6）如"测量标度盘"的读数小于 1 时，应将"倍率标度"置于较小的倍数，再重新调整"测量标度盘"，使指针指于中心线，以便得到正确的读数。

7）用"测量标度盘"的读数乘以"倍率标度"的倍数，即为所测的接地电阻。

8）反复测量三次，取平均值。

（3）实验注意事项

当检流计灵敏度过高时，可将电位探针 P′ 插入土壤中浅一些。当检流计灵敏度不够时，可适当在电位探针 P′ 和电流探针 C′ 的位置注水，使其湿润，以减小其接地电阻。

当接地极 E′ 和电流探针 C′ 之间直线距离大于 20 m 时，电位探针 P′ 偏离 E′C′ 直线几米，可不计其误差，但 E′、C′ 之间直线距离小于 20 m 时，则必须将电位探针 P′ 插在 E′C′ 直线上，否则将影响测量结果。

不允许在接线过程中摇动发电机手把，以防触电。

5. 实验结果

实验（实训）数据记录在表 9.2 中。

表 9.2 实验数据记录

建筑物接地网名称	规程规定值	实测值			倍率标度数
		1	2	3	测量标度盘读数

6. 思考题

1）接地电阻实测结果大小是多少？是否满足一般建筑物的接地电阻规程要求？

2）为满足接地电阻要求，可采取什么改善措施？

任务 9.6 吊弦制作实训

1. 实训目的

掌握一些工具的使用及吊弦的制作。

2. 实训组织及要求

（1）学员分组

1 人一组。

（2）纪律要求

1）要在规定的时间内完成。

2）按规定带齐安全用品，遵守安全规程。

3）设备安装正确，符合技术要求。

4）设备安装后不得有损伤、人员不得有碰伤。

5）用正确的操作方法，无违章现象。

3．实训场地

接触网演练场。

4．实训设备及工具

（1）材料

ϕ4.0 铁线。

（2）工具

2 m 卷尺、个人工具。

（3）安全用品

工装、手套、安全帽。

5．实训内容及操作

（1）实训内容

1）制作一根三节吊弦，标准长度为 600 mm + 300 mm + 900 mm，下料长度为 900 mm + 600 mm + 1 000 mm。下料长度允许误差 ±30 mm。

2）吊弦环缠绕圈数 2.5 ~ 3 圈（从交叉处起算），缠绕的第一圈交叉后应成 90°，匝间应密贴；双环时两环互相垂直，缠绕余头不超过 100 mm；环孔呈水滴状长 25 ~ 40 mm，宽 20 ~ 25 mm；收口处线头不得上翘。

3）吊弦不得有明显伤痕，手不得有刮伤、划伤现象，必须戴手套操作。

4）吊弦顺直，两端有环的两环互相垂直。

（2）准备时间

准备时间 15 min。

（3）正式操作时间

正式操作时间为 20 min。

6．考核标准

1）考评员不少于 3 人，负责考场事务及评分。

2）考评员同时给考生评分，取平均值为该考生的得分。

3）评分法：按单项记分、扣分。

4）在规定的时间内完成不加分，也不扣分，每超时 1 分钟，从总分中扣 2 分。超时 10 min，停止作业。正式操作时间 20 min。

5）采用百分制，100 分为满分，60 分为合格。

7．思考题

1）吊弦制作的详细步骤是怎样的？

2）吊弦制作过程中有哪些注意事项？

任务9.7 腕臂装配和安装实训

1. 实训目的

掌握腕臂的装配与安装。

2. 实训组织及要求

（1）指导教师人数

2人。

（2）学员分组

4人一组。

（3）纪律要求

1）在规定的时间内完成。

2）按规定带齐安全用品，遵守安全规程。

3）设备安装正确，符合技术要求。

4）主要设备安装后不得有损伤、人员不得有碰伤。

5）采用正确的操作方法，无违章现象。

3. 实训场地

接触网演练场。

4. 实训设备及工具

（1）工具材料

个人工具、2 m钢卷尺、管钳、工具袋、平锉、吊绳、钢丝刷子、黄油、抹布、单滑轮、中间柱反定位腕臂装配零件一套。

（2）安全用品

安全合格证、安全带、手套、安全帽、工装。

5. 实训内容及操作

（1）地面组装腕臂（1人）

1）腕臂、水平拉杆、体式绝缘子、定位环、套管绞环及其连接零件的规格型号符合接触网安装图要求。

2）套管绞环安装位置正确，铁帽压板与棒式绝缘子之间关系符合要求。

3）绝缘子清洁，破损面积不超过规定值。

4）腕臂在套管绞环处外露不超过100～200 mm。

5）各部螺栓连接牢固。

（2）腕臂支柱安装（3人）

1）安装操作程序正确，无返工现象。

2）水平拉杆与定位管应水平无偏移，各部分连接零件连接正确，无少装情况。

3）绝缘于无破损，腕臂转动灵活，安装后符合技术标准。

4）安装过程中工具齐全，无高空掉物和违章作业现象。

5）工具材料使用正确，现场整洁，工具材料放置整齐。

（3）操作步骤

1）领取工具、材料，并进行外观检查。

2）按装配表尺寸安装。

3）标注区间号及支柱号。

4）擦洗绝缘子，并包扎。

5）进行安装。

6）作业完毕，清理现场。

6. 考核标准

1）考评员不少于 3 人，负责考场事务及评分。

2）考评员同时给考生评分，取平均值为该考生的得分。

3）评分法：按单项记分、扣分。

4）在规定的时间内完成不加分，也不扣分，每超时 1 分钟，从总分中扣 2 分。超时 10 分钟，停止作业。正式操作时间 20 分钟。

5）采用百分制，100 分为满分，60 分为合格。

7. 思考题

1）腕臂组装过程中有哪些注意事项？

2）腕臂支柱安装过程中有哪些注意事项？

任务 9.8　拉出值及线岔检调实训

1. 实训目的

掌握拉出值的检调和线岔的检调。

2. 实训组织及要求

（1）指导教师人数

1 人。

（2）学员分组

4 人一组。

（3）纪律要求

1）在规定的时间内完成。

2）按规定带齐安全用品，遵守安全规程。

3）设备安装正确，符合技术要求。

4）主要设备安装后不得有损伤，人员不得有碰伤。

5）用正确的操作方法，无违章现象。

3. 实训场地

接触网演练场。

4. 实训设备及工具

（1）拉出值检调

1）工具材料。绝缘测杆、道尺、2 m 钢卷尺、线坠、梯车、个人工具、单滑轮、棕绳、工具袋、钢丝套。

2）安全用品。安全带、工装、手套、安全帽。

（2）线岔检测

1）工具材料。梯车、线坠、2 m 钢卷尺、双滑轮、棕绳、导线整面器、水平尺、千锤、木榔头、工具包、限制管、定位线夹、吊弦线夹。

2）安全用品：安全带、手套、工装、安全帽。

5．实训内容及操作

（1）拉出值检调

1）准确测量出超高、导高和轨距，计算现有拉出值的大小。

2）调整后拉出值应符合设计要求。

3）定位线夹受力面正确无偏磨，各部零件紧固。

4）定位器符合 1:5 ~ 1:10 的坡度要求。

5）正确填写测量记录。

6）操作工序正确，计算数据准确，无返工现象。

（2）线岔检调

1）线岔的垂直投影，应在线岔导曲线两内轨轨距 630 ~ 800 mm 范围内的横向中间处，其误差不超过 50 mm。

2）限制管安装牢固，防缓垫片良好，正线接触线在侧线接触线下方，之间应保持一定的间隙，两接触线能自由伸缩，无卡滞现象。

3）在线岔两侧线间距 500 mm 处，当均为工作支时，距轨面等高，即两导线水平，其误差不超过 10 mm。当其中一根为非工作支时，则非工作支比工作支抬高不少于 50 mm。

4）正确填写工作表和测量记录。

5）测量、调整工序正确，无违章和高空掉物现象。

（3）操作步骤

1）测量。

2）检查是否符合要求。

3）若不符合要求，进行调整。

4）工作结束，清理现场。

6．考核标准

1）考评员不少于 3 人，负责考场事务及评分。

2）考评员同时给考生评分，取平均值为该考生的得分。

3）评分法：按单项记分、扣分。

4）在规定的时间内完成不加分，也不扣分。每超时 1 分钟，从总分中扣 2 分。超时 10 分钟，停止作业。正式操作时间 20 分钟。

5）采用百分制，100 分为满分，60 分为合格。

7．思考题

1）拉出值检调过程中有哪些注意事项？

2）线岔检调过程中有哪些注意事项？

任务 9.9　更换腕臂棒式绝缘子实训

1．实训目的

掌握腕臂棒式绝缘子的更换方法。

2．实训组织及要求

（1）指导教师人数

2 人。

（2）学员分组

4 人一组。

（3）纪律要求

1）要在规定的时间内完成。

2）按规定带齐安全用品，遵守安全规程。

3）设备安装正确，符合技术要求。

4）主要设备安装后不得有损伤，人员不得有碰伤。

5）用正确的操作方法，无违章现象。

3．实训场地

接触网演练场。

4．实训设备及工具

（1）工具材料

个人工具、沙木杆、工具包、温度计、2 m 钢卷尺、水平尺、铁丝套子、棕绳、滑轮、防腐油、线坠、皮尺、梯车、棒式绝缘子、铁帽压板、φ4.0 镀锌铁线。

（2）安全用品

安全合格证、安全帽、手套、安全带、工装。

5．考核标准及办法

（1）考核标准

1）铁帽压板安装正确，腕臂要插入铁帽底部。

2）各连接零件安装正确、完整，不缺件。

3）无高空掉物和碰伤身体情况。

4）安装工序正确，无违章操作现象。

（2）考核办法

1）考评员不少于 3 人，负责考场事务及评分。

2）考评员同时给考生评分，取平均值为该考生的得分。

3）评分法：按单项记分、扣分。

4）在规定的时间内完成不加分，也不扣分。每超时 1 分钟，从总分中扣 2 分。超时 10 分钟，停止作业。正式操作时间 20 分钟。

5）采用百分制，100 分为满分，60 分为合格。

6．思考题

1）更换腕臂棒式绝缘子的详细步骤是怎样的？

2）在更换腕臂棒式绝缘子的过程中有哪些注意事项？

任务9.10　GW‐35型隔离开关检调实训

1．实训目的

掌握GW‐35型隔离开关检调的方法。

2．实训组织及要求

（1）指导教师人数

1人。

（2）学员分组

1人一组。

（3）纪律要求

1）要在规定的时间内完成。

2）按规定带齐安全用品，遵守安全规程。

3）设备安装正确，符合技术要求。

4）主要设备安装后不得有损伤，人员不得有碰伤。

5）用正确的操作方法，无违章现象。

3．实训场地

接触网演练场。

4．实训设备及工具

（1）工具材料

GW‐35型隔离开关一台、个人工具、塞尺、2 m卷尺。

（2）安全用品

安全合格证、安全帽、手套、安全带、工装。

5．考核标准及办法

（1）考核标准

1）分闸角度为90°+1°，用盒尺测量端部距离等于尾部距离。

2）合闸两刀片中心线应吻合。

3）触头接触间隙用0.05 mm×10 mm塞尺塞进深度不大于4 mm。

4）分、合闸止钉间隙1～3 mm。

5）绝缘瓷柱面不应受损伤。

6）各零部件齐全或紧固且符合规定。

7）转动部分应灵活。

（2）考核办法

1）考评员不少于3人，负责考场事务及评分。

2）考评员同时给考生评分，取平均值为该考生的得分。

3）评分法：按单项记分、扣分。

4）在规定的时间内完成不加分，也不扣分。每超时 1 分钟，从总分中扣 2 分。超时 10 分钟，停止作业。正式操作时间 20 分钟。

5）采用百分制，100 分为满分，60 分为合格。

6. 思考题

1）GW－35 型隔离开关检调的详细步骤是怎样的？

2）在检调隔离开关的过程中有哪些注意事项？

任务 9.11　三相牵引变压器供电臂负荷与绕组负荷间的关系

1. 目的

掌握三相牵引变压器供电臂负荷与绕组负荷间的关系是确定其负载能力、容量利用率、电压损失等一些重要参数的基础。本实验为掌握上述关系提供感性认知和实验依据。

2. 原理接线图

原理接线如图 9.6 所示。

3. 步骤

1）按原理接线图完成实验的接线工作，并检查接线是否正确。

2）用相序确定模拟板上一次进线的相序，并依此定出超前相供电臂与滞后相供电臂。

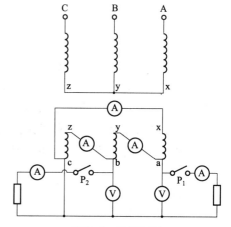

图 9.6　接线原理

3）按表 9.3 所示的负荷条件依次进行试验，并将测试结果填入表内。

表 9.3　不同负荷情况下臂绕组所测电流

顺序	负荷条件	测量值						
		A_1	A_2	A_3	A_I	A_II	A_III	A_IV
1	两臂均无负荷							
2	仅反臂 I 有负荷 $A_\mathrm{I}=$　安							
3	仅反臂 II 有负荷 $A_\mathrm{II}=$　安							
4	两臂均有负荷 $A_\mathrm{I}=A_\mathrm{II}=$　安							

4）分析实验结果，找出仅一臂负有负荷和两臂均有负荷时与绕组负荷间的电流分配规律。

4. 思考题

1）当三相牵引变电站（所）一侧为重负荷，一侧为轻负荷时，超前相供电应安排到哪一侧？

2）根据负荷条件4的实验结果，画出原次边的电压及次边臂电流和绕组电流相量图。

注：实验中两臂负荷的大小可根据情况自定（参考值为5 A）。

任务 9.12　牵引变电站（所）换相连接方法及其对降低电力系统负序电流的作用

1. 目的

交流牵引变电站（所）采取换相连接（即各个变电站（所）一次侧三个相轮换接入系统中不同的相），可使电气化铁道不同区段上的单相牵引负荷均衡地由电源三个相供给，从而降低了单相牵引负荷对电力系统的负序影响，提高了系统的容量利用率。本实验通过电气化区段三个变电站（所）的模拟板进行换相接线的试验和测试，以达到掌握换相连接的原理和方法。熟悉变电站（所）换相连接的接线和实际应用。

2. 模拟板接线盒设备

图9.7所示为某电气化区段三个三相牵引变电站（所）的模拟线路（采用 Y/Δ – Ⅱ 连接方式）。U_A、U_B、U_C 为一次侧供电系统的三相电压。变电站（所）编号依次为 $B_Ⅰ$、$B_Ⅱ$、$B_Ⅲ$，有一台三相变压器（380 V/220 V）为降低单相牵引负荷对系统造成的负序电流，可使

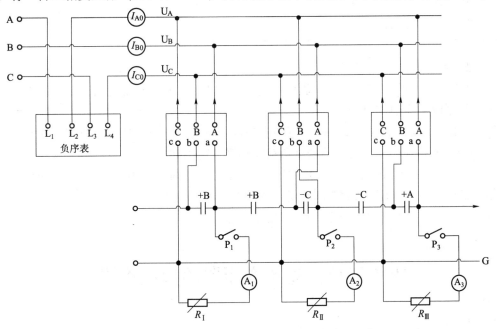

图9.7　三个三相牵引变电站（所）的模拟线路

各变电站（所）原边轮换相位接入系统。二次侧则采用不同相电压（对应于原边的电压）接至不同接触网馈电分区以达到图中接触网各供电区间的相序安排，使电源每相负荷接近均衡（实际运营中为了运行方便，通常统一规定相端子接钢轨）。

G 表示模拟轨道，与变压器二次侧 C 端相接。

各变电站（所）的负荷（模拟电机车）用可变电阻 R_I、R_{II}、R_{III} 代替。变电站（所）的各供电臂及接触网的各个供电分区从电气上是断开的。

3. 实验内容与步骤

1）先测定模拟板上一次侧进线（U_A、U_B、U_C）的相序。

2）按图 9.7 中给定的牵引供电分区的相序安排，依次将三个变电站（所）的原边合理地轮换接入三相系统中。并将二次各相按相电压接至接触网。

3）用电压表检查两变电站（所）件接触网分区处的电压是否为零（相邻两供电分区电压相位应一致）。如不为零，则说明两供电分区的供电电压不同相，亦即换相连接不符合要求。

4）在出现各种单相负序时，即整个区段中一个供电臂或二个及三个供电臂分别有负荷时，反映到原边分别为 I_{A0}（B_I 有负荷），I_{B0}、I_{C0}（B_I、B_{II} 有负荷），I_{A0}、I_{B0}、I_{C0}（B_I、B_{II} 均有负荷）出现的不同情况，测量各电流，将各种情况下系统的负序电流相对值填入表 9.4 中。

表 9.4 不同负荷情况下所测电流值

负荷情况		系统相电流			负序电流	
		I_{A0}	I_{B0}	I_{C0}	I_1	I_2
B_I 有负荷	$I_I =$ 安					
B_I、B_{II} 有负荷	$I_I =$ 安					
	$I_{II} =$ 安					
B_I、B_{II}、B_{III} 有负荷	$I_I =$ 安					
	$I_{II} =$ 安					
	$I_{III} =$ 安					

4. 思考题

1）从上列三（4）所测不同负荷情况下，系统出现的负序电流情况，分析采用换相连接后对减少系统负序的作用。

2）三相牵引变压器（Y/Δ-II）有两个是重负荷相，另一相是轻负荷相。指出所做实验中，每个变电站（所）内变压器的重负荷相和轻负荷相。

3）三相牵引变压器（Y/Δ-II）次边"c"端接钢轨时，次边"a"、"b"端引至接触网供电臂的电压分别与原边系统哪相的电压相对应？为什么？

注：实验中三个变电站（所）的负荷根据情况自定（参考值为 5 A）。

任务 9.13 吸流变压器的吸流作用

1. 目的

交流接触网中为减少地中电流对通信线路的干扰，采用吸流变压器。本实验通过对吸流变压器模拟试验，加深对吸流原理的理解。

2. 实验原理接线图

吸流变压器的实验原理接线如图 9.8 所示。

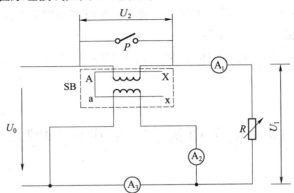

图 9.8　吸流变压器的实验原理接线

图中，P 为旁路闸刀；R 为负荷；SB 为 Ⅰ∶Ⅱ 的吸流变压器；A_1、A_2、A_3 为电流表（0 ~ 10 A）。

3. 实验内容与步骤

1）按一般变压器短路试验方法测出本试验中所使用的模拟吸流变压器的短路阻抗。

2）按原理接线图接线，注意变压器的极性和次边感应电势的方向。

3）把负荷电阻 R 放在最大阻值。合旁路闸刀 P（切除 BT）调负荷电阻使电流表 A_1 达到 5 A，并读取三个电流表数值。

4）打开旁路闸刀 P（投入 BT）重复上述 3 的步骤。读取三个电流表的数值，并测量记录电压 U_0、U_1、U_2。

5）打开旁路闸刀 P，将变压器一侧极性接反，再次读取三个电流表数值。注意，此时应将电流表量程放在 10 A 挡，看不清时再换挡。

6）试验数据记入表 9.5、表 9.6。

表 9.5　吸流变压器的短路试验

测量值			计算值		
V_k/V	I_k/A	P_k/W	Z_k/Ω	R/Ω	X/Ω

表 9.6　吸流变压器的吸流作用

吸流变运行状态	测量值					
	$I_Ⅰ/A$	$I_Ⅱ/A$	$I_Ⅲ/A$	U_0/V	U_1/V	U_2/V
合 P（切除 BT）						
开 P（减极性投入 BT）						
开 P（加极性投入 BT）						

4．思考题

1）分析上面3）、4）步骤所测得的电流、电压的结果为什么不一样？吸流变压器为什么能产生吸流作用？

2）吸流变压器串入牵引网后，使其阻抗增大，这时牵引网阻抗增大值与吸流变压器的短路阻抗有何关系？试画等效图说明。

3）按测量的始端、末端电压的值，说明压降与压损的关系，并绘出负载、电源电压的相量图。

任务9.14　机车电流在AT供电回路中的分配

1．目的

弄清机车电流在AT供电回路中的分布规律是掌握AT供电回路特性（阻抗特性、防干扰性能等）的基础。本实验可帮助学生加深对AT电磁特性和AT供电回路电流分布规律的理解。

2．实验原理接线图

机车电流在AT供电回路中的分配原理接线如图9.9所示。

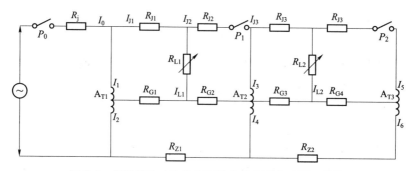

图9.9　机轴流在AT供电回路中的分配实验原理接线

图中，R_J、R_G、R_Z分别为接触导线、钢轨、正馈线阻抗的模拟电阻；AT为自耦变压器；P为刀闸；R_L为模拟机车负荷。

3．实验步骤

1）按图9.9所示原理接线在AT供电回路模拟板上接好实验接线，并核实无误。

2）按表9.7所示实验条件依次进行，将结果填入表中。

表9.7　开、合不同刀闸条件下所测电流值

实验条件	测量值/A											
	I_0	I_1	I_2	I_3	I_4	I_5	I_6	I_{J1}	I_{J2}	I_{J3}	I_{L1}	I_{L2}
合P_0，开P_1、P_2												
合P_0、P_1，开P_2												
合P_0、P_1、P_2												

在实验中取：

$R_{J1} = R_{J2} = R_{J3} = R_{J4} = 1 \ \Omega$ ；

$R_{G1} = R_{G2} = R_{G3} = R_{G4} = 1 \ \Omega$ ；

$R_{Z1} = R_{Z2} = 1 \ \Omega$ ；

$R_J =$ 根据情况自定；

$I_{L1} = I_{L2} = 3 \sim 4 \ A$ ；

4．思考题

总结 AT 在供电回路电流分步规律。